“十三五”职业教育国家规划教材

建筑设备工程

（第4版）

主　编　刘昌明　彭　丽

武汉理工大学出版社
·武　汉·

内 容 简 介

本书分为建筑给排水、暖通空调、建筑供配电与照明、建筑弱电四个模块十五个教学任务。本书由校企合作依据职业标准编写，注意与职业岗位的衔接，突出以学生职业能力培养为主的教育理念，融入了课程思政的育人元素，补充了动画、教学视频、图纸、BIM 模型、习题等线上学习资源，并融入了相关职业教育标准、"1+X"建筑工程识图证书等标准，具有很强的前瞻性和实用性。

本书适用于建筑工程技术、建筑工程管理、工程造价、建筑装饰工程技术、建筑工程监理和物业管理等专业的课程教学，也可作为在职职工的岗位培训教材，还可作为建筑工程技术人员的参考用书。

图书在版编目(CIP)数据

建筑设备工程/刘昌明，彭丽主编. —4 版. —武汉：武汉理工大学出版社，2022.1
ISBN 978-7-5629-6549-7

Ⅰ.①建… Ⅱ.①刘… ②彭… Ⅲ.①房屋建筑设备 Ⅳ.①TU8

中国版本图书馆 CIP 数据核字(2022)第 014903 号

项目负责人：张淑芳 戴皓华　　**责任编辑**：张淑芳
责 任 校 对：张明华　　**版式设计**：芳华时代
出 版 发 行：武汉理工大学出版社
武汉市洪山区珞狮路 122 号 邮编：430070
http://www.wutp.com.cn
E-mail：1029102381@163.com
印　刷　者：武汉市金港彩印有限公司
经　销　者：各地新华书店
开　　　本：787×1092 1/16
印　　　张：14
字　　　数：349 千字
版　　　次：2022 年 1 月第 4 版
印　　　次：2022 年 1 月第 1 次印刷 总第 16 次印刷
印　　　数：3000 册
定　　　价：48.00 元

凡使用本教材的老师，可拨打 13971389897 索取电子教案。

凡购本书，如有缺页、倒页、脱页等印装质量问题，请向出版社发行部调换。
本社购书热线电话：(027)87384729 87391631 87165708(传真)

第 4 版前言

本教材面向建筑工程技术、工程造价、建筑设备工程技术、建筑电气工程技术、物业管理、建筑装饰工程技术等相关专业的高职专科和职教本科学生开设，作为认识建筑设备的系统和具备施工图识图的专业基础课和专业拓展课教材。

自 2018 年第 3 版修订后，一方面建筑设备新技术、新设备层出不穷，BIM 技术和装配式安装开始大规模进入工程实践；另一方面职业教育的类型化特征和校企合作要求对课程教材的组织形式、内容侧重、育人功能、与课程教学的匹配等都有了明确的要求。党的二十大报告强调“加快发展方式绿色转化。推行经济社会发展绿色化、低碳化是实现高质量发展的关键环节。”建筑设备的设计、施工、运维和使用，是节能环保的重要组成部分。本教材经过重构、梳理和补充，第 4 版的修订主要体现在以下四个方面：

1. 校企合作编写。修订版为四川建筑职业技术学院与广东腾安机电安装工程有限公司合作编写，企业提供实际工程项目的图纸、BIM 模型、企业标准规范等教材资源，同时合作建设了本书配套的在线开放课程“BIM＋建筑设备系统与识图”(四川建筑职业技术学院、广东腾安机电安装工程有限公司)。

2. 课程思政育人。在各教学任务中有机融入大国工程、系统思维、合作精神、节能环保、劳动精神、标准(图纸)规范等课程思政育人要素，充分体现了专业教材的育人功能，与课堂教学要求匹配。本教材创新性地以思政 tips 的形式，发挥和体现本教材的育人功能，全书共 31 个思政 tips，其中与节能环保相关的有 12 个。

3. 适应教法改革。聚焦职业教育学生建筑设备各系统的认识和识图能力的培养。资源方面，补充了动画、教学视频、图纸、BIM 模型、习题等线上学习资源，可与案例教学法、任务教学法、情境教学法等教法配套使用，适用于相关课程的线上线下混合式教学；结构方面，根据课堂教学模块化教学的需要，调整篇、章和节为模块和任务，删除专业基础内容和设计规范类知识，按照四大模块十五个教学任务共 48 学时的教学要求，对教材内容和资源进行重构和补充。

4. 融入新标准。融入建筑设备领域的相关职业标准、国家专业教学标准、“1＋X”建筑工程识图证书的中级标准和“1＋X”建筑信息模型(BIM)初级标准，以人才培养方案统筹教材和课程的培养目标，实现教材的与时俱进、定期更新。

本教材第 4 版的修订工作由四川建筑职业技术学院刘昌明和彭丽主持，具体分工如下：第一模块(建筑给排水)由四川建筑职业技术学院李浩然、郭娜修订，第二模块(暖通空调)由四川建筑职业技术学院罗梽宾、刘洁岭修订，第三模块(建筑供配电与照明)由四川建筑职业技术学院刘昌明、彭丽修订，第四模块(建筑弱电)由四川建筑职业技术学院赵宁、广东腾安机电安装工程有限公司刘安新修订。在修订过程中，参考了广东腾安机电安装工程有限公司和四川建筑职业技术学院部分项目图纸、在线开放课程，在此向图纸的设计者和课程的开发者表示由衷的感谢。

由于编者水平有限，不足之处敬请广大读者提出宝贵建议。

编写团队

2021 年 10 月

目　　录

模块一　建筑给排水

本模块(建议 16 学时)聚焦于建筑给排水系统的认识和识图能力的培养,按照系统的不同分为生活给水系统认识与识图、消防给水系统认识与识图、排水系统认识与识图和给排水施工图综合识读四个学习任务。

任务一　生活给水系统认识与识图

学习目标

【素质】具备建筑生活给水领域的节能环保降碳和图纸规范意识。

【知识】熟悉建筑生活给水系统的组成,了解给水管材、管件和给水方式。

【能力】能够进行建筑生活给水系统施工图的识读。

课程介绍

建筑给排水系统的分类和组成

建筑生活给水系统是将市政给水管网(或自备水源给水管网)中的水引入一幢建筑或一个建筑群体,供人们生活之用,并满足生活用水对水质、水量和水压要求的冷水供应系统。(**思政 tips**:建筑设备的生活给水领域,水的使用分类、水量计量仪表、水质和水量、节约用水在系统形式中的表现,联系生活认知。)

1. 生活给水系统的分类

为民用建筑和工业建筑内的饮用、盥洗、洗涤、淋浴等日常生活用水所设的给水系统称为生活给水系统。按具体用途又分为:

(1)生活饮用水系统

供饮用、烹饪、盥洗、洗涤、淋浴等用水,水质应符合《生活饮用水卫生标准》(GB 5749—2022)的要求。

(2)管道直饮水系统

供直接饮用和烹饪用水,水质应符合《饮用净水水质标准》(CJ 94—2005)的要求。

(3)生活杂用水系统

供冲厕、绿化、洗车或冲洗路面等用水,应符合《城市污水再生利用 城市杂用水水质》(GB/T 18920—2020)的要求。

2. 给水系统的组成

建筑内部给水系统如图 1-1 所示,一般由以下各部分组成。

(1)引入管

引入管是市政给水管网和建筑内部给水管网之间的连接管道,它的作用是从市政给水管

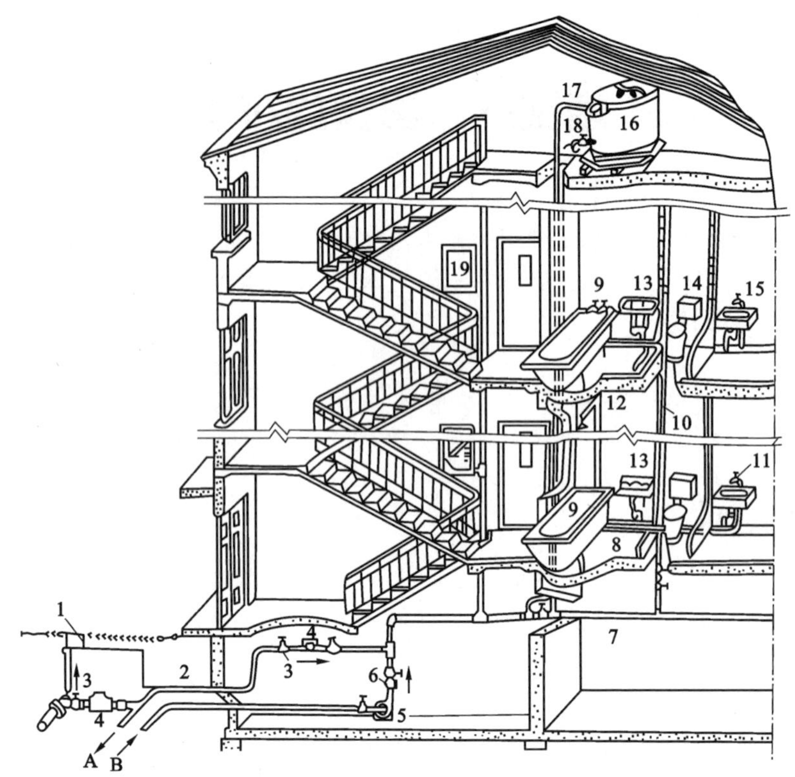

图 1-1　建筑内部给水系统

1—阀门井；2—引入管；3—闸阀；4—水表；5—水泵；6—止回阀；7—干管；8—支管；9—浴盆；10—立管；11—水龙头；12—淋浴器；13—洗脸盆；14—大便器；15—洗涤盆；16—水箱；17—进水管；18—出水管；19—消火栓；A—入贮水池；B—来自贮水池

网引水至建筑内部给水管网。

(2)水表节点

水表节点是指引入管上装设的水表及其前后设置的阀门及泄水装置等的总称。水表用来计量建筑物的总用水量，阀门用于水表检修、更换时关闭管路，泄水口用于系统检修时排空之用，也可用来检测水表精度和测定管道的水压值。水表节点见图 1-2。

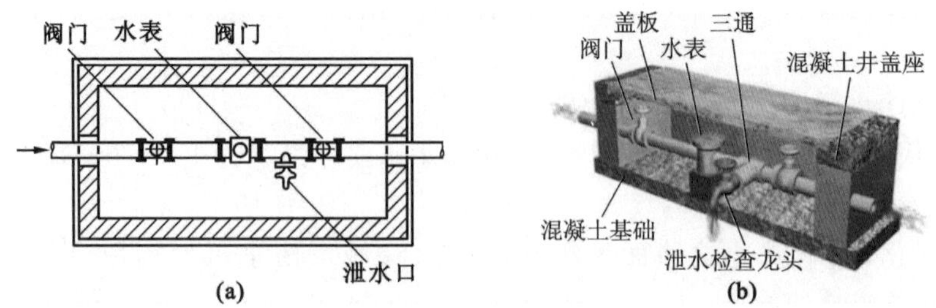

图 1-2　水表节点示意图

(3)给水管道

给水管道包括建筑内给水水平干管、立管、支管和分支管。

(4)给水控制附件

给水控制附件即管道系统中调节水量、水压、控制水流方向，以及关断水流，便于管道、仪表和设备检修的各类阀门和设备。

(5)配水设施

配水设施即用水设施,生活给水系统配水设施主要指卫生器具的给水配件或配水龙头。

(6)增压和贮水设备

增压和贮水设备包括升压设备和贮水设备,如水泵、气压罐、水箱、贮水池和吸水井等。

(7)计量仪表

用于计量水量、压力、温度和水位等的专用仪表。

3. 给水管材

(1)塑料管材

塑料给水管按制造原料的不同,可分为硬聚氯乙烯给水管(PVC-U 管)、聚乙烯给水管(PE 管)和聚丙烯管道(PP 管)等。塑料管的共同特点是质轻、耐腐蚀、管内壁光滑、流体摩擦阻力小、使用寿命长。近年来塑料管材发展很快,逐步成为建筑给水的主要管材。

① 硬聚氯乙烯给水管(PVC-U 管)

PVC-U 管管材抗腐蚀力强、技术成熟、易于黏合、价格低廉、质地坚硬,但在高温下有单体和添加剂渗出,只适用于输送温度不超过 45℃的给水系统中。PVC-U 管管材分三种形式:平头管材、黏结承口端管材和弹性密封圈承口端管材,其基本连接方式有螺纹连接(配件为注塑制品)、焊接(热空气焊、热熔焊、电熔焊)、法兰连接、螺纹卡套压接、承插接口、黏结等。

② 聚乙烯给水管(PE 管)

PE 管耐腐蚀且韧性好,又分为 HDPE 管(高密度聚乙烯管)、LDPE 管(低密度聚乙烯管)和 PEX 管(交联聚乙烯管),常用连接方式有热熔套接或对接、电熔连接和带密封圈塑料管件连接,有的也采用法兰连接。

③ 聚丙烯管(PP 管)

聚丙烯管具有密度小、力学均衡性好、耐化学腐蚀性强、易成型加工、热变形温度高等优点,从材质方面分为均聚聚丙烯(PP-H)、嵌段共聚聚丙烯(PP-B)、无规共聚聚丙烯(PP-R)三种,其基本连接方式为热熔承插连接,局部采用螺纹接口配件与金属管件连接。

(2)复合管材

复合管包括钢塑复合管和铝塑复合管等多种类型。

钢塑复合管分衬塑和涂塑两大系列。第一系列为衬塑的钢塑复合管,兼有钢材强度高和塑料耐腐蚀的优点,但需在工厂预制,不宜在施工现场切割。第二系列为涂塑钢管,系将高分子粒末涂料均匀地涂敷在金属表面经固化或塑化后,在金属表面形成一层光滑、致密的塑料涂层,它也具备第一系列的优点。钢塑复合管一般采用螺纹连接,其配件一般也是钢塑制品。

铝塑复合管内外壁均为聚乙烯,中间以铝合金为骨架,该种管材具有质量轻、耐压强度好、输送流体阻力小、耐化学腐蚀性能强、接口少、安装方便、耐热、可挠曲、美观等优点,是一种可用于冷热水、供暖、供气等方面的多用途管材,在建筑给水范围可用于给水分支管。铝塑复合管一般采用螺纹卡套压接,其配件一般是铜制品。

(3)其他金属管材

建筑给水铜管:铜管可以有效防止卫生洁具被污染,且光亮美观、豪华气派。目前其连接配件、阀门等也配套产出，但由于管材造价高，现在多在宾馆等较高级的建筑中采用。铜管的连接方法有螺纹卡套压接和焊接(有内置锡环焊接配件、内置银合金环焊接配件、加添焊药焊接配件)等。

建筑给水薄壁不锈钢管：埋地敷设宜采用 OCr17Ni12Mo2(管材牌号 S31608)，与其他材料的管材、管件、附件相连接时，应采取防止电化学腐蚀的措施。

4. 给水管件

管件是指在管道系统中起连接、变径、转向、分支等作用的零件，又称管道配件。各种不同管材有相应的管道配件。管道配件有带螺纹接头(多用于塑料管、钢管，见图 1-3)、带法兰接头和带承插接头(多用于铸铁管、塑料管)等几种形式，如表 1-1 所示。

活接头

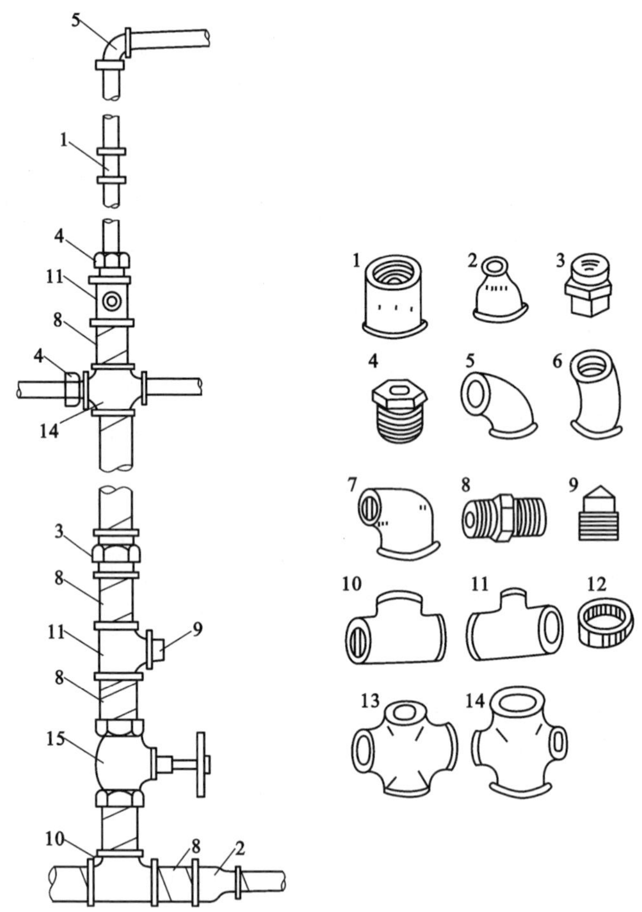

图 1-3　钢管螺纹管道配件及连接方法

1—管箍；2—异径管箍；3—活接头；4—补芯；5—90°弯头；6—45°弯头；7—异径弯头；8—内管箍；9—管塞；10—等径三通；11—异径三通；12—根母；13—等径四通；14—异径四通；15—阀门

表 1-1　钢管螺纹管道配件实例

管箍	异径管箍

活接头	补芯

90°弯头	45°弯头

异径弯头	内管箍
	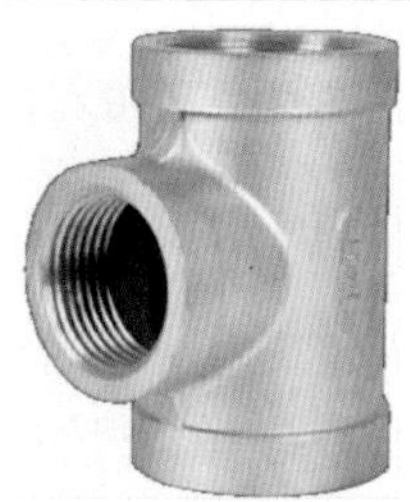
管塞	等径三通

续表 1-1

异径三通	根母
等径四通	异径四通

5. 给水管道的布置形式

给水管道的布置按供水可靠程度要求可分为枝状和环状两种形式。前者单向供水，供水安全可靠性差，但节省管材，造价低；后者管道相互连通，双向供水，安全可靠，但管线长，造价高。

按照水平干管的敷设位置，可以布置成上行下给、下行上给和中分式。上行下给式水平配水管敷设在顶层顶棚下或吊顶之内，设有高位水箱的居住公共建筑及机械设备或地下管线较多的工业厂房多采用。下行上给式水平配水管敷设在底层（明装、暗装或沟敷）或地下室顶棚下，居住建筑、公共建筑和工业建筑在用外网水压直接供水时多采用这种方式。中分式水平干管敷设在中间技术层或中间吊顶内，向上下两个方向供水，屋顶用作茶座、舞厅或设有中间技术层的高层建筑多采用这种方式。

6. 给水管道的敷设形式

给水管道的敷设有明装和暗装两种形式。明装即管道外露，其优点是安装维修方便，造价低，但外露的管道影响美观，表面易结露、积尘，一般用于对卫生、美观没有特殊要求的建筑。暗装即管道隐蔽，如敷设在管道井、技术层、管沟、墙槽、顶棚或夹壁墙中，直接埋地或埋在楼板的垫层里，其优点是管道不影响室内的美观、整洁，但施工复杂，维修困难，造价高，适用于对卫生、美观要求较高的建筑（如宾馆、高级公寓）和要求无尘、洁净的车间、实验室、无菌室等。

7. 给水管道的敷设要求

引入管进入建筑内，一种情形是从建筑物的浅基础下通过，另一种是穿越承重墙或基础。其敷设方法见图 1-4。在地下水位高的地区，引入管穿地下室外墙或基础时应采取防水措施，如设防水套管等。

室外埋地引入管要防止地面活荷载和冰冻的影响，管顶覆土最小覆土深度不得小于土壤

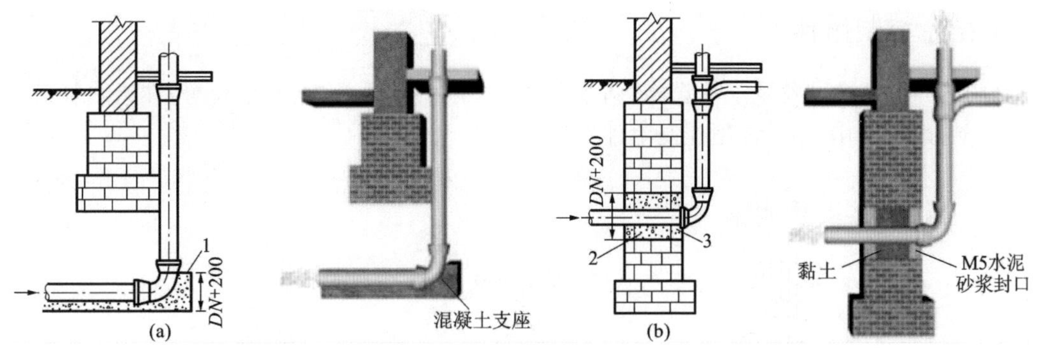

图 1-4　引入管进入建筑

(a)从浅基础下通过；(b)穿基础

1—混凝土支座；2—黏土；3—M5 水泥砂浆封口

冰冻线以下 0.15m，行车道下的管线覆土深度不宜小于 0.70m。建筑内埋地管在无活荷载和冰冻影响时，其管顶离地面高度不宜小于 0.3m。当将交联聚乙烯管用作埋地管时，应将其设在套管内，其分支处宜采用分水器。

给水横管穿承重墙或基础、立管穿楼板时均应预留孔洞。暗装管道在墙中敷设时，也应预留墙槽，以免临时打洞、刨槽影响建筑结构的强度。横管穿过预留洞时，管顶上部净空不得小于建筑物的沉降量，以保护管道不致因建筑沉降而损坏，其净空一般不小于 0.10m。（**思政tips**：预留孔洞在土建施工阶段完成，需要安装施工团队与土建施工团队合作，确保按图纸位置和要求预留安装管线的穿基础、梁板的孔洞。）

给水横干管宜敷设在地下室、技术层、吊顶或管沟内，宜有 0.002～0.005 的坡度坡向泄水装置；立管可敷设在管道井内，给水管道与其他管道同沟或共架敷设时，宜敷设在排水管、冷冻管的上面或热水管、蒸汽管的下面；给水管不宜与输送易燃、可燃或有害的液体或气体的管道同沟敷设；通过铁路或地下构筑物下面的给水管道，宜敷设在套管内。

管道在空间敷设时，必须采取固定措施，以保证施工方便与供水安全。固定管道常用的支托架如图 1-5 所示。给水钢质立管一般每层需安装 1 个管卡，当层高大于 5.0m 时，每层至少需安装 2 个。

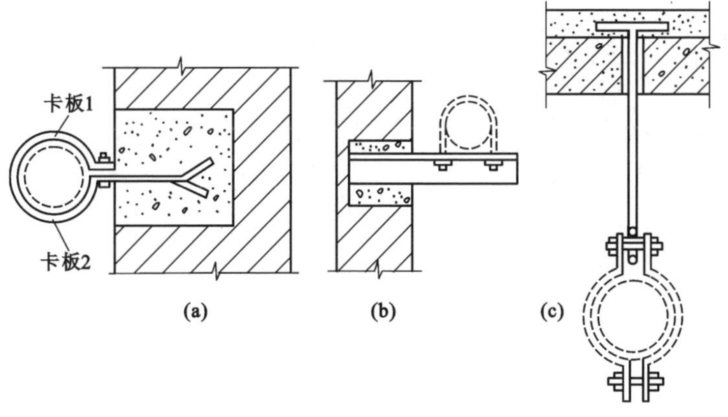

图 1-5　支托架

(a)管卡；(b)托架；(c)吊环

8. 给水控制附件

为了检修、更换设备及配水设施，调节水量、水压，控制水流方向、液位等，在给水管道上应设置相应的阀门和附件。常用控制附件见图 1-6。

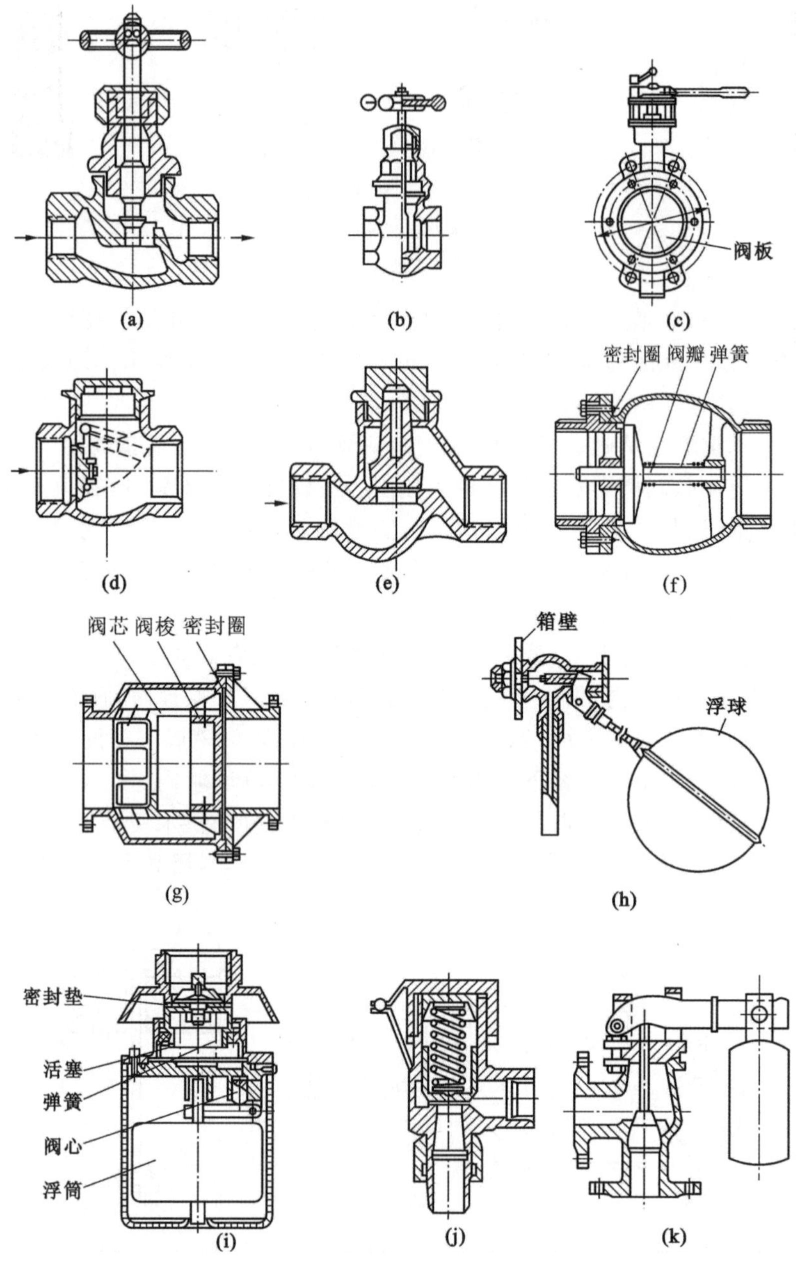

图 1-6　各类阀门

(a)截止阀；(b)闸阀；(c)蝶阀；(d)旋启式止回阀；(e)升降式止回阀；(f)消声止回阀；(g)梭式止回阀；(h)浮球阀；(i)液压水位控制阀；(j)弹簧式安全阀；(k)杠杆式安全阀

(1)截止阀

截止阀

截止阀关闭严密,但水流阻力较大,一般用在管径小于或等于 50mm 的管段上。水流需要双向流动的管段上,不得使用截止阀。

(2)闸阀

闸阀全开时,水流呈直线通过,压力损失小,但水中杂质沉积阀座时阀板关闭不严,易产生漏水现象,管径大于 50mm 的管段上宜采用闸阀。

(3)蝶阀

此阀为盘状圆板启闭件,绕其自身中轴旋转改变管道轴线间的夹角,从而控制水流通过,具有结构简单、尺寸紧凑、启闭灵活、开启度指示清楚、水流阻力小等优点。宜在管径大于 50mm 的管道上使用。

(4)止回阀

止回阀

引导水流单向流动的阀门。室内常用的止回阀有升降式止回阀和旋启式止回阀,其阻力均较大。旋启式止回阀可水平安装或垂直安装,垂直安装时水流只能向上流,不宜用在压力大的管道中;升降式止回阀靠上下游压力差使阀盘自动启闭,宜用于小管径的水平管道上。此外,尚有消声止回阀和梭式止回阀等类型。

(5)浮球阀

浮球阀是一种利用液位变化而自动启闭的阀门,一般设在水箱或水池的进水管上,用以开启或切断水流。

(6)液压水位控制阀

液压水位控制阀是一种靠水位升降而自动控制的阀门,可代替浮球阀而用于水箱、水池和水塔的进水管上,通常是立式安装。

(7)安全阀

安全阀是保证系统和设备安全的保安器材,有弹簧式和杠杆式两种。

各类阀门如表 1-2 所示。

表 1-2　各类阀门实例

截止阀	闸阀
蝶阀	升降式止回阀

续表 1-2

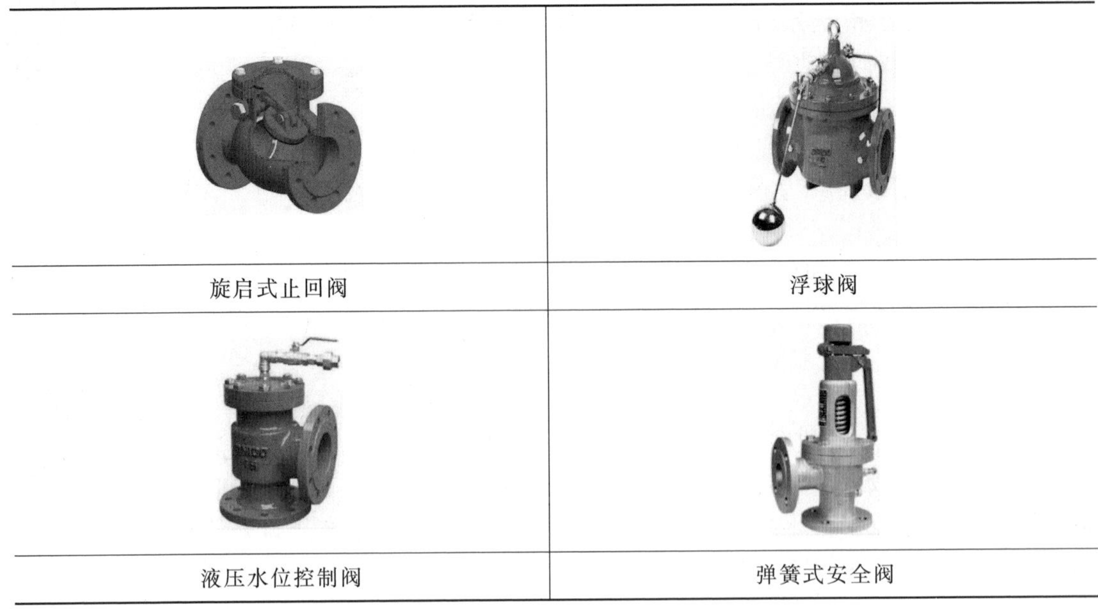

旋启式止回阀	浮球阀
液压水位控制阀	弹簧式安全阀

9. 配水设施

生活给水系统中常见的配水设施主要有水龙头、淋浴器、卫生器具给水阀门、配件等，见图 1-7，水龙头、卫生器具给水配件的选用应符合现行标准《节水型生活用水器具》(CJ/T 164—2014)的有关要求。

10. 水表

水表是一种计量建筑物或设备用水量的仪表。在建筑物的引入管、入户管及公共建筑物内需计量水量的管道上应安装水表。住宅建筑每户的进户管上均应安装分户水表。

(1)水表的种类

水表可分为流速式和容积式两种。建筑内部的给水系统广泛使用的是流速式水表，它是根据管径一定时，水流速度与流量成正比的原理来测量用水量的。

流速式水表按叶轮构造不同分为旋翼式和螺翼式两种，见图 1-8。旋翼式水表的叶轮转轴与水流方向垂直，阻力较大，多为小口径水表，用以测量较小流量。螺翼式水表的叶轮转轴与水流方向平行，阻力较小，适用于测量大流量。复式水表是旋翼式和螺翼式的组合形式，在流量变化很大时采用。按计数机构是否浸于水中，又分为干式和湿式两种。

(2)水表的技术参数

① 流通能力　水流通过水表产生 10kPa 水头损失时的流量值。

② 特性流量　指水表中产生 100kPa 水头损失时的流量值。

③ 最大流量　只允许水表在短时间内超负荷使用的流量上限值。

④ 额定流量　水表长期正常运转流量的上限值。

⑤ 最小流量　水表开始准确指示的流量值，为水表使用的下限值。

⑥ 灵敏度　水表能连续记录(开始运转)的流量值，也称起步流量。

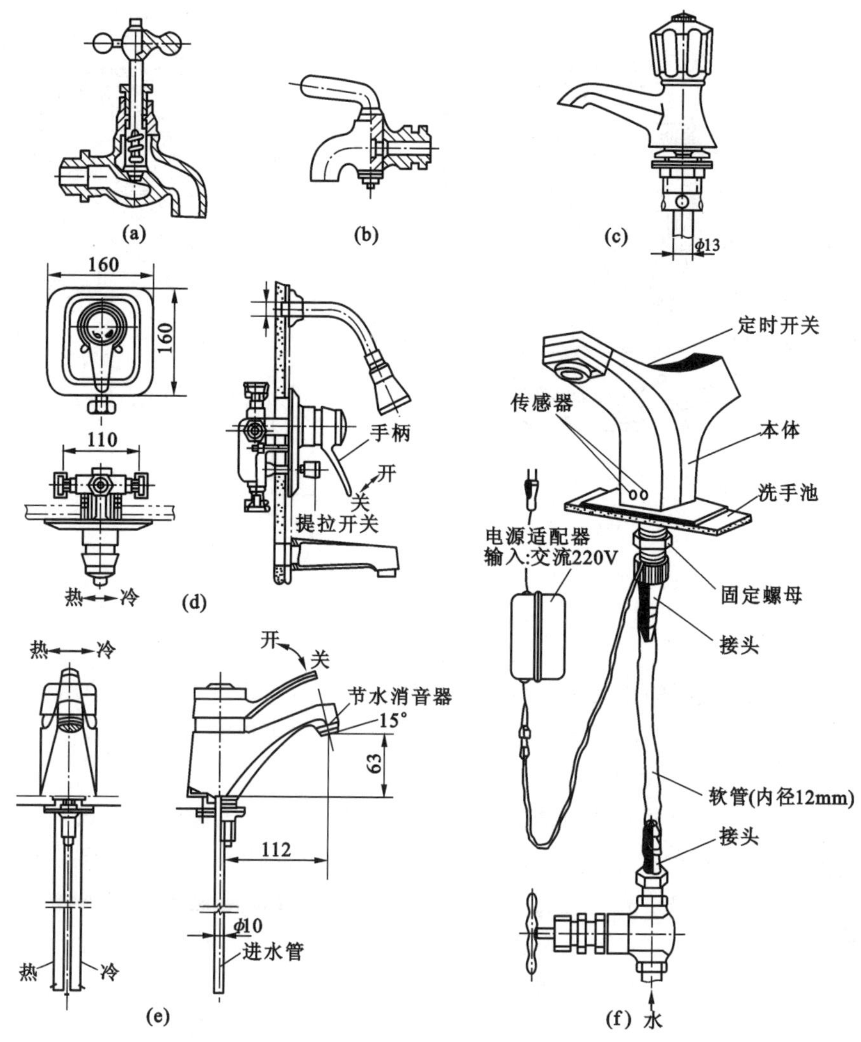

图 1-7　各类配水龙头

(a)球形阀式配水龙头;(b)旋塞式配水龙头;(c)普通洗脸盆配水龙头;(d)单手柄浴盆配水龙头;(e)单手柄洗脸盆配水龙头;(f)自动水龙头

(3)水表选择

一般情况下,公称直径小于或等于 50mm 时应采用旋翼式水表;公称直径大于 50mm 时应采用螺翼式水表;通过水表的流量变化幅度很大时应采用复式水表,复式水表由大小两个水表并联组成,总流量为两个水表流量之和。设在户内的水表宜采用远传水表或 IC 卡水表等智能化水表。一般应优先采用湿式水表。

用水量均匀的建筑生活给水系统,水表选型应以给水设计流量作为水表的常用流量;反之,水表选型时应以给水设计流量作为水表的过载流量。

11. 增压和贮水设备

增压设备主要有水泵、管网叠压供水设备,同时起到增压和贮水作用的有气压给水设备。贮水设备主要有:水池(箱)、高位水箱。

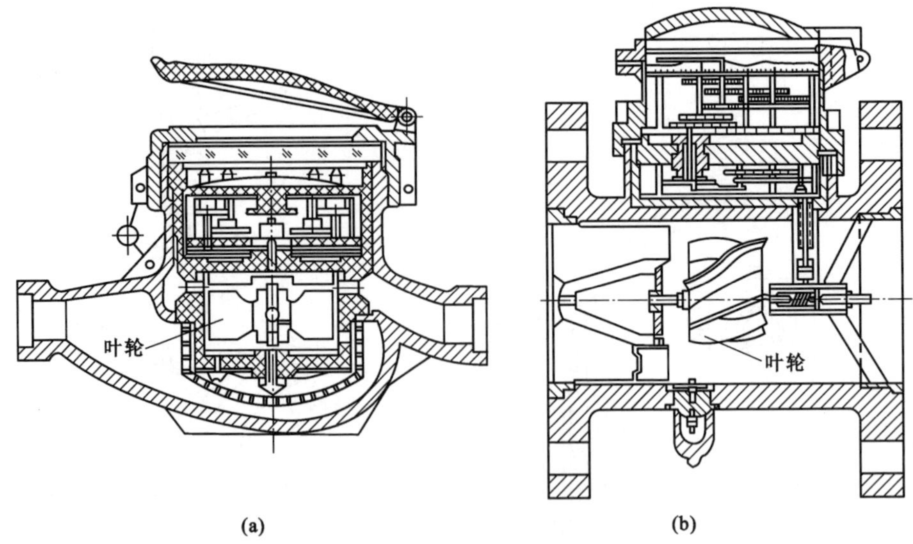

图 1-8 流速式水表

(a)旋翼式水表;(b)螺翼式水表

(1)水泵及泵房

水泵是给水系统中的主要升压设备。在建筑生活给水系统中,一般采用离心式水泵,它具有结构简单、体积小、效率高且流量和扬程在一定范围内可以调节等优点。

水泵房水泵

① 水泵

根据系统所需流量和扬程选择水泵,一般选用离心式水泵。水泵的形式有卧式泵、立式泵、潜水泵等。应选择低噪声、节能型水泵。水泵应在大部分时间保持高效运行,水泵的 Q-H 特性曲线,应是随流量的增大扬程逐渐下降的曲线,对 Q-H 特性曲线存在上升段的水泵,应分析在运行工况中不会出现不稳定工作时方可采用。

生活加压给水系统的水泵机组应设备用泵,备用泵的供水能力不应小于最大一台运行水泵的供水能力。水泵宜自动切换交替运行。水泵宜自灌吸水,当水池水位不能满足水泵自灌启动水位时,应有防止水泵空载启动的保护措施。

② 泵房

民用建筑物内设置的生活给水泵房不应毗邻居住用房或在其上层或下层,水泵机组宜设在水池的侧面、下方,其运行噪声应符合现行国家标准《民用建筑隔声设计规范》(GB 50118—2010)的规定。

水泵前后的阀门

泵房内宜有检修水泵的场地。检修场地尺寸宜按水泵或电机外形尺寸四周有不小于0.7m 的通道确定,泵房内靠墙安装的落地式配电柜和控制柜前面通道宽度不宜小于 1.5m;泵房内宜设置手动起重设备。

水泵基础高出地面的高度应便于水泵安装,不应小于 0.1m;泵房内管道管外底距地面或管沟底面的距离,当管径≤150mm 时不应小于 0.2m,当管径≥200mm 时不应小于 0.25m。

(2)气压给水设备

气压给水设备由水泵机组、气压水罐、管路系统、气体调节控制系统、自动控制系统等组成，具有升压、调节、贮水、供水、蓄能和控制水泵启停的功能。适用于有升压要求，但又不适宜设置水塔或高位水箱的小区或建筑给水系统，如地震区、人防工程或屋顶立面有特殊要求等建筑的给水系统；小型、简易或临时性给水系统和消防给水系统等。

其工作原理的理论依据是气体的可压缩性和玻意耳-马略特定律，即一定质量气体的体积与压力成反比。当水泵工作时，水被送至给水管网的同时，多余的水进入密闭容器（气压水罐）。水量增加并将罐内的气体压缩。气量缩小罐内压力随之升高。当压力升至设定压力时，水泵停转，并依靠罐内被压缩气体的压力将罐内贮存的水送入管网，水量容积不断缩小，气量容积不断扩大，罐内压力随之下降，当压力降至某一设定压力时，水泵重新启动，如此周而复始，不断运行。

按气压给水设备输水压力稳定性，可分为变压式和定压式两类；按气压给水设备罐内气、水接触方式，可分为补气式和隔膜式两类。变压补气式气压给水设备如图 1-9 所示。

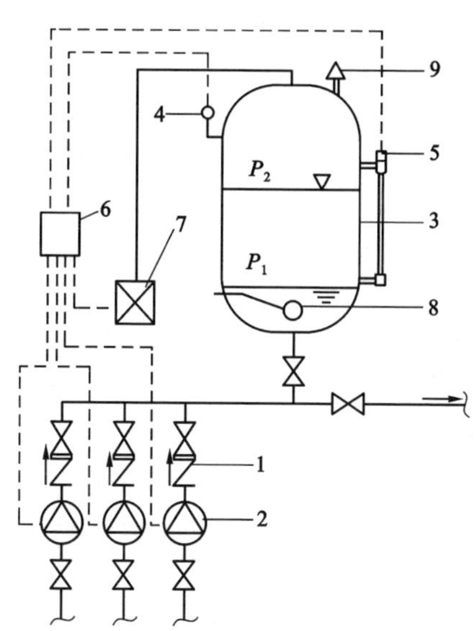

图 1-9　单罐变压补气式气压给水设备

1—止回阀；2—水泵；3—气压水罐；4—压力信号器；5—液位信号器；6—控制器；7—补气装置；8—排气阀；9—安全阀

（3）叠压供水设备

叠压供水设备是利用室外给水管网余压直接抽水增压的二次供水设备。该设备具有可充分利用外网水压降低能耗，设备占地少，节省机房面积等优点。适用于室外给水管网满足用户流量要求，但是不能满足水压要求且叠压供水设备运行后对管网的其他用户不会产生不利影响的地区，见图 1-10。

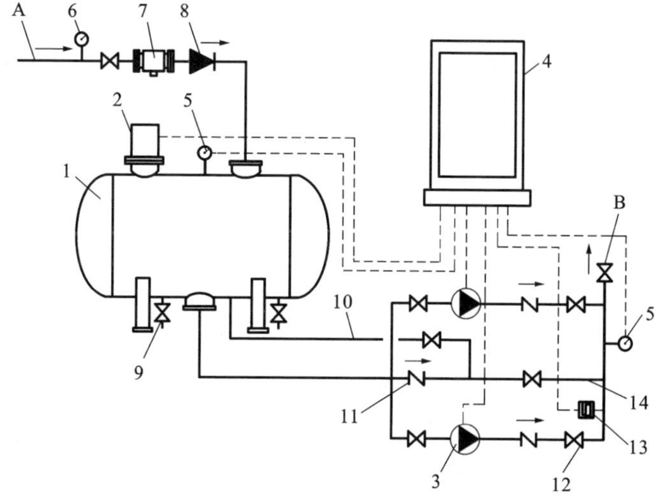

图 1-10　管网叠压供水设备示意

1—稳流补偿罐；2—真空抑制器；3—变频水泵；4—控制柜；5—压力传感器；6—负压表；7—过滤器；8—倒流防止器；9—清洗排污阀；10—小流量保压管；11—止回阀；12—阀门；13—超压保护装置；14—旁通管；A—接外网管网；B—接用户管网

(4)生活用水贮水设备

按设置位置,生活用水贮水设备分为低位贮水池(箱)(常简称贮水池)和高位水箱。

① 贮水池

贮水池是建筑给水常用调节和贮存水量的构筑物,采用钢筋混凝土、砖石等材料制作,形状多为圆形和矩形。

贮水池宜布置在地下室或室外泵房附近,并有严格的防渗漏、防冻和抗倾覆措施。贮水池池内贮水应经常流动,不得出现滞流和死角,以防水质变坏。贮水池一般分为两格,每一格都能独立工作,分别泄空,以便清洗和维修。贮水池应设进水管、出水管、溢流管、泄水管、通气管和水位信号装置。

楼顶管道、水箱漫游

② 高位水箱

高位水箱的作用是保证水压,贮存、调节水量,其形状多为矩形和圆形,制作材料有钢板、钢筋混凝土、玻璃钢和塑料等。水箱的配管、附件如图 1-11 所示。

进水管:一般由侧壁接入,也可由顶部或底部接入,管径按水泵出水量或设计秒流量确定。当水箱由室外管网提供压力充水时,应在进水管上安装水位控制阀,如液压阀、浮球阀,并在进水端设检修用的阀门;当管径 $DN \geqslant 50$mm 时,控制阀不少于 2 个;利用水泵进水并采用液位自动控制水泵启闭时,可不设浮球阀或液压水位控制阀。侧壁进水管距水箱上缘应有 150~200mm 的距离。

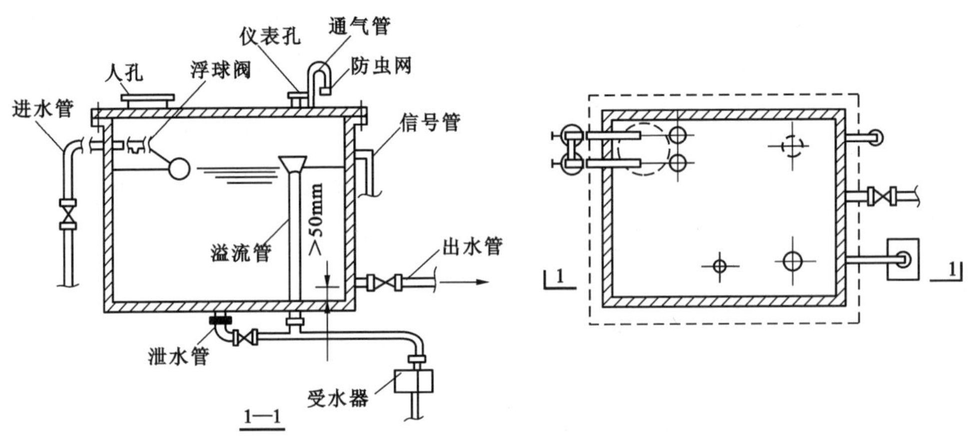

图 1-11 水箱配管、附件示意图

出水管:出水管可由水箱侧壁或底部接出,其出口应离水箱底 50mm 以上,管径按水泵出水量或设计秒流量确定。出水管上应安装阻力较小的闸阀(不允许安装截止阀),为防止短流,水箱进出水管宜分设在水箱两侧。

溢流管:溢流管可从底部或侧壁接出,进水口应高出水箱最高水位 50mm,管径一般比进水管大一号。溢流管上不允许设置阀门,并应装设网罩。

水位信号装置:设置水位监视和溢流报警装置,其信息应传至监控中心。

泄水管:泄水管从水箱底接出,管上应设置阀门,可与溢流管相接,但不得与排水系统直接相连,其管径应大于或等于 50mm。

通气管:供生活饮用水的水箱在储水量较大时,宜在箱盖上设通气管,以使水箱内空气流通,其管径一般大于或等于 50mm,管口应朝下并应设网罩防虫。

12. 给水方式

给水方式是指建筑内部给水系统的供水方案。应根据供水是否安全可靠，是否利于节水节能，是否便于操作管理，基建及经常费用是否合理等因素通过技术经济比较后确定。

(1)直接给水方式

室内管网与外部给水管网直接连接，利用外网水压供水。该给水方式供水较可靠，系统简单，投资省，安装、维护简单，可充分利用外网水压，节约能源。但水压变动较大，内部无贮备水量，外网停水时内部立即断水。适用于外网水压、水量能经常满足用水要求，室内给水无特殊要求的单层和多层建筑。见图 1-12。

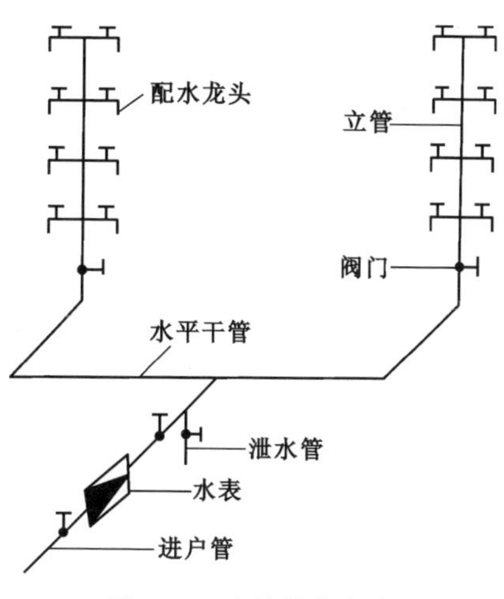

图 1-12　直接给水方式

(2)单设水箱的给水方式

室内管网与外网直接连接，利用外网压力供水，同时设置高位水箱调节流量和压力。该给水方式供水较可靠，水压稳定，系统较简单，投资较省，安装和维护较简单，可充分利用外网水压，节约能源。但是需要设置高位水箱，增加结构荷载，若水箱容量不足，可能造成上下层同时停水。适用于外网水压周期性不足，室内要求水压稳定，允许设置高位水箱的建筑。还可用于外网压力过高而需要减压的用户。见图 1-13。

(3)设水泵和水箱的给水方式

水泵自外网直接抽水加压并利用高位水箱调节流量，在外网水压高时也可以直接供水。该给水方式中水箱贮备一定水量，停水停电时尚可延时供水，供水较可靠，能利用外网水压，节省能源。但是安装、维护量大，投资较大；有水泵振动和噪声干扰，高位水箱增加结构荷载。适用于外网水压经常或间断不足，外网允许直接抽水，允许设置高位水箱的建筑。用于室内要求水压稳定的用户。见图 1-14。

水泵水箱联合给水方式

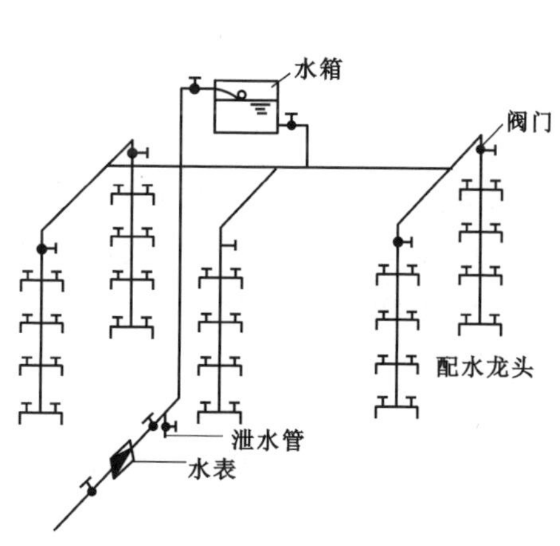

图 1-13　单设水箱的给水方式

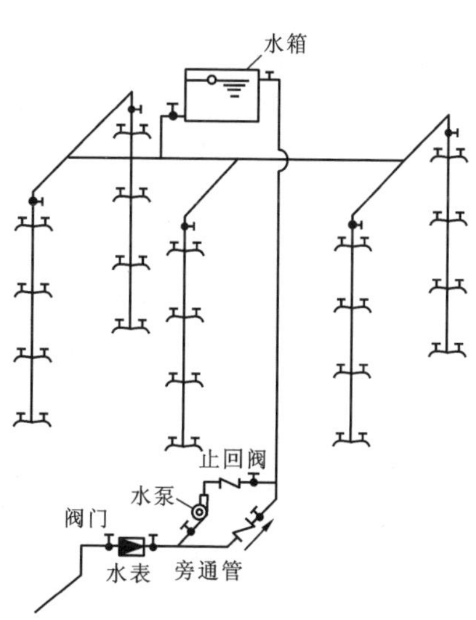

图 1-14　设水泵和水箱的给水方式

(4)设水池、水泵和水箱的给水方式

外网供水至水池,利用水泵提升和水箱调节流量。水池、水箱贮备一定水量,停水停电时可延时供水,供水可靠而且水压稳定。但是该给水方式不能利用外网水压、能源消耗较大,安装、维护量较大,投资较大且有水泵振动和噪声。适用于外网压力经常不足且不允许直接抽水,允许设置高位水箱的多层或高层建筑。见图 1-15。

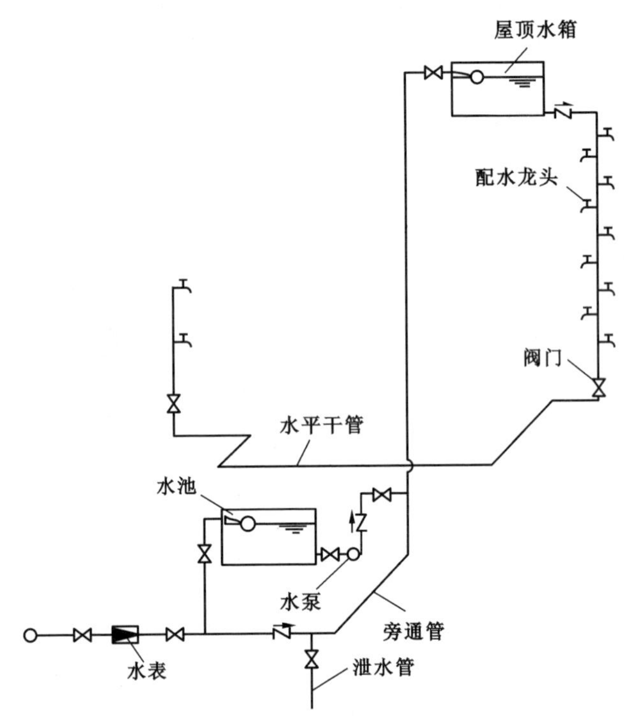

图 1-15 设水池、水泵和水箱的给水方式

(5)分区给水方式

① 分区并联给水方式

分区设置变速水泵或多台并联水泵,根据水泵出水量或水压,调节水泵转速或运行台数。该给水方式供水可靠,设备布置集中,便于维护管理,不占用建筑上层使用面积,能源消耗较少。水泵型号、数量比较多,投资较大,水泵控制调节较复杂,水泵切换过程供水有波动。适用于各种类型的高层工业与民用建筑。见图 1-16。

② 分区串联给水方式

分区设置水箱和水泵,水泵分散布置,自下区水箱抽水供上区用水。供水较可靠,设备和管道较简单,投资较节省,能源消耗较少。水泵设在上层,振动和噪声干扰较大,设备分散,维护管理不便,上区供水受下区制约。适用于允许分区设置水箱和水泵的高层工业与民用建筑,贮水池进水管上应以液压水位控制阀代替传统的浮球阀。见图 1-17。

(6)气压给水方式

利用水泵自外网直接吸水加压,利用气压水罐调节供水流量和控制水泵运行。供水可靠且卫生,不需要设置高位水箱,可利用外网水压。但是给水压力波动较大,能源消耗较大,一般不宜用于供水规模大的系统。一般适用于多层建筑和不宜设置高位水箱的建筑。见图 1-18。

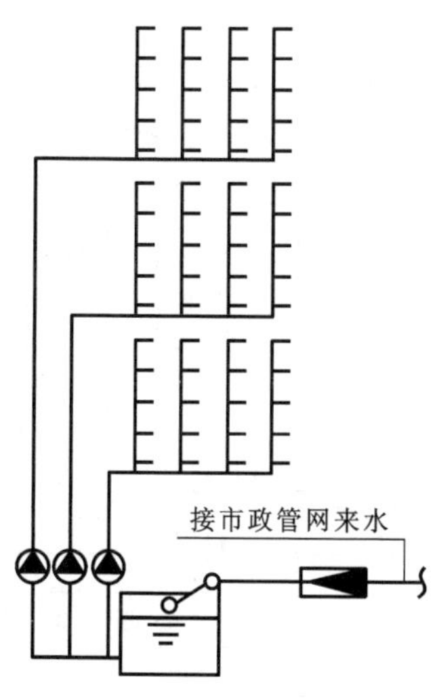

图 1-16　分区并联给水方式

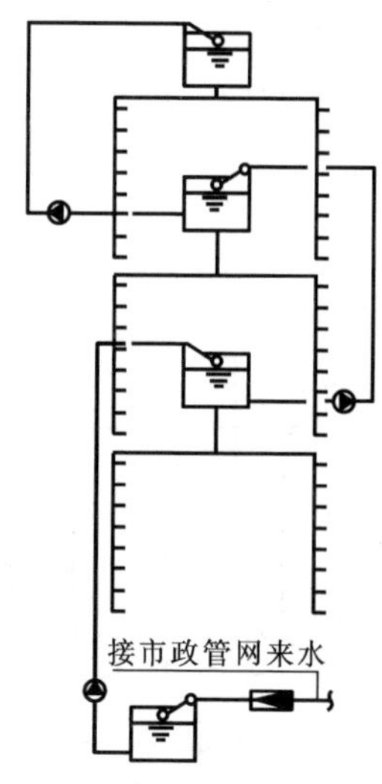

图 1-17　分区串联给水方式

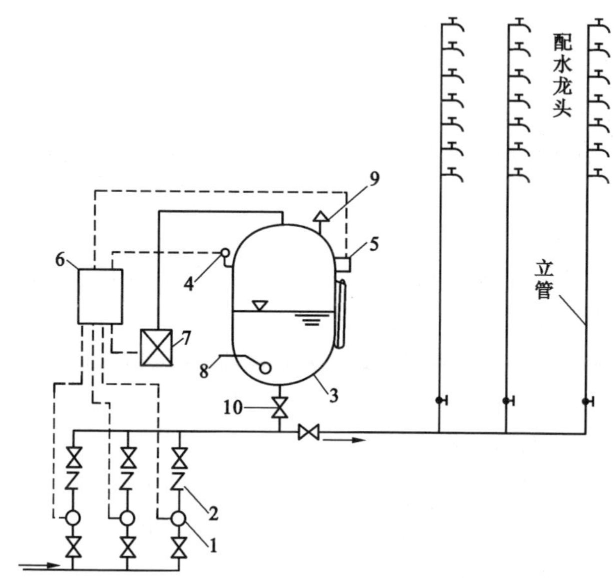

图 1-18　气压给水方式

1—水泵；2—止回阀；3—气压水罐；4—压力信号器；5—液位信号器；
6—控制器；7—补气装置；8—排气阀；9—安全阀；10—阀门

(7)叠压给水方式

水泵吸水管通过小水罐与市政给水管道直接串接的叠压运行的给水方式。见图 1-19。(**思政 tips**：叠压供水与其他供水方式相比，充分利用了市政管网既有的供水压力，降低了整体供水系统的能耗。供水系统不止涉及节水，还涉及供水过程中使用的提升、处理、稳压等设备的节能。)一台变频器通过微机控制多台水泵变频运行。气压水罐可以调节流量和压力波动。该方式供水较可靠，水质安全卫生，无二次污染，可利用市政供水管网的水压，运行费用低，自动化程度高，安装、维护方便，但是几乎无贮备水量。适用于允许直接串联市政供水管网的新建、扩建或改建的生活加压给水系统。

(8)分质给水方式

根据不同用途所需的不同水质，分别设置独立的给水系统，见图 1-20。

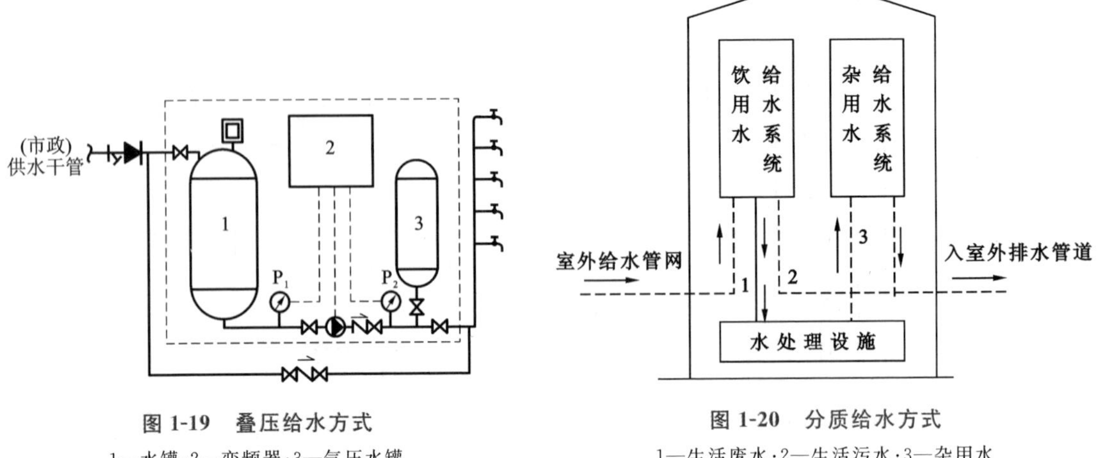

图 1-19　叠压给水方式

1—水罐；2—变频器；3—气压水罐

图 1-20　分质给水方式

1—生活废水；2—生活污水；3—杂用水

13. 建筑热水系统

(1)热水供应系统分类

按供应范围，建筑热水供应系统分为集中热水供应系统、局部热水供应系统和区域热水供应系统。

① 集中热水供应系统

集中热水供应系统是指在热交换站、锅炉房或加热间集中制备热水后，通过热水管网供给一幢(不含单栋别墅)或数幢建筑物所需热水的供应系统。

该系统的优点是加热设备集中设置，便于维护管理，建筑物内各热水用水点不需另设加热设备而占用建筑空间；加热设备的热效率较高，制备热水的成本较低。其缺点是设备、系统较复杂，投资较大，热水管网较长，热损失较大。

该系统宜用于热水用量较大(设计每小时耗热量超过 293100kJ，约折合 4 个淋浴器的耗热量)、用水点比较集中的建筑，如：标准较高的居住建筑、旅馆、公共浴室、医院、疗养院、体育馆、游泳池、大型饭店以及较为集中的工业企业建筑等。

在设有集中热水供应系统的建筑物内，对用水量较大的公共浴室、洗衣房、厨房等用户宜设置单独的热水管网，以免对其他用水点造成较大的水量、水压的波动。如热水为定时供水，对热水供应时间或水温等有特殊要求的个别用水点，宜采用局部热水供应。

② 局部热水供应系统

局部热水供应系统是指用设置在热水用水点附近的小型加热器制备热水后，供给单个或数个配水点的热水供应系统。例如：采用小型燃气热水器、电热水器、太阳能热水器等制备热水，供给个别厨房、浴室和生活间使用。在中型和大型建筑物中也可采用多个局部热水供应系统分别供给各个热水配水点。

该系统的优点是输送热水的管道短，热损失小；设备、系统简单，造价低；系统维护管理方便、灵活；易于改建或增设。缺点是小型加热器的热效率低，制水成本较高；建筑物内的各热水配水点需单独设置加热器占用建筑空间。

该系统适宜于热水用量较小(设计每小时耗热量不超过 293100kJ,约折合 4 个淋浴器的耗热量)的建筑;热水用水点分散且耗热量不大的建筑(如只为洗手盆供应热水的办公楼);或是采用集中热水供应系统不合理的场所。

③ 区域热水供应系统

区域热水供应系统是指在热电厂、区域性锅炉房或热交换站将冷水集中加热后,通过市政热力管网输送至整个建筑群、居民区、城市街坊或工业企业的热水系统。

该系统的优点是有利于热能的综合利用,便于集中统一维护管理;不需在小区或建筑物内设置锅炉,有利于减少环境污染,节省占地和空间;设备热效率和自动化程度较高;制备热水的成本低,设备总容量小。其缺点是设备、系统复杂,建设投资高;需要较高的维护管理水平。

该系统适用于建筑较集中、热水用量较大的城市和工业企业。

(2)组成

热水供应系统主要由热源、热媒管网系统(第一循环系统)、加(贮)热设备、配水和回水管网系统(第二循环系统)、附件和用水器具等组成,如图 1-21 所示。

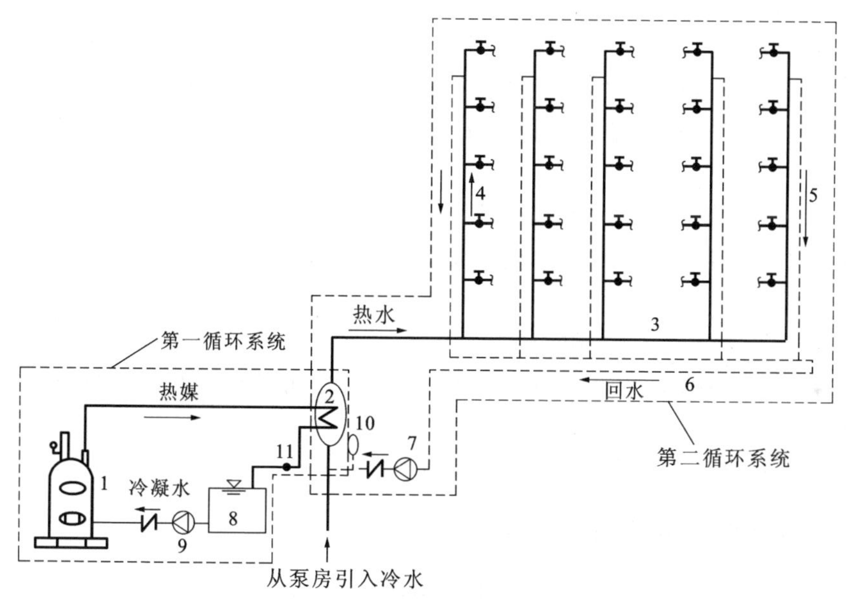

图 1-21　集中热水供应系统组成

1—蒸汽锅炉;2—水加热器;3—配水干管;4—配水立管;5—回水立管;

6—回水干管;7—循环水泵;8—凝结水池;9—冷凝水泵;10—膨胀罐;11—疏水器

① 热源

热源是用以制取热水的能源,可以是工业废热、余热、太阳能、可再生低温能源、地热、燃气、电能,也可以是城镇热力网、区域锅炉房或附近锅炉房提供的蒸汽或高温水。(**思政 tips:** 太阳能、地热能等可再生资源和工业废热、余热等二次热源均可作为煤、石油、天然气等化石能源制造的替代热源,促进资源的循环利用,降低碳的排放。)

② 热媒及加热系统

热媒是指传递热量的载体,常以热水(高温水)、蒸汽、烟气等为热媒。在以热水、蒸汽、烟气为热媒的集中热水供应系统中,蒸汽锅炉与水加热器之间或热水锅炉(机组)与热水贮水器之间由热媒管和冷凝水管(或回水管)连接组成的热媒管网,称第一循环系统。见图 1-22。

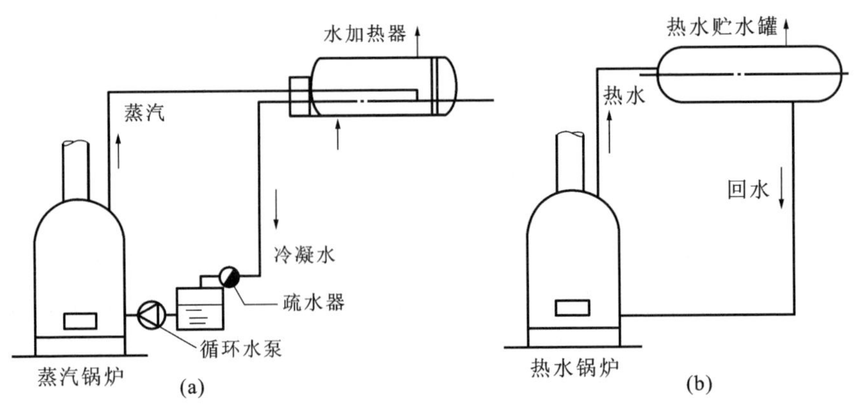

图 1-22 热媒管网

在区域热水供应系统中，水加热器的热媒管和冷凝水管直接与热力网连接。

③ 加热、贮热设备

加热设备是用于直接制备热水供应系统所需的热水或是制备热媒后供给水加热器进行二次换热的设备。一次换热设备就是直接加热设备。二次换热设备就是间接加热设备，在间接加热设备中热媒与被加热水不直接接触。有些加热设备带有一定的容积，兼有贮存、调节热水用水量的作用。

贮热设备是仅有贮存热水功能的热水箱或热水罐。

加(贮)热设备的常用附件有：压力式膨胀罐、安全阀、泄压阀、温度自动调节装置、温度计、压力表、水位计等。

④ 配水、回水管网系统(第二循环系统)

在集中热水供应系统中，水加热器或热水贮水器与热水配水点之间，由配水管网和回水管网组成的热水循环管路系统，称作第二循环系统，如图 1-21 所示。主要附件有：排气装置、泄水装置、压力表、膨胀管(罐)、阀门、止回阀、水表及伸缩补偿器等。

14. 生活给水系统施工图的识读

图 1-23 至图 1-34 是一套 2 层农房的生活给水施工图。

(1)如图 1-23、图 1-24 所示，农房的建筑平面完全对称，以左边户型为例进行识读。

(2)如图 1-25、图 1-26 所示，对于住宅建筑，生活给水系统一般仅设置在厨房、卫生间和洗衣房这些区域。

(3)如图 1-27、图 1-28 所示，市政管网给水经由引入管 J/1 进入室内，然后分别穿墙进入 1F 卫生间、洗衣房和厨房，再经由立管 JL-1 进入 2F 卫生间。

(4)图 1-29 和图 1-30 分别为 1F 的生活给水平面图和系统图，两张图应对照识读。平面图中的红色、蓝色、绿色管道分别对应系统图中的管道 AB、BC、CD。AB 管段的公称直径是 25mm，BC 管段和 CD 管段的公称直径是 20mm，AB、BC、CD 管段的标高均是－0.6m。AB 管段上设置有水表，安装于地面之上。(**思政 tips:** *建筑信息模型(Building Information Modeling)作为一种新技术，有利于建筑信息化和城市信息化的推进，是施工过程管理信息化的基础。*)

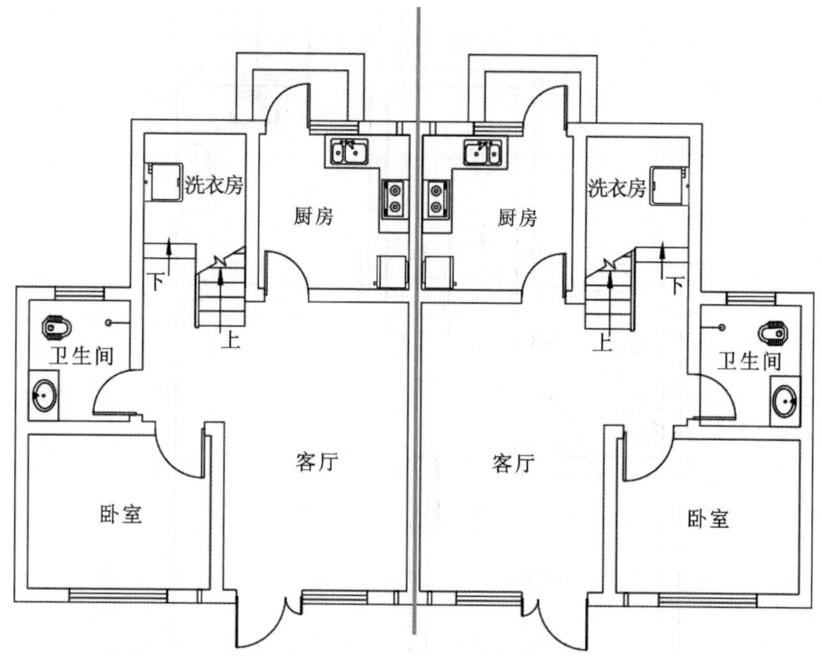

图 1-23　农房的 1F 建筑平面图

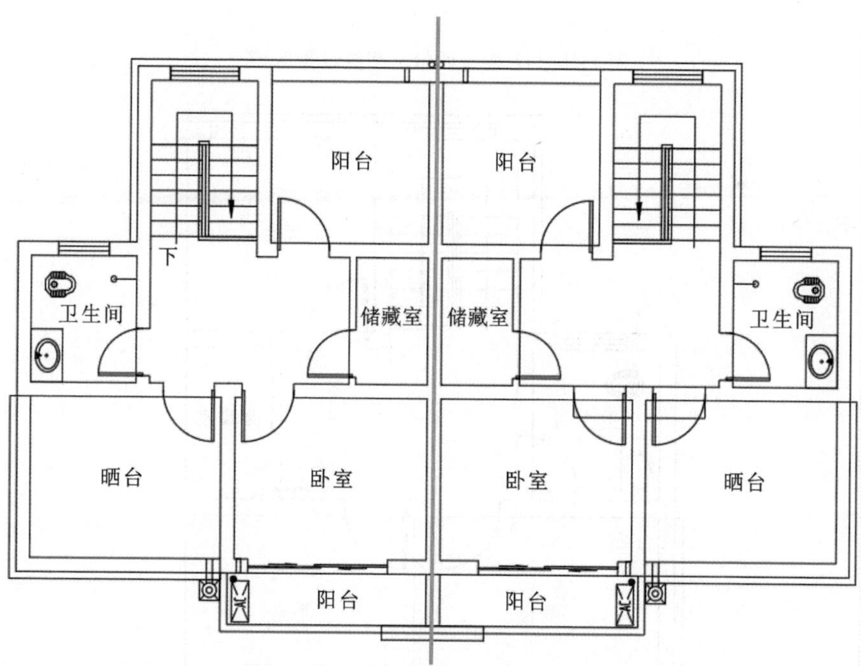

图 1-24　农房的 2F 建筑平面图

(5)图 1-31 和图 1-32 分别为 1F 和 2F 卫生间的生活给水平面图，图 1-33 是卫生间生活给水的系统图。平面图中的红色、蓝色、绿色、粉色、黑色和黄色管道分别对应系统图中的管道 ef、fg、hi、jk、kl、mn。

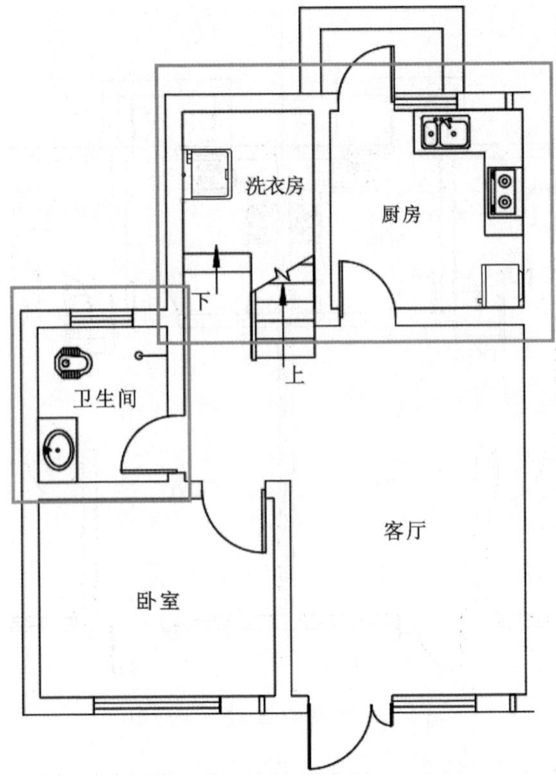

图 1-25　1F 的生活给水系统设置区域

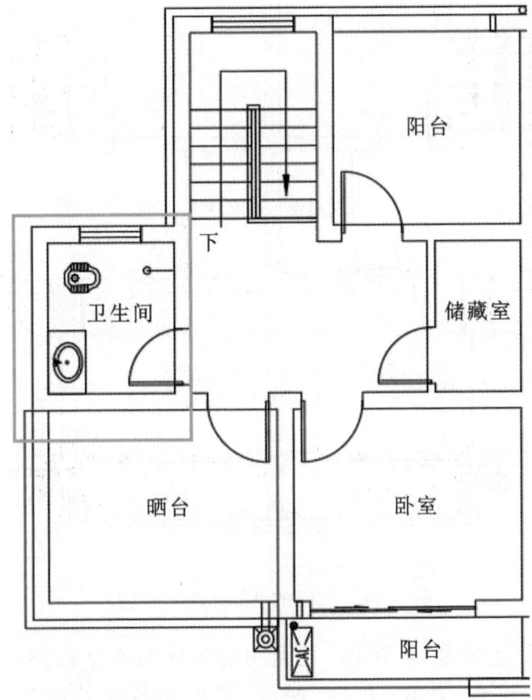

图 1-26　2F 的生活给水系统设置区域

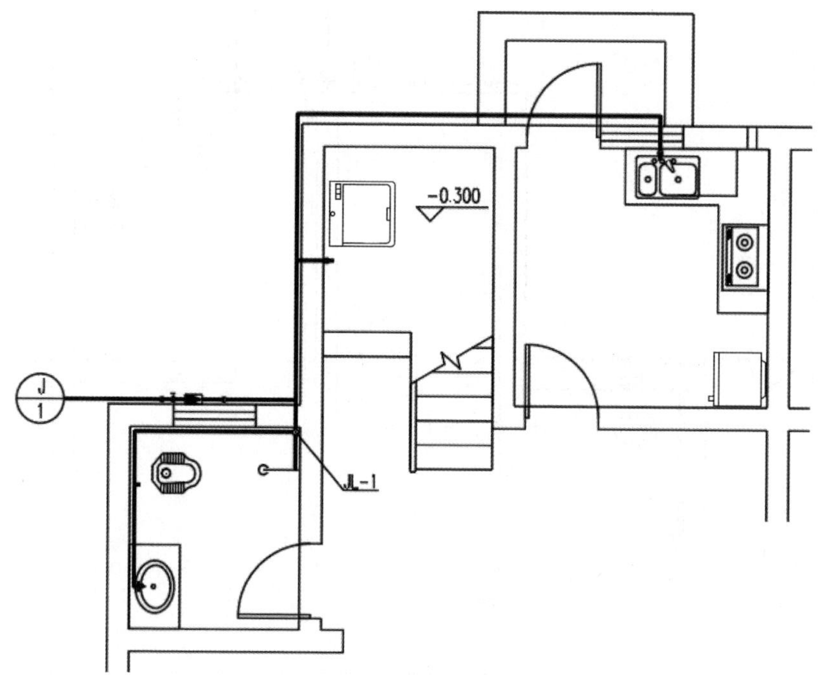

图 1-27　1F 生活给水系统平面图

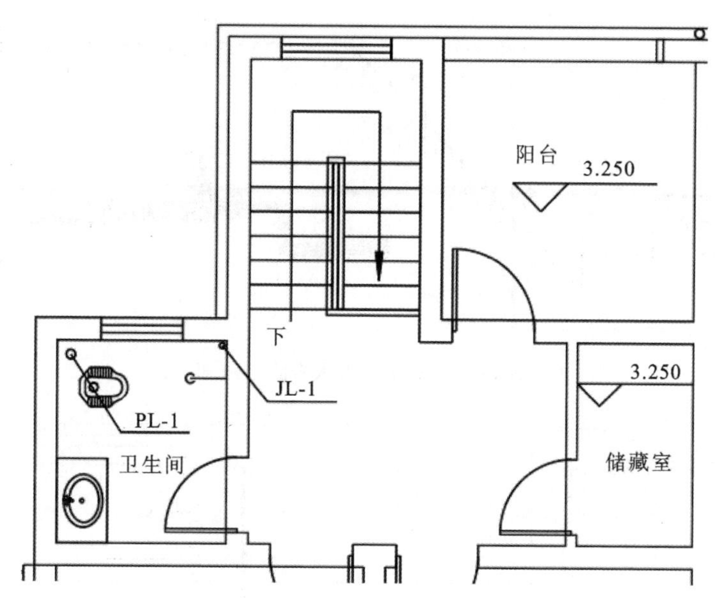

图 1-28　2F 生活给水系统平面图

管段 ef、jk 的公称直径是 20mm，管段 ef、fg 的标高是 0.25m，管段 hi 的标高是 0.95m，管段 jk、kl 的标高是 3.55m，管段 mn 的标高是 4.25m。

(6)图 1-34 为整个农房 1F、2F 生活给水的系统图，厨房、卫生间、洗衣房的生活给水系统均包含在内。

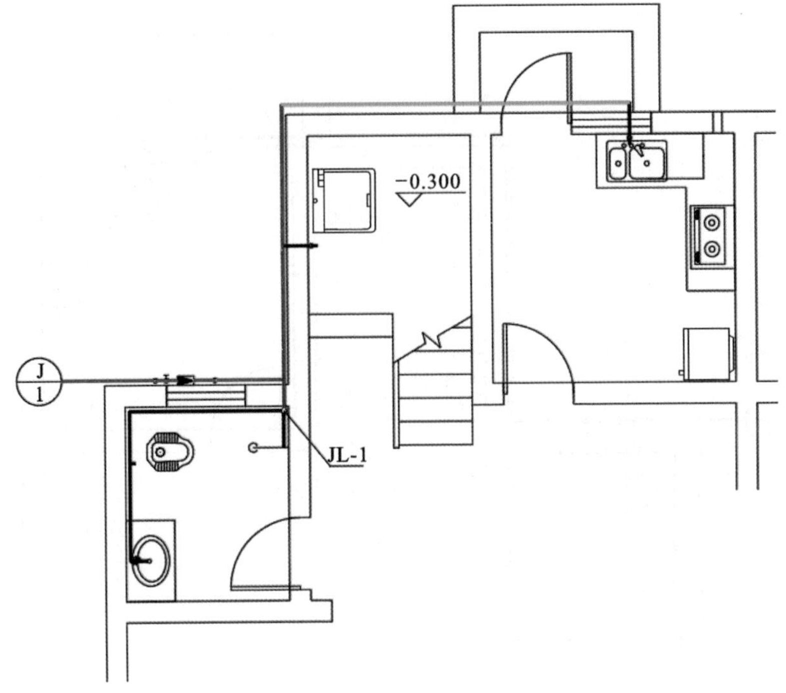

图 1-29　1F 生活给水系统平面图

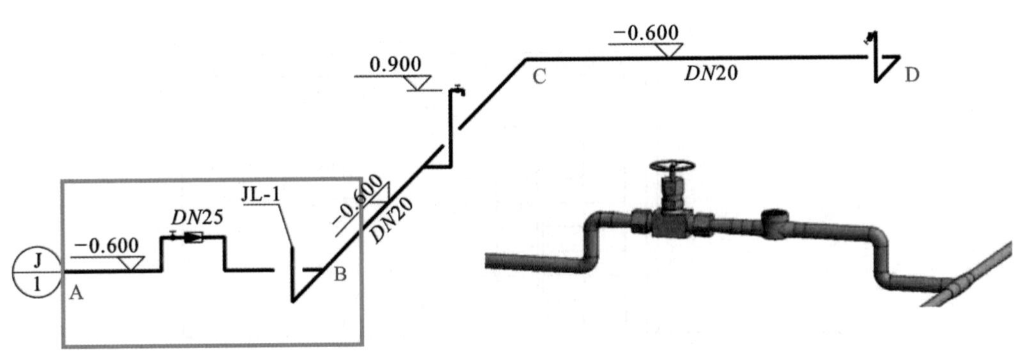

图 1-30　1F 生活给水系统系统图

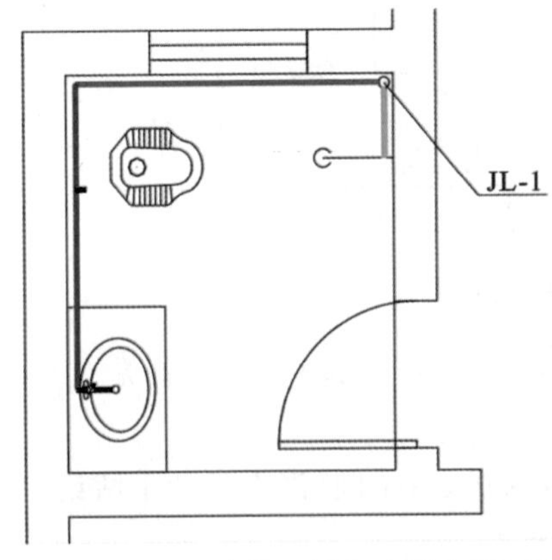

图 1-31　1F 卫生间生活给水系统平面图

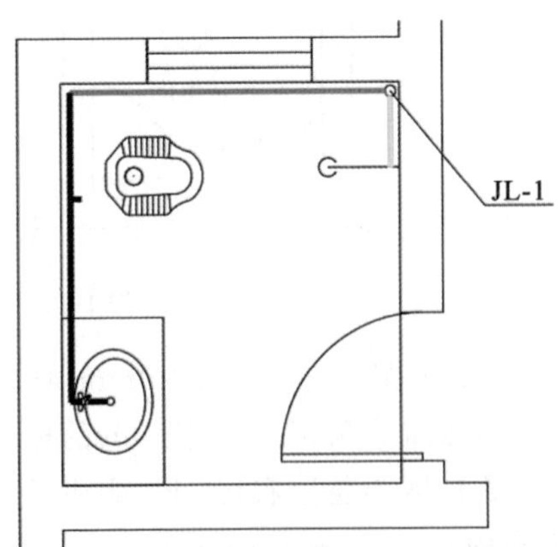

图 1-32　2F 卫生间生活给水系统平面图

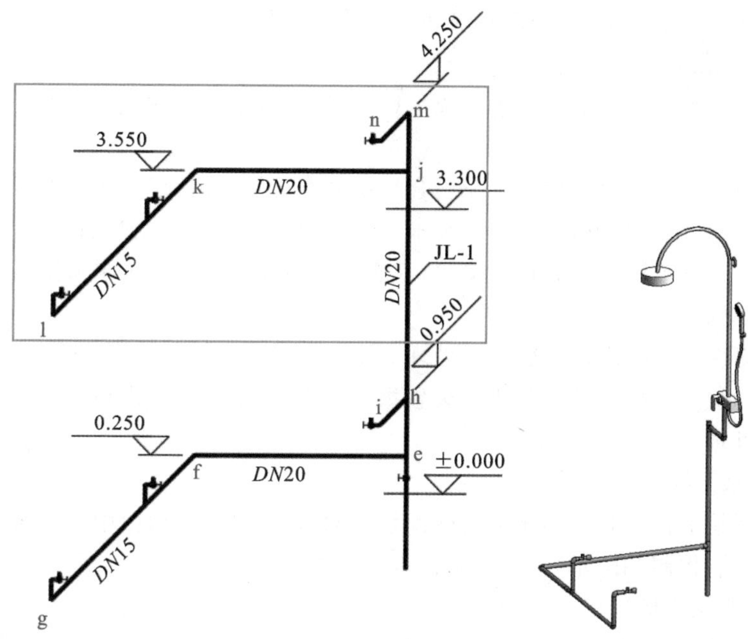

图 1-33　卫生间生活给水系统图

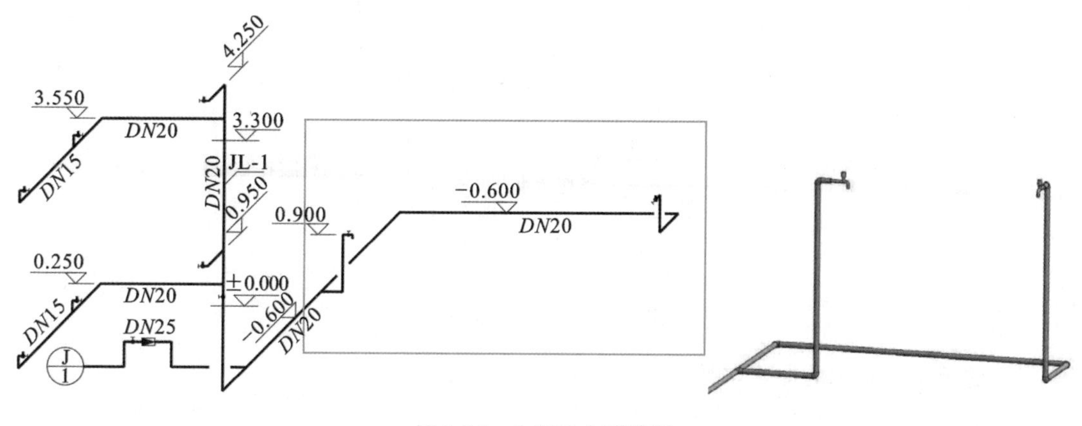

图 1-34　生活给水系统图

15. 建筑中水系统

根据服务范围，中水系统可分为三类：建筑物中水系统，即在一栋或几栋建筑物内设置的中水系统；小区(区域)中水系统，即在小区内设置的中水系统，指居住小区，也包括院校、机关大院等集中建筑区；城市(市政)中水系统，即在城市规划区内设置的污水回用系统，中水水源多为城市污水处理厂的二级处理出水。(**思政 tips**：水资源在短时间内的再生，需要耗费大量的能源，我国北方地区季节性地或长期性处于水资源短缺状态，通过中水系统，实现“灰水”再利用，提高水的重复利用率，达到节水的目的。)

中水系统

(1)中水系统的组成

建筑中水系统由原水系统、处理系统和供水系统三部分组成。

① 中水原水系统

中水原水即中水水源。中水原水系统是指收集、输送中水原水到中水处理设施的管道系统及附属构筑物。

集水方式分合流、分流集水系统 2 类:合流集水方式是指污、废水共用 1 套管道系统收集、排至中水处理站;分流集水方式是指污、废水分别用独立的管道系统收集,水质差的污水排至城市排水管网进入城镇污水厂处理后排放,水质较好的废水作为中水原水排至中水处理站。

② 中水处理系统

中水处理系统由预处理、主处理、后处理 3 个部分组成。预处理是截留大的漂浮物、悬浮物,调节水质和水量;主处理一般是指二级生物处理段,用于去除有机和无机污染物等;后处理则是进行深度处理。

③ 中水供水系统

中水供水系统的任务是把中水通过输配水管网送至各用水点,由中水贮水池、中水配水管网、中水高位水箱、控制和配水附件、计量设备等组成。

(2)建筑中水系统形式

建筑中水系统宜采用完全分流系统。完全分流系统是指中水原水的收集系统与建筑内部排水系统、建筑生活给水与中水供水系统完全分开,即建筑物内污、废水分流,设有粪便污水、杂排水 2 套排水管系和给水、中水 2 套供水管系,如图 1-35 所示。

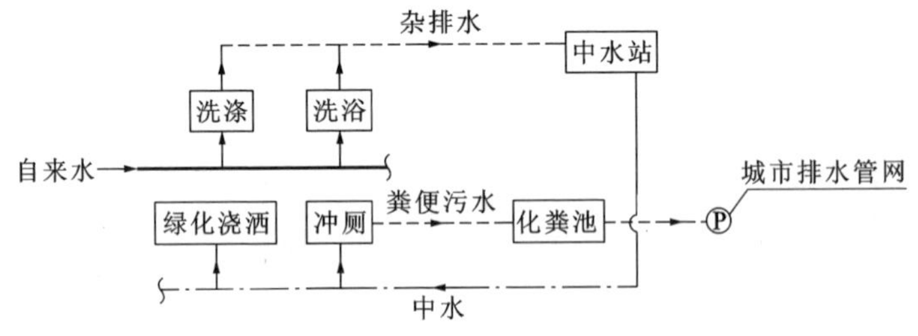

图 1-35　建筑中水系统

(3)建筑中水系统的原水水质及水源选择

建筑中水系统的原水可取自建筑生活排水或其他可利用的水源。应根据水源的水质、水量、排水状况和中水回用的水质、水量选定。

可选择的种类和选取顺序为:

卫生间、公共浴室的盆浴和淋浴等的排水→盥洗排水→空调循环冷却水系统排污水→冷凝水→游泳池排污水→洗衣排水→厨房排水→冲厕排水。

建筑中水系统的原水往往不是单一水源,可由上述几种原水组合:

① 污染程度较低的排水称优质杂排水,应优先选用,如冷却排水、泳池排水、淋浴排水、盥洗排水、洗衣排水等的组合;

② 民用建筑中除粪便污水外的各种排水称杂排水。如冷却排水、泳池排水、淋浴排水、盥洗排水、洗衣排水、厨房排水等废水的组合;

③ 生活排水的水质最差,包含杂排水和冲厕排水。

建筑屋面雨水也可作为中水水源或其补充。

(4)中水供水系统的安全防护

中水供水系统必须独立设置，不允许以任何形式与自来水系统连接，包括通过倒流防止器或防污隔断阀等连接形式，以防对自来水系统造成污染。

中水贮存池(箱)内的自来水补水管应采取自来水防污染措施，补水管出水口应高于中水贮存池(箱)内溢流水位，其间距不得小于2.5倍补水管管径。严禁采用淹没式浮球阀补水。为防止中水受到污染，中水贮存池(箱)的溢流管、泄空管应采用间接排水的空气隔断措施，以防下水道中的污物污染中水水质。溢流管应设隔网防止蚊虫进入。

为避免污染饮用水，中水管道与生活饮用水给水管道、排水管道平行埋设时，水平净距不小于0.5m；交叉埋设时，中水管道应设在生活饮用水给水管道下面，排水管道上面，其净距不小于0.15m；中水管道与其他专业管道的间距按给水管道要求执行。

中水管道上不得装设取水龙头。当装有取水接口时，必须采取严格的防止误饮、误用的措施，如供专人使用的带锁龙头、明显标示不得饮用等。绿化、浇洒、汽车冲洗宜采用有防护功能的壁式或地下式给水栓。

中水管道外壁应按有关标准的规定涂色和标志；水池(箱)、阀门、水表及给水栓、取水口均应有明显的“中水”标志；公共场所及绿化的中水取水口应设带锁装置。车库中用于冲洗地面和洗车用的中水龙头也应上锁或明示不得饮用。

工程验收时应逐段进行检查，防止误接。

任务一练习题

请完成本任务的练习题，习题答案与解析请查看本模块末。

习题1：生活给水系统由哪几部分组成？

习题2：常用的阀门有哪些？各自的特点是什么？

习题3：建筑热水系统由哪几部分组成？

习题4：图中有的线条是细线，有的线条是粗线，为什么？粗线有实线和虚线两种线型，为什么？

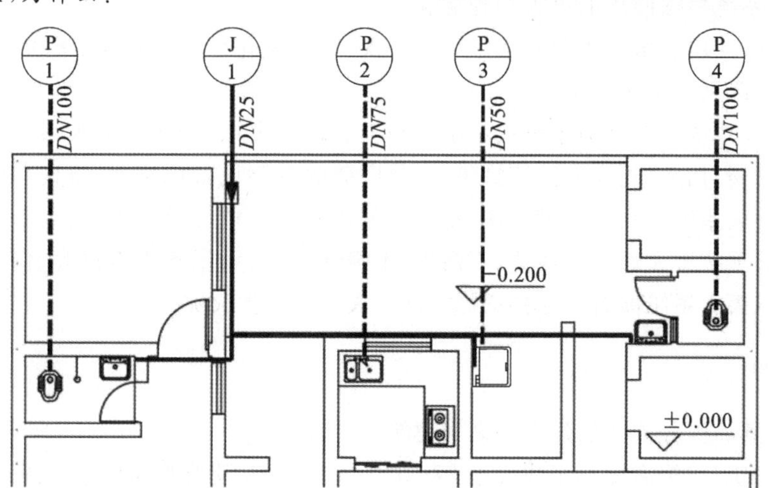

习题5：识读卫生间平面图，回答问题。

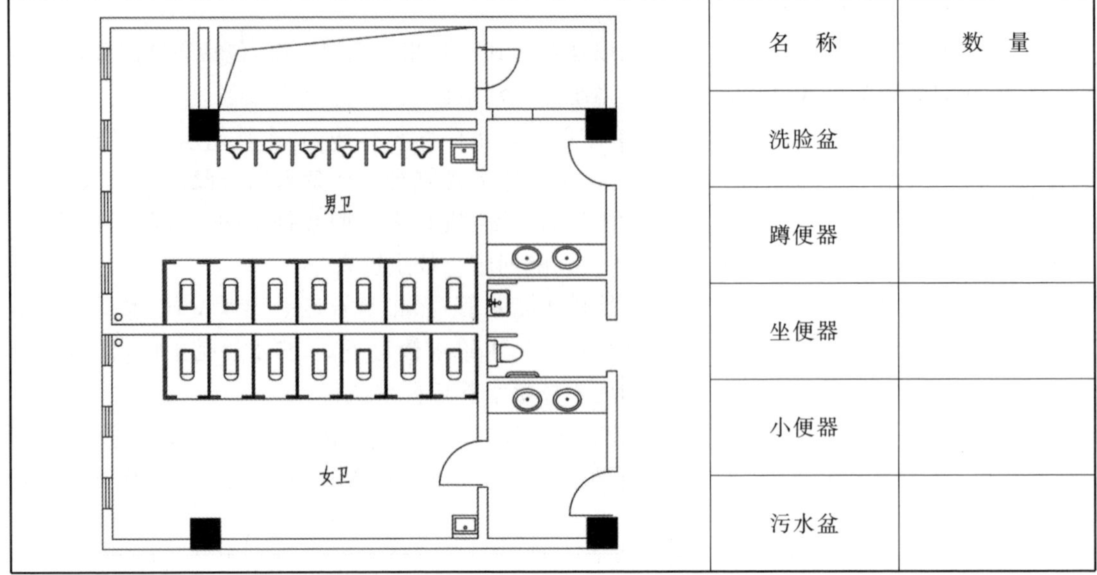

名　称	数　量
洗脸盆	
蹲便器	
坐便器	
小便器	
污水盆	

任务二　消防给水系统认识与识图

学习目标

【素质】具备建筑消防给水领域的安全意识和图纸规范意识。

【知识】熟悉消火栓给水系统和自动喷水灭火给水系统的组成，了解消防系统的分类和适用场所。

【能力】能够进行建筑消防系统施工图的识读。

建筑消防系统根据使用的灭火剂种类和灭火方式可分为三类：消火栓灭火系统、自动喷水灭火系统和其他使用非水灭火剂的固定灭火系统（如二氧化碳灭火系统、干粉灭火系统、卤代烷灭火系统、泡沫灭火系统等）。

消火栓灭火系统与自动喷水灭火系统可用于多种火灾；二氧化碳灭火系统适用于图书馆的珍藏库、图书楼、档案楼、大型计算机房、电信广播的重要设备机房、贵重设备室和自备发电机房等；干粉灭火系统可扑救可燃气体、易燃与可燃液体和电气设备火灾，具有良好的灭火效果；卤代烷灭火系统灭火后不留残渍，不污染，不损坏设备，可用于贵重仪表、档案及总控制室等的火灾；泡沫灭火系统能有效地扑灭烃类液体火焰与油类火灾。

1. 建筑物分类

建筑物按其高度分为多层建筑和高层建筑。

（1）多层建筑：建筑高度小于或等于27m的住宅建筑以及建筑高度小于或等于24m的厂

房、仓库和其他民用建筑。多层建筑还包括建筑高度超过 24m 的单层公共建筑、单层仓库和单层厂房。

(2)高层建筑:建筑高度大于 27m 的住宅建筑以及建筑高度大于 24m 的非单层厂房、仓库和其他民用建筑。

多层建筑的火灾能依靠一般消防车的供水能力直接进行灭火。高层建筑中高层部分的火灾扑救因一般消防车的供水能力达不到,因而应立足于自救。

2. 消防水源

市政给水、消防水池、天然水源均可作为消防水源,雨水清水池、中水清水池、游泳池储水和水景水也可作为消防水源。消防水源宜优先采用市政给水。当市政给水管网连续供水时,消防给水系统可采用市政给水管网直接供水。

3. 消火栓系统的组成

消火栓系统

室内消火栓给水系统一般由消火栓设备、消防管道、控制附件、增压水泵、消防水池、消防水箱、水泵接合器等组成。

(1)消火栓设备

地下车库
消火栓漫游

消火栓设备由水枪、水带和消火栓组成,均安装于消火栓箱内。室内消火栓应采用公称直径 65mm,并可与消防软管卷盘或轻便水龙设置在同一箱体内。水枪一般为直流式,喷嘴口径有 6mm、11mm、13mm、16mm、19mm,室内消火栓宜配置当量喷嘴直径 16mm 或 19mm 的消防水枪,但当消火栓设计流量为 2.5L/s 时宜配置当量喷嘴直径 11mm 或 13mm 的消防水枪;消防软管卷盘和轻便水龙应配置当量喷嘴直径 6mm 的消防水枪。水带材质有麻质和化纤两种,有衬胶与不衬胶之分,衬胶水带阻力较小。室内消火栓应配置公称直径 65mm 有内衬里的消防水带,长度不宜超过 25m;消防软管卷盘应配置内径不小于 $\phi19$ 的消防软管,其长度宜为 30m;轻便水龙应配置公称直径 25mm 有内衬里的消防水带,长度宜为 30m。

常用消火栓箱的规格为 800mm×650mm×300mm,材料为钢板或铝合金等制作,如图 1-36所示。消防卷盘设备可与 *DN*65 消火栓放置在同一个消火栓箱内,也可以单独设消火栓箱。图 1-37 所示为带消防卷盘的室内消火栓箱。

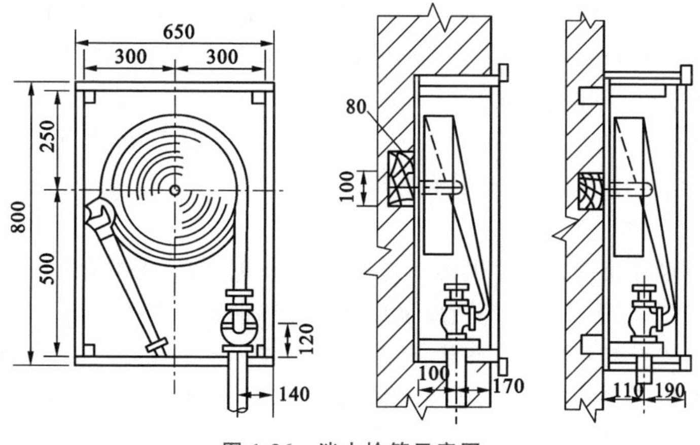

图 1-36　消火栓箱示意图

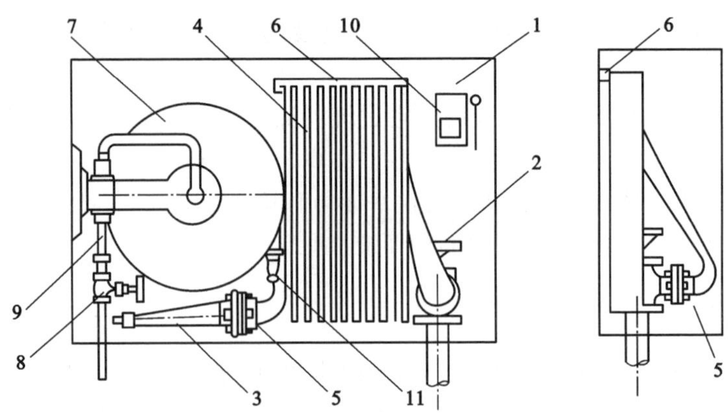

图 1-37　带消防卷盘的室内消火栓箱

1—消火栓箱；2—消火栓；3—水枪；4—水龙带；5—水龙带接扣；6—挂架；
7—消防卷盘；8—闸阀；9—钢管；10—消防按钮；11—消防卷盘喷嘴

室内消火栓应设置在楼梯间及其休息平台和前室、走道等明显易于取用以及便于火灾扑救的位置。室内消火栓的布置应满足同一平面有 2 支消防水枪的 2 股充实水柱同时达到任何部位的要求，但建筑高度小于或等于 24m，且体积小于或等于 5000m^2 的多层仓库，建筑高度小于或等于 54m，且每单元设置一部疏散楼梯的住宅，可采用 1 支消防水枪的 1 股充实水柱同时达到任何部位。见图 1-38。

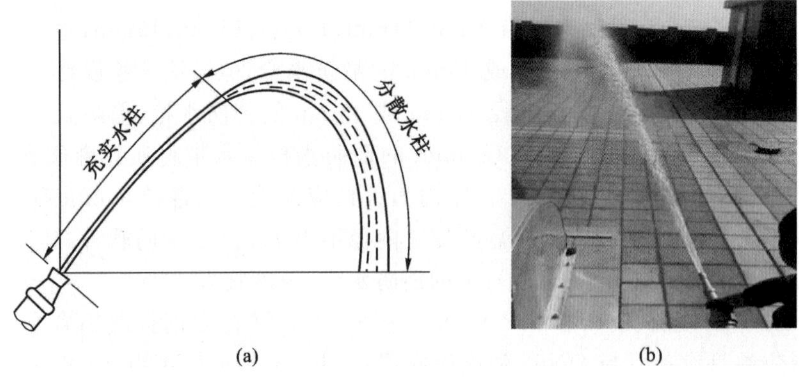

图 1-38　水枪充实水柱

消火栓按 2 支消防水枪的 2 股充实水柱同时达到任何部位要求布置的建筑物，消火栓的布置间距不应大于 30m；消火栓按 1 支消防水枪的 1 股充实水柱同时达到任何部位要求布置的建筑物，消火栓的布置间距不应大于 50m。见图 1-39。

建筑室内消火栓栓口的安装高度应便于消防水带的连接和使用，其离地面高度宜为 1.1m，并宜与设置消火栓的墙面呈 90°角或向下。

(2)消火栓给水管道

埋地消火栓给水管道可采用球墨铸铁给水管、钢丝网骨架塑料复合给水管和加强防腐钢管等管材，室内外架空消火栓给水管道应采用热浸镀锌钢管等金属管道。

室内消火栓系统管网应布置成环状，竖管管径不应小于 *DN*100。室内消火栓环状管网竖管与供水横干管相接处应设置阀门，管道在检修时关闭停用的竖管不超过 1 根，当竖管超过 4 根时，可关闭不相邻的 2 根。

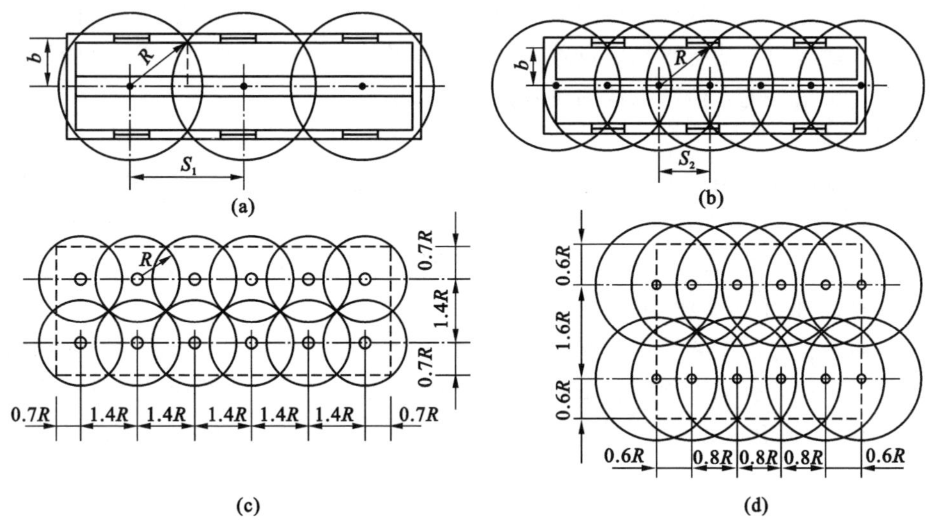

图 1-39　消火栓布置间距

(a)单排 1 股水柱到达室内任何部位；(b)单排 2 股水柱到达室内任何部位；
(c)多排 1 股水柱到达室内任何部位；(d)多排 2 股水柱到达室内任何部位

(3)消火栓给水系统控制附件

室内架空管道的阀门可采用蝶阀、带启闭刻度的暗杆闸阀、明杆闸阀等。消防水泵出水管上的止回阀宜采用水锤消除止回阀。室内消火栓给水系统由生产、生活给水管网直接供水时，应在引入管处设置倒流防止器。

(4)消防水泵

消防水泵应能手动启停和自动启动，平时应处于自动启动状态。消防水泵出水干管上的压力开关、高位消防水箱出水管上的流量开关，或报警阀压力开关等开关信号能直接自动启动消防水泵。消防水泵应确保从接到启泵信号到水泵正常运转的自动启动时间不应大于 2min。当消防水泵控制柜内的控制线路发生故障时，由有管理权限的人员紧急启动消防水泵，确保消防水泵在报警后 5min 内正常工作。

(5)消防水池

当存在下列情况之一时，应设置消防水池：

① 当生产、生活用水量达到最大时，市政给水管网或入户引入管不满足室内、室外消防给水设计流量。

② 当采用一路消防供水或只有一条引入管，且室外消火栓设计流量大于 20L/s 或建筑高度大于 50m。

③ 市政消防给水设计流量小于建筑室内外消防给水设计流量。

储存室外消防用水的消防水池或供消防车取水的消防水池，应设置取水口(井)，且吸水高度不应大于 6m。取水口(井)与建筑物(水泵房除外)的距离不宜小于 15m。消防水池的出水管应保证消防水池的有效容积能被全部利用。消防水池应设置就地水位显示装置，并应在消防控制中心或值班室等地点设置显示消防水池水位的装置，同时应有最高和最低报警水位。

消防水池应设置溢流水管和排水设施，并应采用间接排水。溢流水位宜高出设计最高水位 0.05m 左右，溢水管喇叭口应与溢流水位在同一水位线上，溢水管比进水管宜大 1～2 号，溢水管上不应装阀门。消防水池应设置通气管和呼吸管，消防水池的通气管、呼吸管和溢流水管应采取防止虫鼠等进入消防水池的技术措施。

(6)高位消防水箱

室内采用临时高压消防给水系统的高层民用建筑、总建筑面积大于 10000m^2 且层数超过 2 层的公共建筑和其他重要建筑，应设置高位消防水箱。室内采用临时高压消防给水系统的其他建筑应设置高位消防水箱，但当设置高位消防水箱确有困难，且采用安全可靠的消防给水形式时，可不设高位消防水箱，但应设稳压泵。

高位消防水箱可采用热浸镀锌钢板、钢筋混凝土、不锈钢板等构造。临时高压消防给水系统的高位消防水箱的有效容积应满足初期火灾消防用水量要求。水箱应设置就地水位显示装置，并应在消防控制中心或值班室等地点设置显示水箱水位的装置，同时应有最高和最低报警水位。

进水管：高位消防水箱进水管的管径应满足消防水箱 8h 充满水的要求，但管径不应小于 *DN*32，进水管宜设置液位阀或浮球阀。

出水管：高位消防水箱的出水管应保证消防水箱的有效容积能被全部利用。高位消防水箱的出水管应位于高位消防水箱最低有效水位以下，并应设置防止消防用水进入高位消防水箱的止回阀。高位消防水箱的出水管管径应满足消防给水设计流量的出水要求，且不应小于 *DN*100。

高位消防水箱的进、出水管上应设置带指示启闭装置的阀门。

溢流管：高位消防水箱溢流管的直径不应小于进水管直径的 2 倍，且不应小于 *DN*100，溢流管的喇叭口直径不应小于溢流管直径的 1.5～2.5 倍。溢流水位宜高出高位消防水箱最高设计水位 0.05m 左右，溢流管喇叭口应与溢流水位在同一水位线上，溢流管上不应装阀门。

通气管和呼吸管：高位消防水箱应设置通气管和呼吸管，消防水池的通气管、呼吸管和溢流水管应采取防止虫鼠等进入消防水池的技术措施。

高位消防水箱溢流管、放空管排水应采用间接排水方式。

(7)水泵接合器

当建筑物发生火灾，室内消防水泵不能启动或流量不足时，消防车可从室外消火栓、水池或天然水体取水，通过水泵接合器向室内消防给水管网供水。水泵接合器一端与室内消防给水管道连接，另一端供消防车加压向室内管网供水。水泵接合器的接口直径有 *DN*65 和 *DN*80 两种，分地上式、地下式和墙壁式三种类型。图 1-40 为消防水泵接合器示意图。(**思政 tips**：水泵接合器中的止回阀是一个单向阀，安装方向正确才能保证系统正常工作。建筑设备安装施工人员应严格按图施工，遵守施工规范。)

消防水泵接合器应设在室外便于消防车使用的地点，且距室外消火栓或消防水池的距离不宜小于 15m，并不宜大于 40m。消防水泵接合器处应设置永久性标识铭牌，并应表明供水系统、供水范围和额定压力。

4. 临时高压室内消火栓给水系统给水方式

给水方式：消防水池→消防水泵→室内消火栓，如图 1-41 所示。

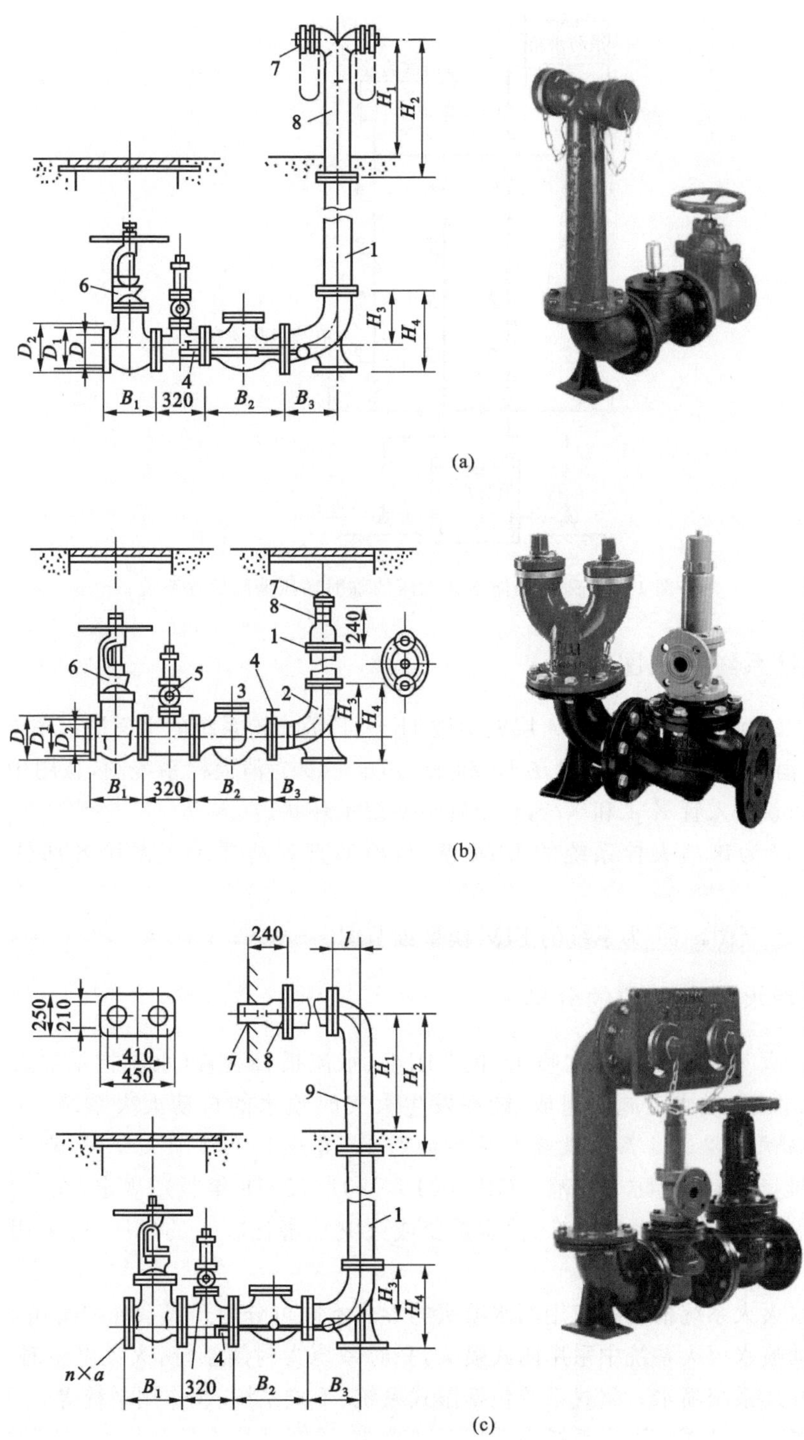

图 1-40　消防水泵接合器外形图

(a)SQ 型地上式；(b)SQ 型地下式；(c)SQ 型墙壁式

1—法兰接管；2—弯管；3—升降式单向阀；4—放水阀；5—安全阀；

6—楔式闸阀；7—进水用消防接口；8—本体；9—弯管

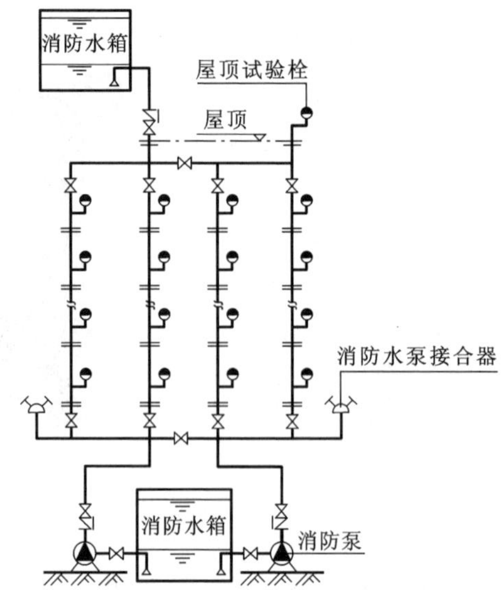

地下车库
喷淋漫游

图 1-41　采用消防水泵加压的临时高压消防给水系统

5. 消火栓系统施工图的识读

(1)图 1-42 至图 1-45 为一栋 4 层教学楼 1F～4F 消火栓系统的平面图。图中红色管道为消火栓管道,消火栓干管分别设置在 1F 和 3F。图 1-46 为消火栓系统图,从图中可以看出该系统设置有两条引入管 X/1 和 X/2,整个管道系统呈环状。

(2)图 1-47 为该消火栓系统的 BIM 模型,模型直观地展示了系统各部分的空间位置关系。

(3)图 1-48 至图 1-51 为系统的 BIM 模型细节图。

6. 自动喷水灭火系统的分类

自动喷水灭火系统是由洒水喷头、报警阀组、水流报警装置(水流指示器、压力开关等)等组件,以及管道、供水设施所组成,能在发生火灾时喷水的自动灭火系统。(**思政 tips:** *自动喷水灭火系统可以通过系统设置和设备的联动,有效扑灭初期火灾,防患于未然。*)依据现行国家标准《建筑设计防火规范》[GB 50016—2014(2018 年版)]规定,在人员密集、不易疏散、外部增援灭火与救生较困难、性质重要或火灾危害性较大的场所,应采用自动喷水灭火系统。

自动喷水灭火系统根据所使用洒水喷头的形式不同可分为开式系统和闭式系统。闭式系统是指在自动喷水灭火系统中采用闭式喷头,平时系统为封闭系统,火灾发生时喷头打开,使得系统为敞开式系统喷水。闭式系统包括湿式系统、干式系统、预作用系统等。开式自动喷水灭火系统是指在自动喷水灭火系统中采用开式喷头,平时系统为敞开状态,报警阀处于关闭状态,管网中无水,火灾发生时报警阀开启,管网充水,喷头喷水灭火。开式系统为雨淋系统、水幕系统的总称。

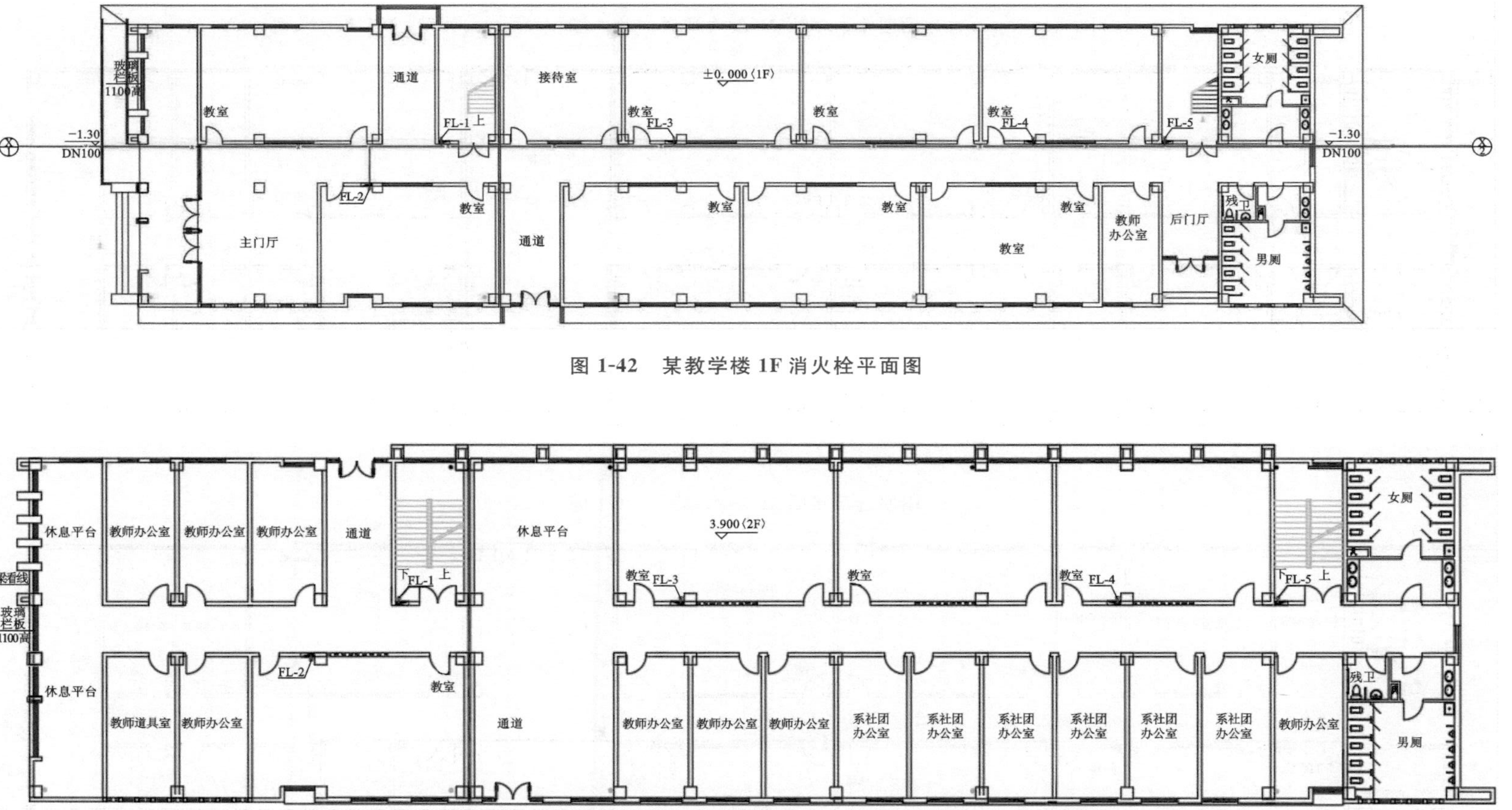

图 1-42　某教学楼 1F 消火栓平面图

图 1-43　某教学楼 2F 消火栓平面图

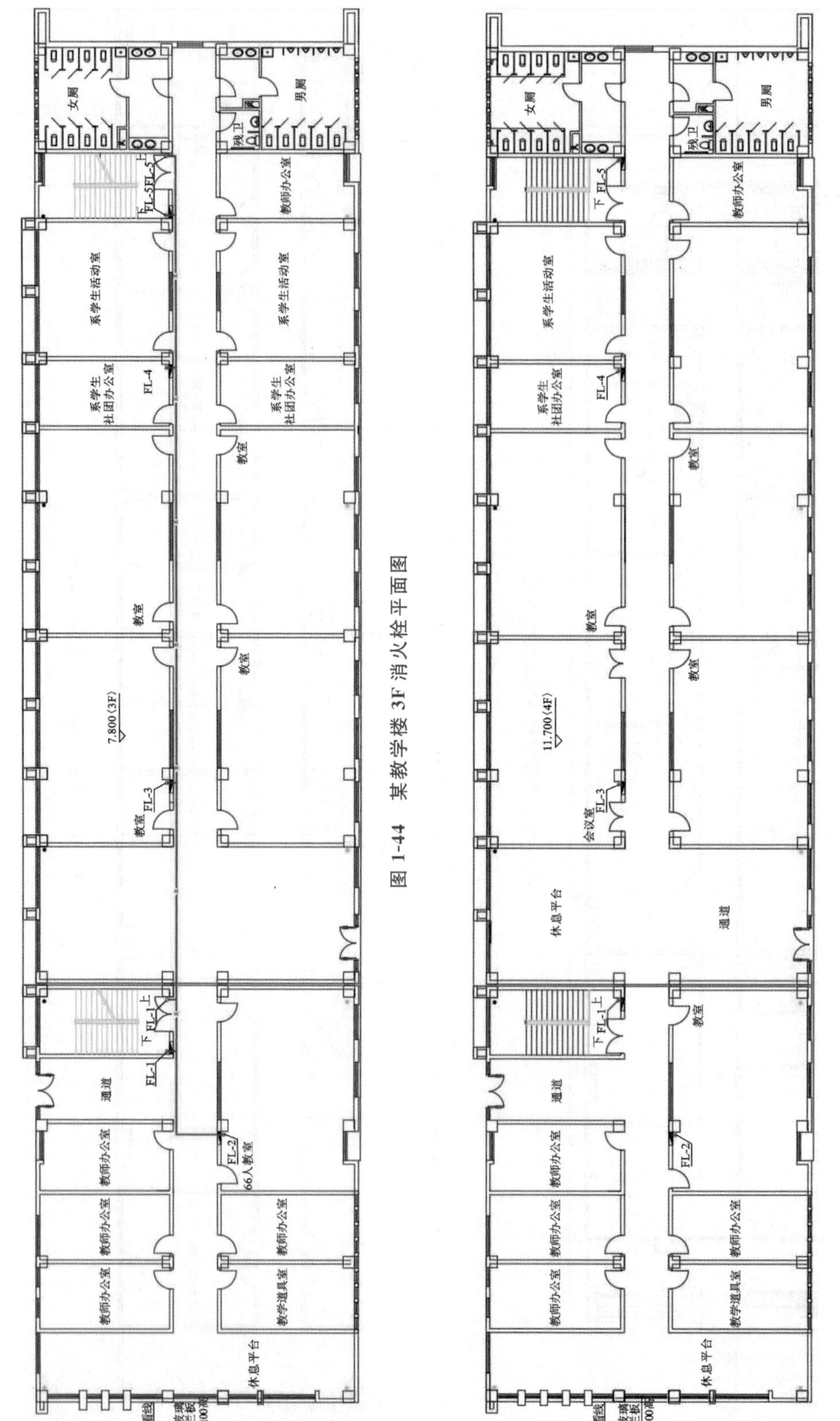

图 1-44　某教学楼 3F 消火栓平面图

图 1-45　某教学楼 4F 消火栓平面图

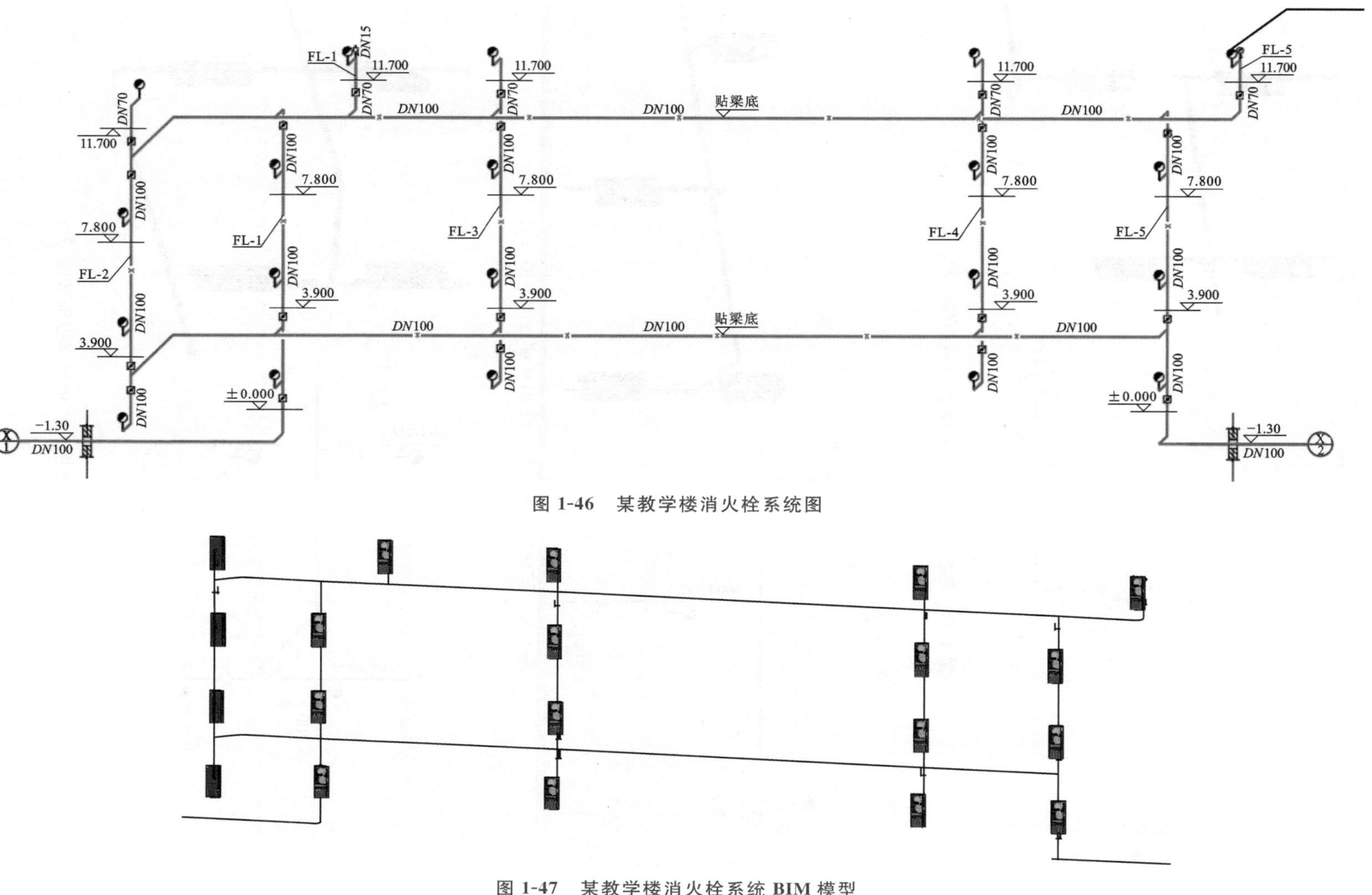

图 1-46　某教学楼消火栓系统图

图 1-47　某教学楼消火栓系统 BIM 模型

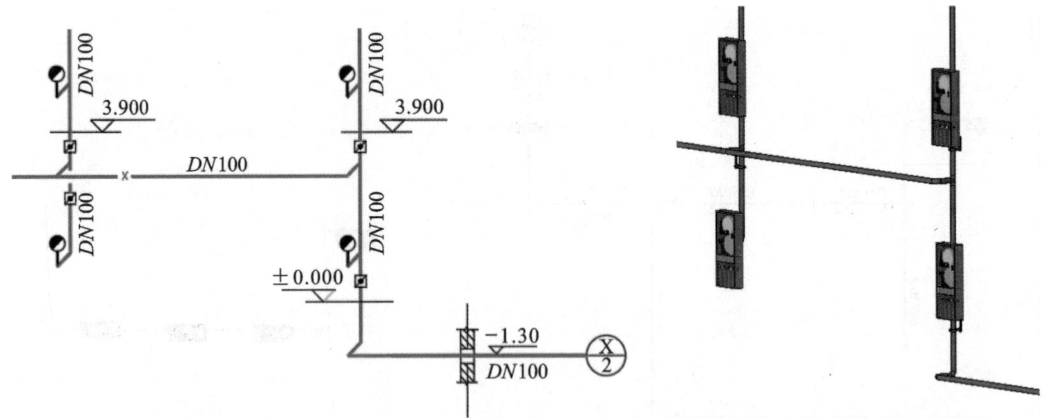

图 1-48　某教学楼消火栓系统 BIM 模型细节图(一)

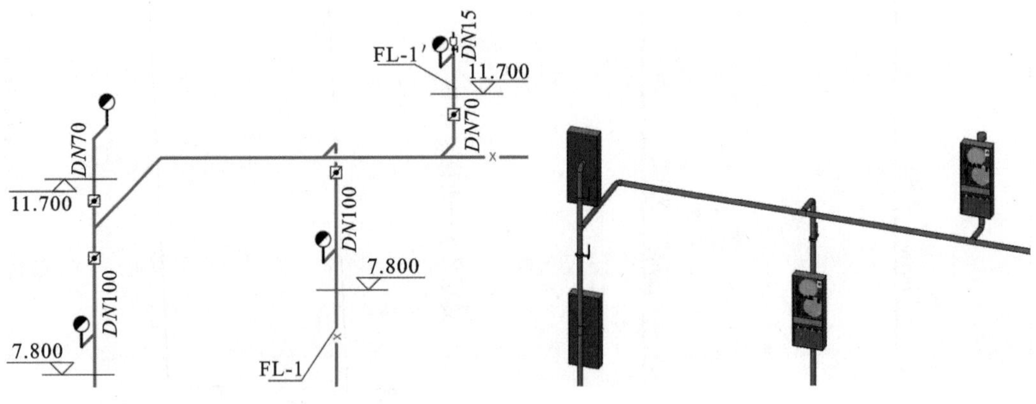

图 1-49　某教学楼消火栓系统 BIM 模型细节图(二)

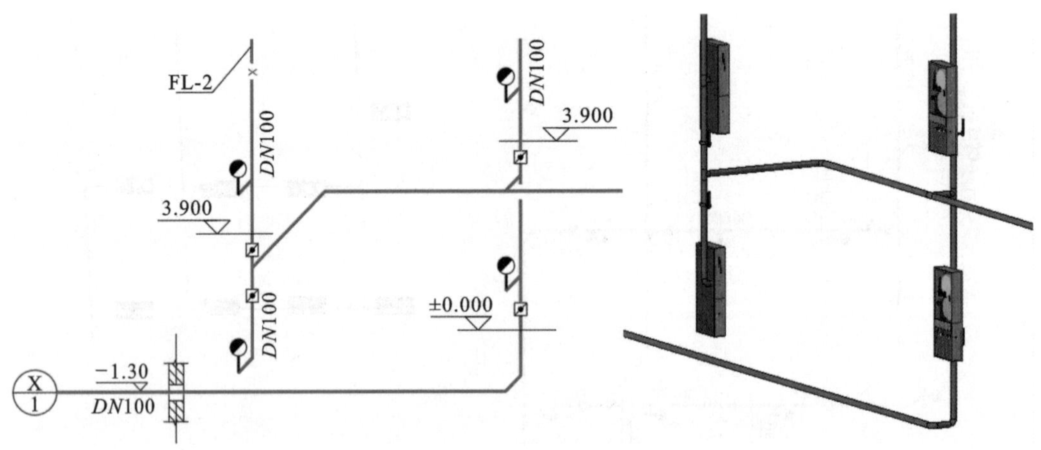

图 1-50　某教学楼消火栓系统 BIM 模型细节图(三)

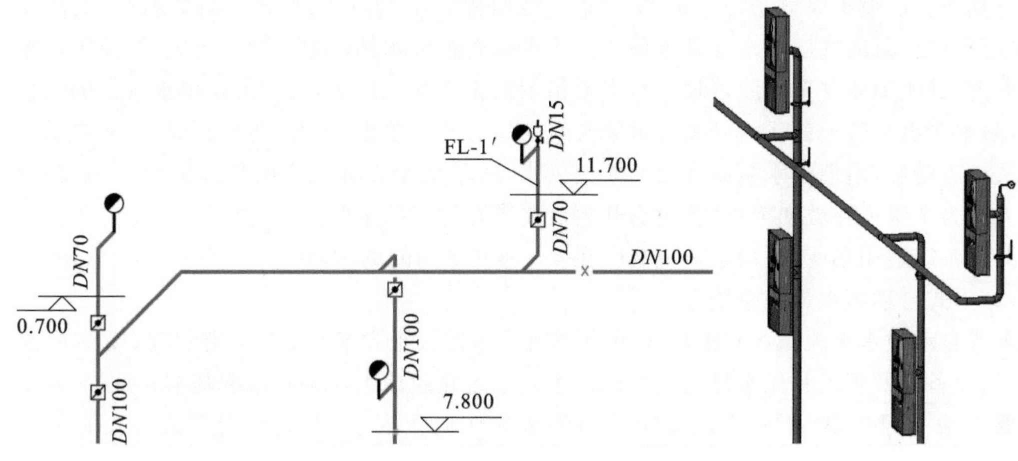

图 1-51　某教学楼消火栓系统 BIM 模型细节图(四)

(1)湿式自动喷水灭火系统

湿式自动喷水灭火系统工作原理

湿式系统(图 1-52)由湿式报警阀组、水流指示器、闭式洒水喷头,以及管道和供水设施等组成。湿式系统在准工作状态时,配水管道内充满了保持一定压力的水。

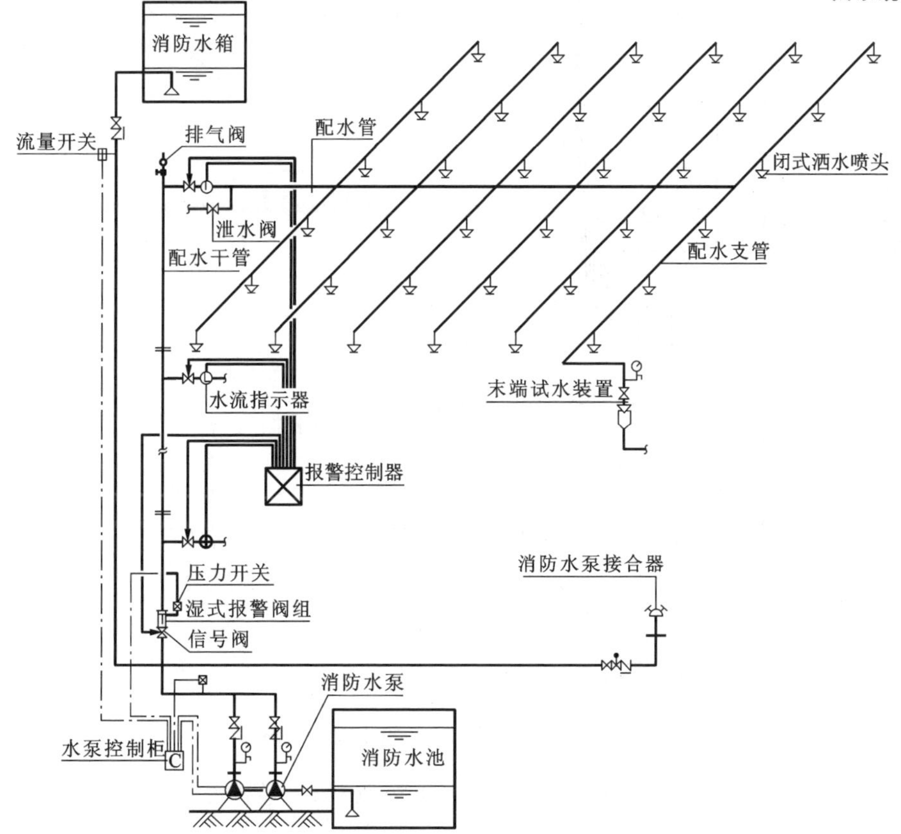

图 1-52　湿式自动喷水灭火系统

与其他自动喷水灭火系统相比，湿式系统结构相对简单，系统平时由消防水箱（或高位水池、水塔）、稳压泵或气压给水设备等稳压设施维持管道内水的压力。发生火灾时，由闭式喷头探测火灾（其闭锁装置融化脱落喷水），水流指示器报告起火区域，消防水箱出水管上的流量开关、消防水泵出水管上的压力开关或报警阀组的压力开关输出启动消防水泵信号，完成系统启动。系统启动后，由消防水泵向开启的喷头供水，按不低于设计规定的喷水强度均匀喷洒，实施灭火。为了保证扑救初期火灾，喷头开启后要求在持续喷水时间内连续喷水。

湿式系统适用场所：适用于环境温度在 4～70℃之间的场所。

(2)干式自动喷水灭火系统

干式自动喷水灭火系统（图 1-53）由干式报警阀组、报警装置、水流指示器、闭式洒水喷头、充气设备以及管道和供水设施等组成。干式系统在组成上与湿式系统基本一致，只是干式报警阀中没有延迟器，干式系统安装普通喷头时应向上安装，安装专用干式喷头时可向下安装。

自喷系统
工作流程

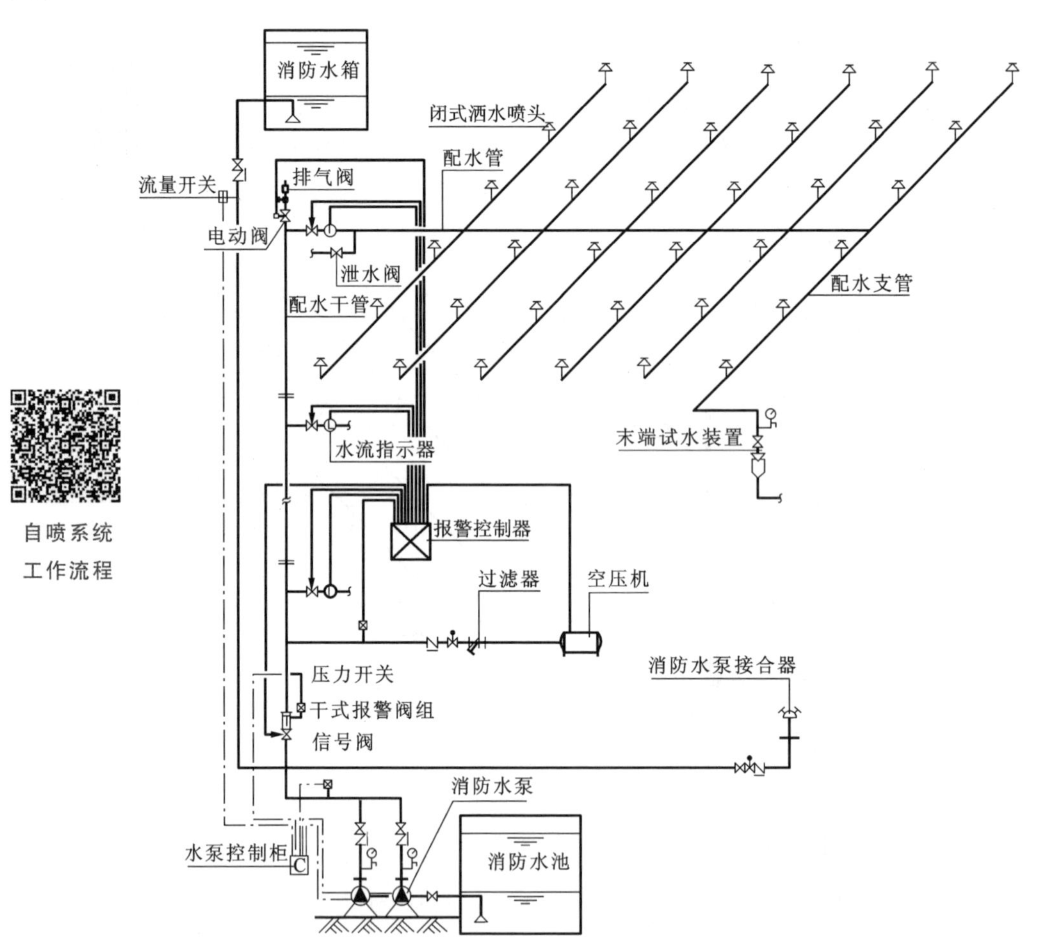

图 1-53　干式自动喷水灭火系统

干式系统在准工作状态时，干式报警阀前（水源侧）的管道内充以压力水，干式报警阀后（系统侧）的管道内充以有压气体，报警阀处于关闭状态。

对于干式系统，发生火灾时，闭式喷头受热动作，喷头开启，管道中的有压气体从开启的喷头喷出，干式报警阀系统侧压力下降，造成干式报警阀水源侧压力大于系统侧压力，干式报警阀被自动打开，压力水进入管道，将剩余压缩空气从系统立管顶端或横干管最高处的排气阀或已开启的喷头处排出，然后喷水灭火。在干式报警阀被打开的同时，通向水力警铃和压力开关的通道也被打开，水流冲击水力警铃和压力开关，压力开关直接自动启动消防水泵供水。干式系统配水管道的充水时间不宜大于 1min；空压机供气量应在 30min 内使管道内的气压达到设计要求。

干式系统与湿式系统的区别在于干式系统采用干式报警阀组，准工作状态时配水管道内充以压缩空气等有压气体。为保持气压，需要配套设置补气设施。干式系统在开始喷水的时间将因排气充水过程而产生滞后，因而削弱了系统的灭火能力。因而，对于可能发生蔓延速度较快火灾的场所，不适合采用干式系统。

干式系统适用场所：适用于环境温度低于 4℃或高于 70℃的场所。

(3)预作用系统

预作用自动喷水灭火系统(图 1-54)由预作用报警阀(或由雨淋阀、湿式阀上下串接组成)、报警装置、水流指示器、闭式喷头、充气设备，以及管道和供水设施等组成。

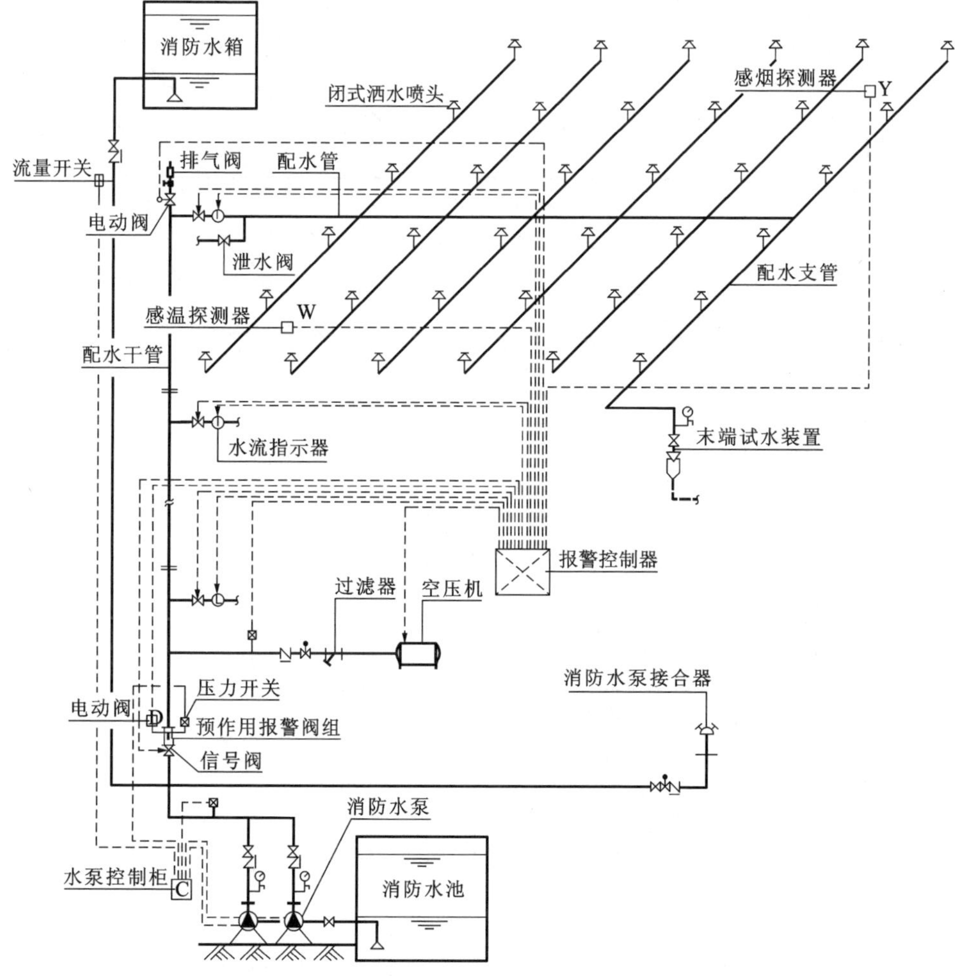

图 1-54　预作用自动喷水灭火系统

系统处于准工作状态时配水管道内不充水，发生火灾时由火灾自动报警系统、充气管道上的压力开关连锁控制预作用装置和启动消防水泵，向配水管道供水。

预作用系统既兼有湿式、干式系统的优点，又避免了湿式、干式系统的缺点，在不允许出现误喷或管道漏水的重要场所，可替代湿式系统使用；在低温或高温场所可替代干式系统使用，可避免喷头开启后延迟喷水的缺点。

预作用系统适用场所：系统处于准工作状态时严禁误喷的场所；系统处于准工作状态时严禁管道充水的场所；用于替代干式系统的场所。

(4)雨淋系统

一般由火灾感应自动控制传动系统、自动控制雨淋阀系统、开式喷头的自动喷水灭火系统三部分组成。该系统采用开式喷头，由配套设置的火灾自动报警系统或传动管系统自动连锁或远控、手动启动雨淋阀后，控制一组喷头同时喷水的灭火系统。其特点是：动作速度快、淋水强度大，雨淋报警阀后保护区范围内的所有喷头都喷水。该系统适用于扑救面积大、燃烧猛烈、蔓延速度快的火灾，以及扑救高度较高空间的地面火灾。见图 1-55。

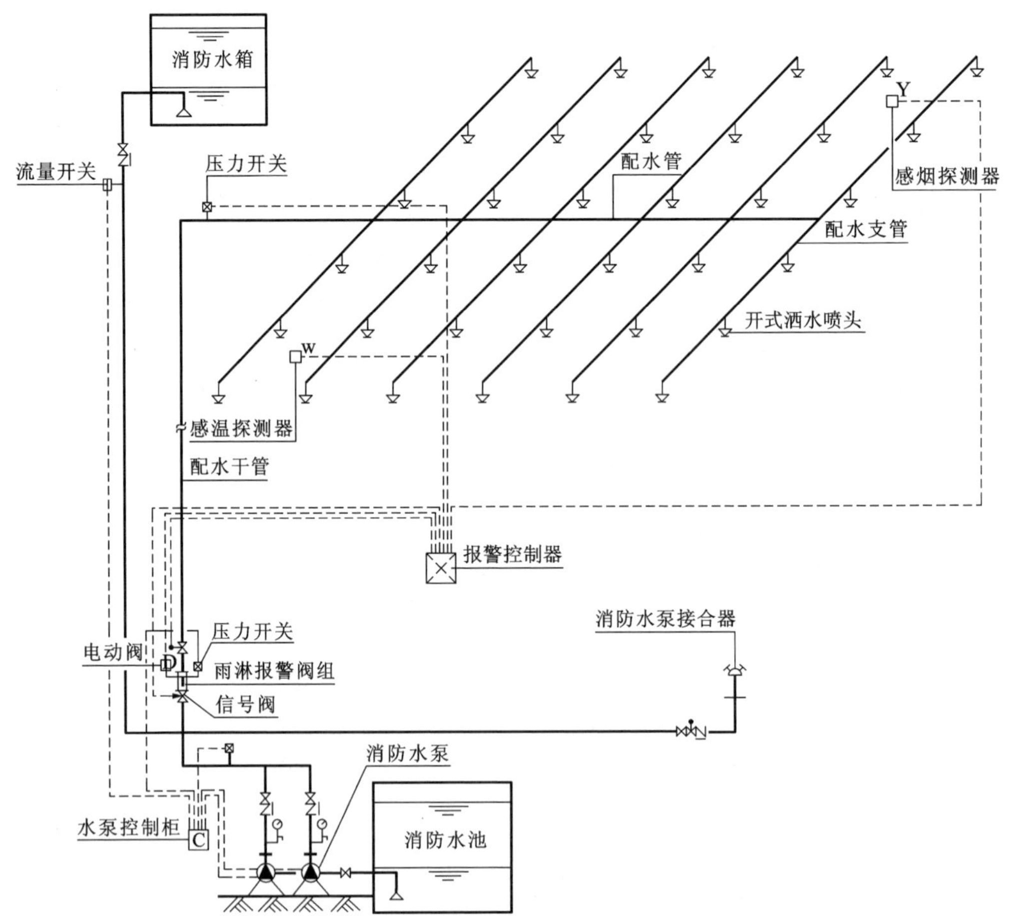

图 1-55　雨淋系统

雨淋系统适用场所：火灾的水平蔓延速度快、闭式洒水喷头的开放不能及时使喷水有效覆盖着火区域的场所。

(5)水幕系统

水幕系统由开式洒水喷头或水幕喷头、雨淋报警阀组或感温雨淋阀，以及水流报警装置等组成。水幕系统如图 1-56 所示。

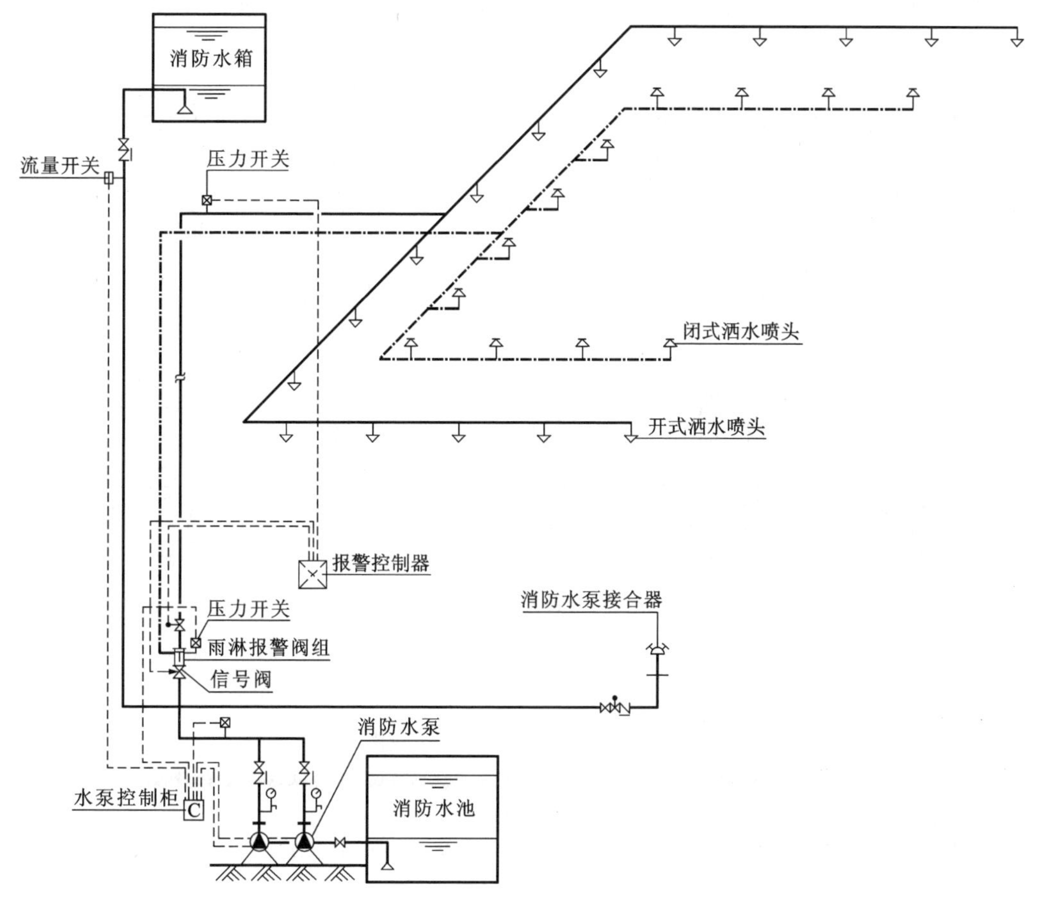

图 1-56 水幕系统

该系统不具备直接灭火能力，其线状布置喷头在喷水时形成的“水帘”，主要起阻火、冷却、隔离作用。而配合防火卷帘等分隔物的水幕，是利用直接喷向分隔物水的冷却作用，保持分隔物在火灾中的完整性和隔热性。

7. 自动喷水灭火系统主要组件

自动喷水灭火系统的主要组件包括：洒水喷头、报警阀组、水流指示器、压力开关、末端试水装置等。

(1)洒水喷头

自动喷水灭火系统洒水喷头按闭式系统和开式系统可分为闭式喷头和开式喷头两种类型。

① 闭式喷头

闭式喷头在其喷口处设有定温封闭装置，当环境温度达到其动作温度时，该装置可自动开启，一般定温装置有玻璃球形和易熔合金两种形式。为防误动作，选择喷头时，要求喷头的动作温度比使用环境的最高温度要高 30℃。

② 开式喷头

开式洒水喷头是没有安装感温元件的喷头，用于雨淋系统或水幕系统，见图 1-57。

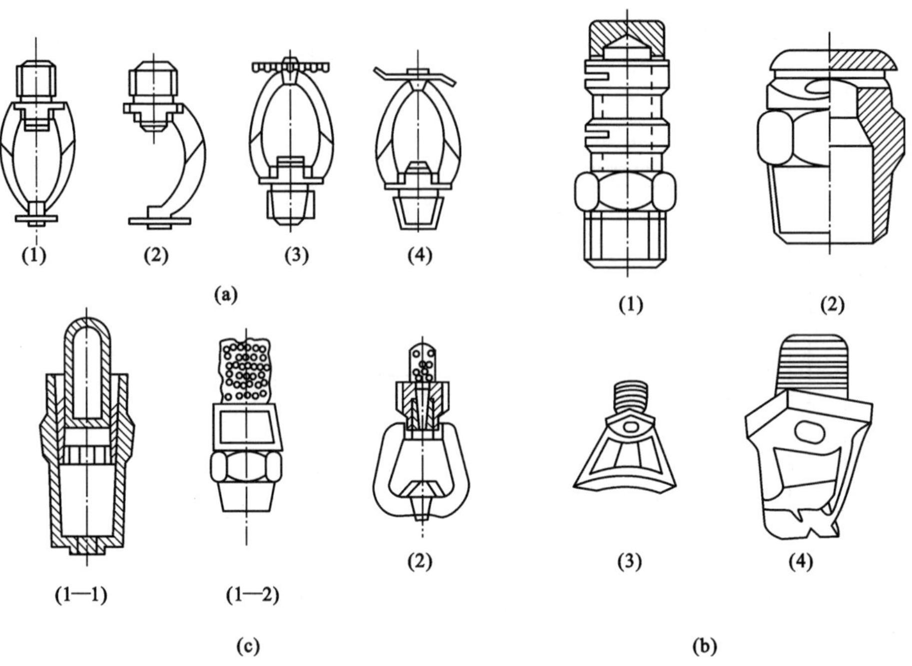

图 1-57 开式喷头构造示意图

(a)开启式洒水喷头：(1)双臂下垂式；(2)单臂下垂式；(3)双臂直立式；(4)双臂边墙式

(b)水幕喷头：(1)双隙式；(2)单隙式；(3)窗口式；(4)檐口式

(c)喷雾喷头：(1—1)、(1—2)高速喷雾式；(2)中速喷雾式

水幕喷头：可喷出一定形状的幕帘，起阻隔火焰穿透、吸热和隔烟等作用，不直接用于灭火，用于水幕系统。

水喷雾喷头：可使一定压力的水经过喷头后形成雾状水滴并按一定的雾化角度喷向设定的保护对象以达到冷却、抑制和灭火目的。

(2)报警阀组

自动喷水灭火系统应设报警阀组，见图 1-58。报警阀组的作用是接通或关断向配水管道供水的水流；传递控制信号至控制系统并启动水力警铃、压力开关报警；防止水倒流。自动喷水灭火系统常采用的报警阀有湿式报警阀、干式报警阀、干湿式报警阀、预作用报警阀和雨淋报警阀等五种类型报警阀。

报警阀组中的水力警铃是靠水力驱动的机械警铃，安装于报警阀的报警管路上，系统动作后，水流会使水力警铃声响报警。湿式报警阀设有延迟器，延迟器为罐式容器，安装于报警阀与水力警铃和压力开关之间，其作用是防止水源压力波动引起误报警，延迟时间在 15～90s 之间可调。连接报警阀进、出口的控制阀应采用信号阀，当其不采用信号阀时，控制阀应设锁定阀位的锁具。

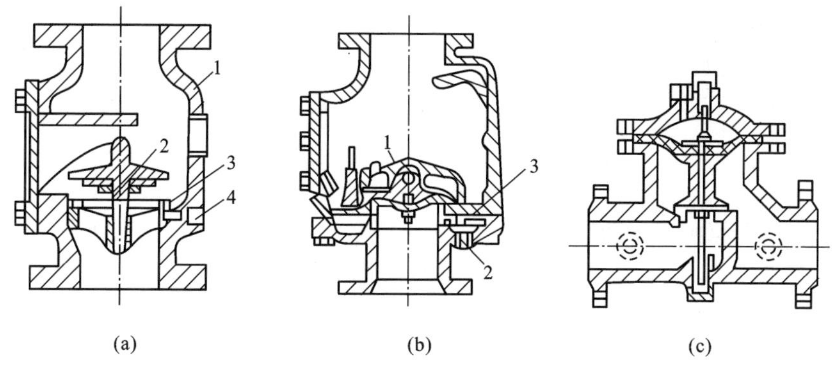

图 1-58　报警阀构造示意图

(a)座圈型湿式阀：1—阀体；2—阀瓣；3—沟槽；4—水力警铃接口

(b)差动式干式阀：1—阀瓣；2—水力警铃接口；3—弹性隔膜

(c)雨淋阀

(3)水流指示器

水流指示器是能将水流信号转换成电信号的一种报警装置，水流指示器的功能是能及时报告发生火灾的部位。水流指示器具有延时功能，一般有 20～30s 的延迟时间才会报警。

(4)压力开关

压力开关是一种压力型水流探测开关，压力开关在水压作用下接通点触电，发出电信号。报警阀组配置的压力开关安装在延迟器和水力警铃之间的报警管路上。报警阀开启时输出电信号，启动水泵并报警。

(5)末端试水装置

末端试水装置由试水阀、压力表和试水接头组成。试水接头出水口流量系数，应等同于同楼层或防火分区内的最小流量系数洒水喷头。末端试水装置的出水，应采用孔口出流方式排入排水管道，该排水管道排水立管宜设伸顶通气管，且管径不宜小于 75mm。

自动喷水灭火系统设置末端试水装置，是为了检验系统的可靠性、测试系统能否在开放一只喷头的最不利条件下可靠报警并正常启动。末端试水装置测试内容包括水流指示器、报警阀、压力开关、水力警铃的动作是否正常，配水管道是否畅通，以及最不利点处的喷头工作压力等。对于干式系统、预作用系统，可以测试系统的充水时间。

8. 自动喷水灭火系统施工图的识读

(1)图 1-59 为某 5 层图书馆的湿式自动喷水灭火系统图。如图所示，该系统设置了 2 条引入管：Z/1 和 Z/2，3 个湿式报警阀，其中 1 个报警阀控制 1F 的自喷系统，1 个报警阀控制 2F 和 3F 的自喷系统，1 个报警阀控制 4F 和 5F 的自喷系统。

(2)如图 1-60 所示，报警阀前设置有信号蝶阀。

(3)如图 1-61 所示，1F 自喷系统的 3 根水平干管起端设置有水流指示器，水流指示器前设有减压孔板和信号蝶阀。

(4)如图 1-62 所示，立管顶端设置排气阀。

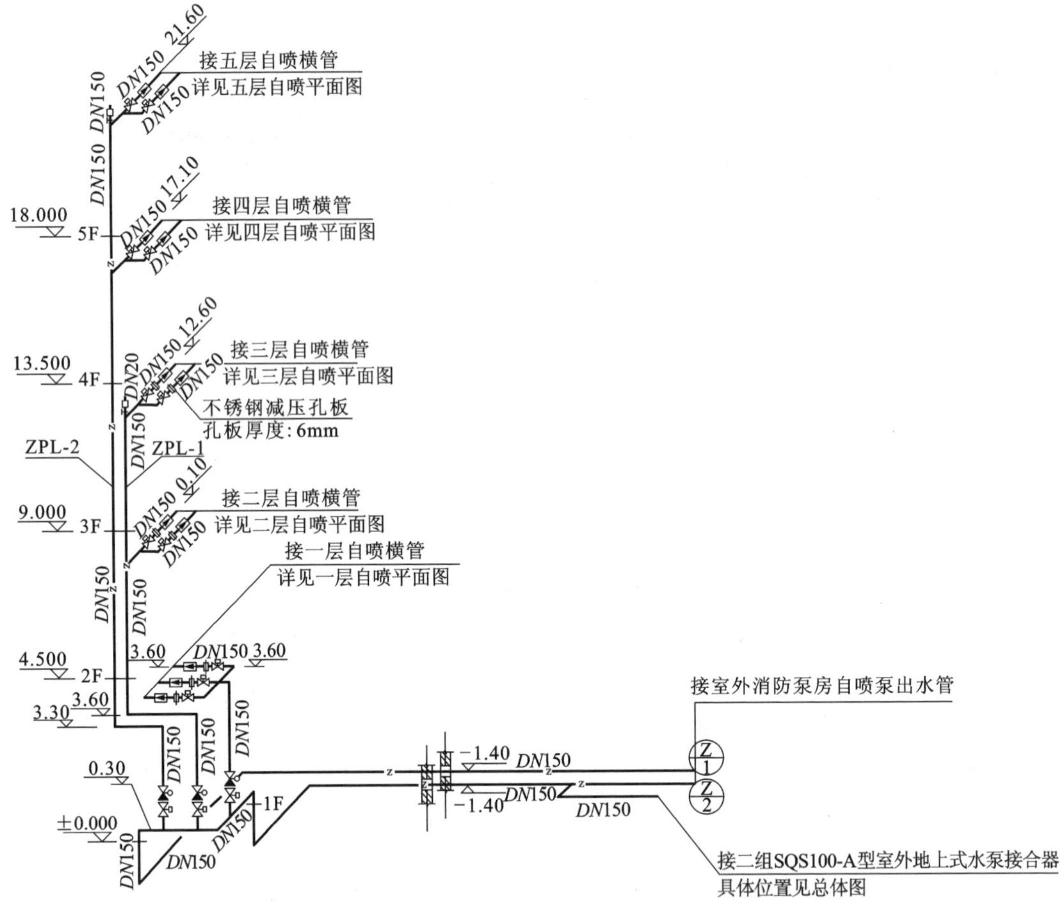

接五层自喷横管
详见五层自喷平面图
DN150 21.60
DN150
DN150
接四层自喷横管
详见四层自喷平面图
DN150 17.10
18.000 5F
接三层自喷横管
详见三层自喷平面图
DN150 12.60
DN20
13.500 4F
不锈钢减压孔板
孔板厚度:6mm
ZPL-2
ZPL-1
接二层自喷横管
详见二层自喷平面图
DN150 0.10
9.000 3F
接一层自喷横管
详见一层自喷平面图
4.500 2F
3.60 DN150 3.60
3.30 3.60
0.30
±0.000
1F
−1.40 DN150
−1.40 DN150
DN150
接室外消防泵房自喷泵出水管
接二组SQS100-A型室外地上式水泵接合器
具体位置见总体图

图 1-59　某图书馆湿式自动喷水灭火系统图

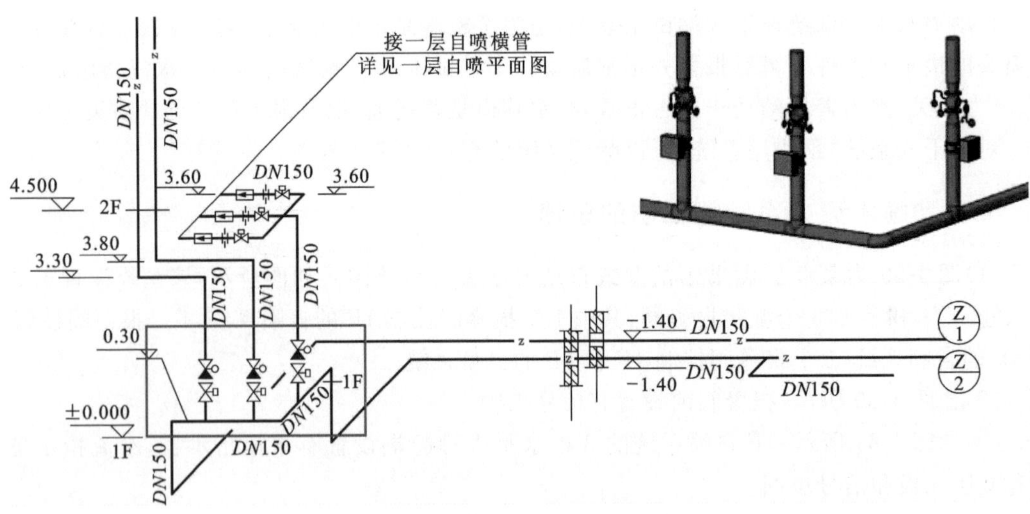

图 1-60　引入管和报警阀

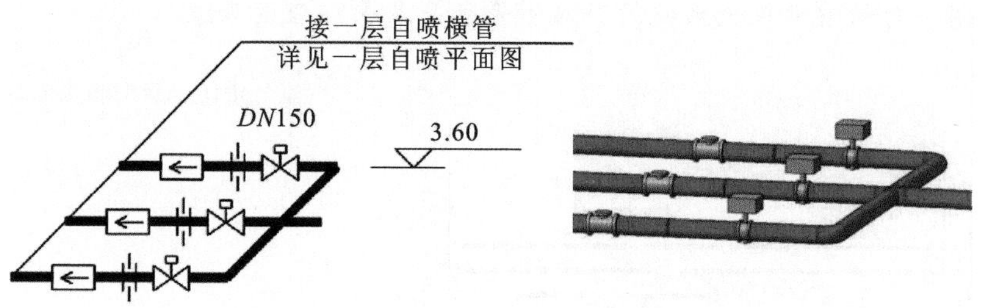

图 1-61　1F 水平干管上的水流指示器

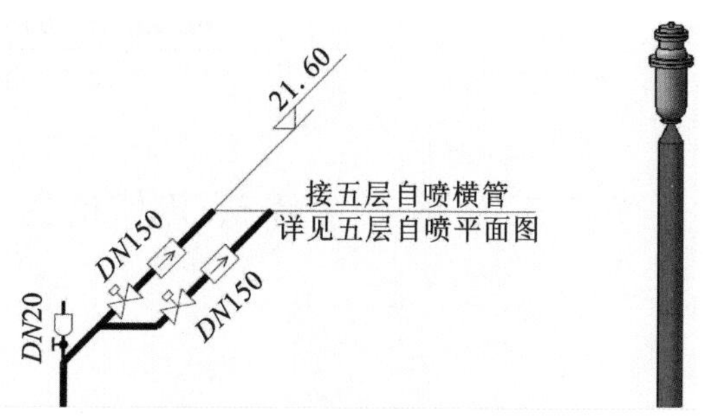

图 1-62　立管顶端的排气阀

任务二练习题

习题 1:消火栓系统由哪几部分组成?

习题 2:自动喷水灭火系统分为哪几类?

习题 3:简述湿式自动喷水灭火系统的工作原理。

请完成本任务的练习题，习题答案与解析请查看本模块末。

习题 4:下图中有几个消火栓? 它们的立管编号分别是多少?

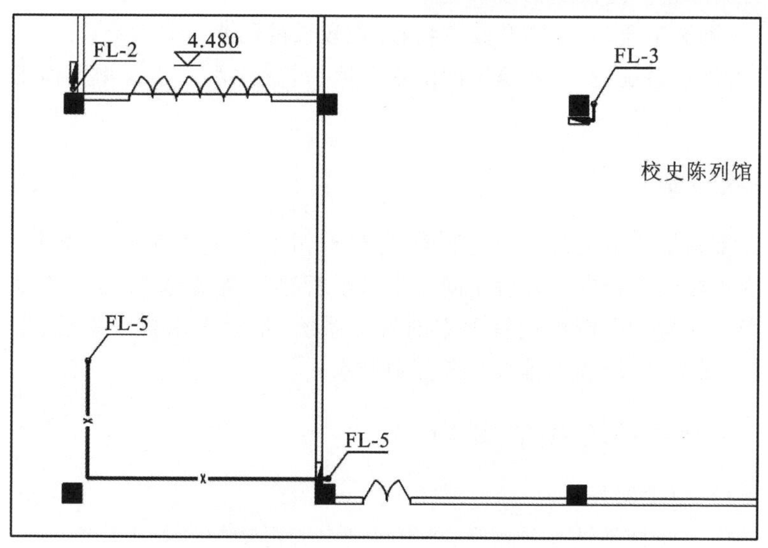

习题5：图中自动喷水灭火系统的引入管管径是多少？埋设多深？

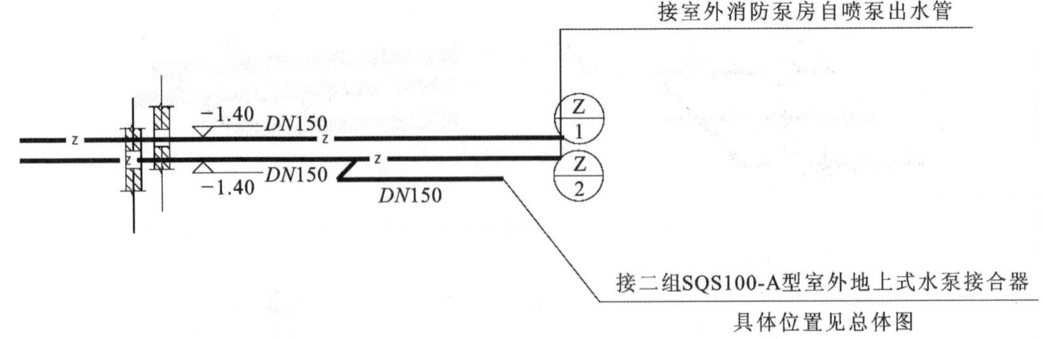

任务三　排水系统认识与识图

【素质】具备建筑排水领域的节能环保降碳和图纸规范意识。

【知识】了解排水体制，熟悉建筑排水系统的组成，了解排水管材。

【能力】能够进行建筑排水系统施工图的识读。

1. 排水系统分类

根据污废水的来源，建筑排水系统可分为以下三类：

(1)生活排水系统：排除生活污水和生活废水。粪便污水为生活污水；盥洗、洗涤等排水为生活废水。

(2)工业废水排水系统：排除生产废水和生产污水。生产废水为工业建筑中污染较轻或经过简单处理后可循环或重复使用的废水；生产污水为生产过程中被化学杂质(有机物、重金属离子、酸、碱等)或机械杂质(悬浮物及胶体物)污染较重的污水。

(3)屋面雨水排水系统：排除建筑屋面雨水和冰、雪融化水。建筑物屋面雨水排水系统应单独设置。

2. 排水系统体制

建筑排水合流制是指生活污水与生活废水、生产污水与生产废水采用同一套排水管道系统排放，或污、废水在建筑物内汇合后用同一排水干管排至建筑物外；分流制是指生活污水与生活废水或生产污水与生产废水设置独立的管道系统：生活污水排水系统、生活废水排水系统、生产污水排水系统、生产废水排水系统分别排水。

排水系统

3. 排水系统组成(图1-63)

(1)卫生器具

卫生器具是供水并收集、排出污废水或污物的容器或装置。

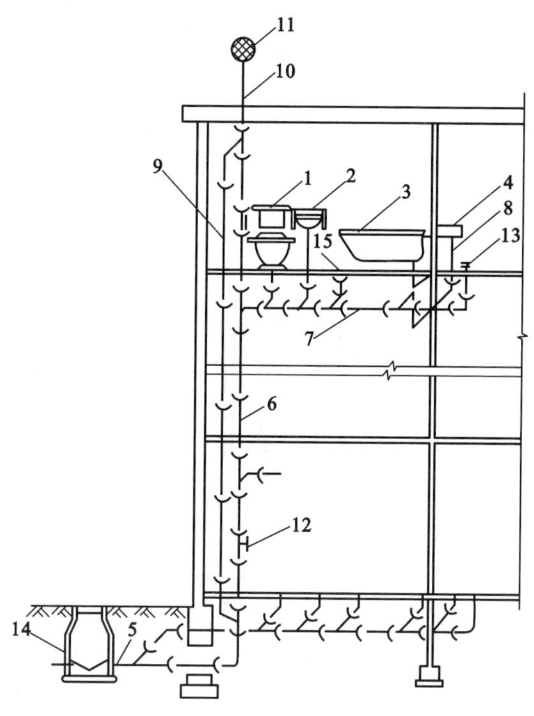

图 1-63　建筑内部排水系统的组成

1—大便器；2—洗脸盆；3—浴盆；4—洗涤盆；5—排出管；6—立管；7—横支管；8—支管；9—通气立管；10—伸顶通气管；11—网罩；12—检查口；13—清扫口；14—检查井；15—地漏

排水附件

卫生器具的主要类型有：盥洗用卫生器具（洗脸盆、洗手盆、盥洗槽等）、沐浴用卫生器具（浴盆、淋浴器、淋浴盆和净身盆等）、洗涤用卫生器具（洗涤盆、化验盆、污水盆、洗碗机等）、便溺用卫生器具（大便器、大便槽、小便器、小便槽和倒便器等）、洗漱类卫生器具、饮水器、实验室、医疗专用卫生器具等。大便器应根据使用对象、设置场所、建筑标准等因素选用，各类建筑均应选用节水型大便器。（**思政 tips：**作为专业从业人员，我们应该在系统设计、设备选型、施工安装等技术和设施设备领域，具备和践行节水节能降碳的理念。）

(2)排水管道

排水管道包括卫生器具排水支管（含存水弯）、横支管、立管、横干管和排出管等。

① 排水管材

在选择排水管道管材时应考虑污废水性质、建筑高度、抗震要求、防火要求及当地管材供应条件等。

建筑排水管道应采用建筑排水塑料管及管件或柔性接口机制排水铸铁管及相应管件，可适应楼层间变位导致的轴向位移和横向曲挠变形，防止管道裂缝、折断。排水塑料管有普通排水塑料管、芯层发泡排水塑料管、螺旋消声排水塑料管等多种。当连续或经常排水温度大于40℃时，应采用金属排水管或耐热塑料排水管。压力排水管道可采用耐压塑料管、金属管或钢塑复合管。

② 存水弯

存水弯是设置在卫生器具内部（如坐便器）或与卫生器具排水管连接、带有水封的配件。

存水弯中的水封是由一定高度的水柱形成的，其高度不得小于 50mm，用以防止上排水管道系统中的有毒有害气体窜入室内。（**思政 tips**：*存水弯可以有效防止细菌通过排水系统进入室内，“香港淘大花园事件”表明，存水弯还同时具有重要的防疫功能。*）最为常见的 S 形、P 形存水弯是利用排水管道的几何形状形成水封，如图 1-64 所示。S 形存水弯适用于排水横支管距卫生器具出水口较远，器具排水管与排水横管垂直连接时；P 形存水弯适用于排水横支管距卫生器具出水口较近横向连接时。

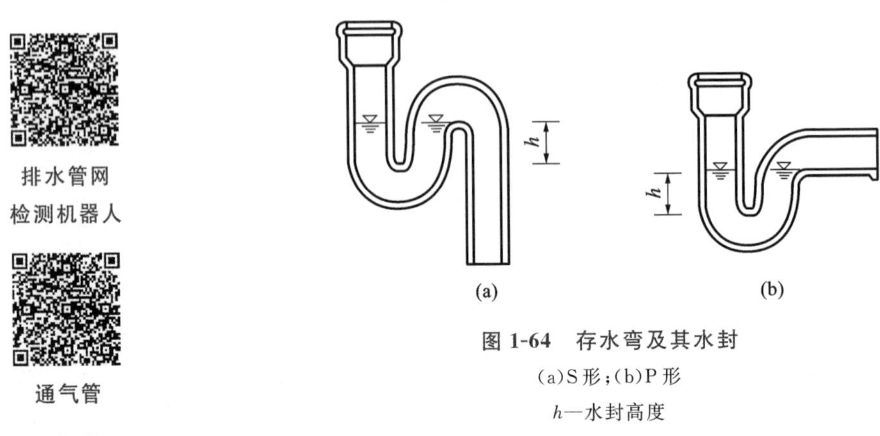

图 1-64　存水弯及其水封

(a)S 形；(b)P 形

h—水封高度

(3)通气管

为使排水系统内空气流通、压力稳定，防止水封破坏而设置的气体流通管道。伸顶通气管是指排水立管与最上层排水横支管连接处向上垂直延伸室外通气用的管道。生活排水立管的顶端应设置伸顶通气管。通气管高出屋面不得小于 0.3m，且应大于该地区最大积雪厚度。在经常有人停留的平屋面上，通气管口应高出屋面 2m。

(4)清通设备

为清除排水管道内污物、疏通排水管道而设置的排水附件。

① 清扫口

在连接 2 个及 2 个以上的大便器或 3 个及 3 个以上卫生器具的铸铁排水横管上，宜设置清扫口；在连接 4 个及 4 个以上的大便器的塑料排水横管上，宜设置清扫口；当排水立管底部或排出管上的清扫口至室外检查井中心的长度太长，应在排出管上设清扫口；在水流偏转角大于 45°的排水横管上，应设清扫口或检查口，也可采用带清扫口的转角配件替代。

② 检查口

塑料排水立管宜每六层设置一个检查口；在建筑物最底层和设有卫生器具的二层以上建筑物的最高层，均应设置检查口；当立管水平拐弯或有乙字管时，在该层立管拐弯处和乙字管的上部应设检查口。立管上设置的检查口，应位于地(楼)面以上 1.0m 处，并应高于该层卫生器具上边缘 0.15m。

(5)污废水提升设施

当建筑物地下室、地下铁道等地下空间的污废水无法自流排至室外检查井时，需设置污废水提升设施。污水泵可采用潜污泵、液下排水泵、立式污水泵和卧式污水泵等。潜污泵泵体直接放置在集水池内，不占场地、噪声小、自灌式吸水，使用较多。污水泵吸水管和出水管流速宜在 0.7～2.0m/s 之间。污水泵房应建成单独构筑物，并应有卫生防护隔离带。泵房设计应按现行国家标准《室外排水设计规范》(GB 50014—2021)执行。

(6)小型生活污水处理设施

当建筑排水的水质不符合直接排入市政排水管网或水体的要求时,需设置污水局部处理构筑物。

① 隔油池与隔油器

职工食堂和营业餐厅的含油污水在排入污水管道之前,应进行除油处理后方许排入污水管道。除油设施有隔油池、隔油器两种类型,隔油池是用于分隔、拦集生活废水中油脂的小型处理构筑物;隔油器是用于分隔、拦集生活废水中油脂的装置。

② 降温池

温度高于40℃的排水应优先考虑热量回收利用。如不可能或回收不合理时,在排入城镇排水管道之前应进入降温池降温处理。降温池降温方法主要有二次蒸发、与冷水混合、水面散热等,降温宜采用较高温度排水与冷水在池内混合的方法进行,冷却水应尽量利用低温废水。

当锅炉排出的热废水由锅炉内的工作压力骤然降低至大气压力,一部分热废水发生二次蒸发、汽化为蒸汽,由此减少了热废水排水量;然后将冷却水与剩余的热废水混合,降至40℃后排放。

③ 化粪池

化粪池的作用是使粪便沉淀并厌氧发酵腐化,以去除生活污水中的悬浮性有机物。为防止水源被污染,化粪池距离地下取水构筑物不得小于30m。化粪池宜设置在接户管的下游端,并应便于机动车清掏。其外壁距建筑物外墙不宜小于5m,且不得影响建筑物基础。当受此条件限制化粪池设在建筑物内时,应采取通气、防臭和防爆措施。化粪池多为矩形或圆形。矩形化粪池的长度与深度、宽度的比例应按污水中悬浮物的沉降条件和积存数量,经水力计算确定。但水面至池底的深度不得小于1.3m,宽度不得小于0.75m,长度不得小于1.0m。圆形化粪池的直径不得小于1.0m。

4. 地漏

厕所、盥洗室等需要经常从地面排水的房间,应设置地漏。住宅和公共建筑卫生间内,如不需要经常从地面排水时,可不设地漏。高级宾馆客房卫生间和有洁净度要求的场所,在业主同意时可不设。地漏应设置在容易溅水的卫生器具附近地面的最低处,地漏的顶面标高应低于地面5～10mm。带水封的地漏水封深度不得小于50mm。住宅内洗衣机附近应采用洗衣机排水专用地漏或洗衣机排水存水弯,排水管道不得接入室内雨水管中。

5. 同层排水

传统排水管道系统是将排水横支管布置在其下楼层的顶板之下,卫生器具排水管穿越楼板与横支管连接。同层排水是将排水横支管敷设在排水层或室外,卫生器具排水管不穿楼层的一种排水方式。当住宅卫生间的卫生器具排水管不允许穿越楼板进入他户或是布置受条件限制时,卫生器具排水横支管应采用同层排水。

同层排水形式有装饰墙敷设、外墙敷设、局部降板填充层敷设、全降板填充层敷设、全降板架空层敷设等多种形式,如图1-65所示。住宅卫生间同层排水形式应根据卫生间空间、卫生器具布置、室外环境气温等因素,经技术经济比较后确定。

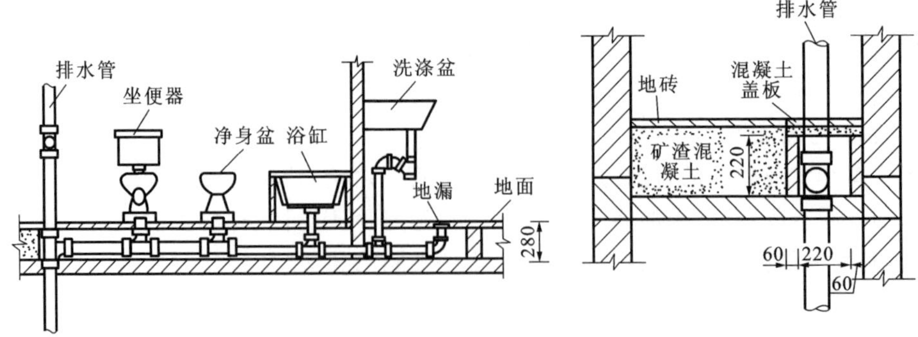

图 1-65 降板式同层排水

6. 屋面雨水排水系统

屋面雨水排水系统应迅速、及时地将屋面雨水排至室外雨水管渠或地面。

屋面雨水的排水方式分为外排水和内排水，外排水是利用屋面檐沟或天沟，将雨水收集并通过立管(雨落水管)排至室外地面或雨水收集装置；内排水是通过屋面上设置的雨水斗将雨水收集，并通过室内雨水管道系统将雨水排至室外地面或雨水收集装置。排水方式应根据建筑结构形式、气候条件及生产使用要求选用。

(1)檐沟外排水

檐沟外排水系统由檐沟、雨水斗及立管(雨落水管)组成，如图 1-66 所示。

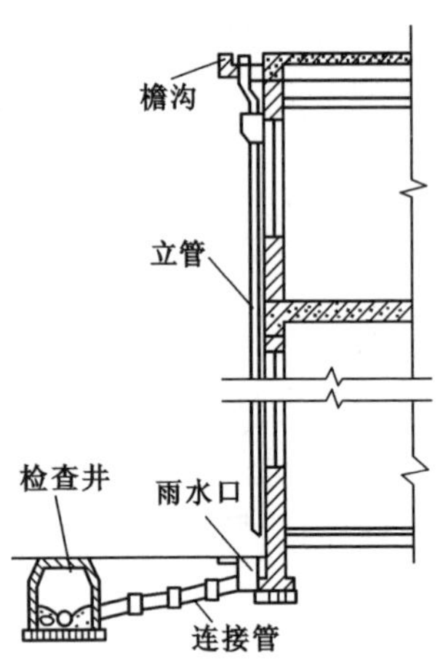

图 1-66 檐沟外排水

降落到屋面的雨水沿屋面汇集到檐沟流入雨水斗，雨水斗是将屋面雨水导入雨水管的装置。立管(雨落水管)是敷设在建筑物外墙、用于排除屋面雨水的排水立管，它将雨水排至室外地面散水或雨水口。

立管的设置应尽量满足建筑立面的美观要求。多层住宅建筑、屋面面积和建筑体量较小的一般民用建筑，多采用檐沟外排水。

(2)天沟外排水

天沟外排水系统由天沟、雨水斗、排水立管及排出管组成，如图 1-67 所示。天沟设置在两跨中间并坡向端墙，雨水斗设在伸出山墙的天沟末端，也可设在紧靠山墙的屋面。雨水斗底部经连接管接至立管，立管沿外墙敷设将雨水排至地面入雨水口或连接排出管将雨水排入雨水井。寒冷地区的雨水排水立管应注意防冻。

天沟的排水断面形状多为矩形或梯形。一般天沟布置应以伸缩缝、沉降缝、变形缝为分界线。天沟的长度应根据当地暴雨强度、建筑物跨度、天沟断面面积等经水力计算确定，一般不超过 50m。天沟坡度不宜小于 0.003，一般取 0.003～0.006，天沟坡度过大会增加天沟起始处屋面垫层的厚度，因而增加结构荷载；天沟坡度过小则会降低排水能力。金属屋面的水平金属长天沟可不设坡度。

天沟外排水方式在屋面不设雨水斗、室内无雨水排水管道，不会因施工不当引起屋面漏水

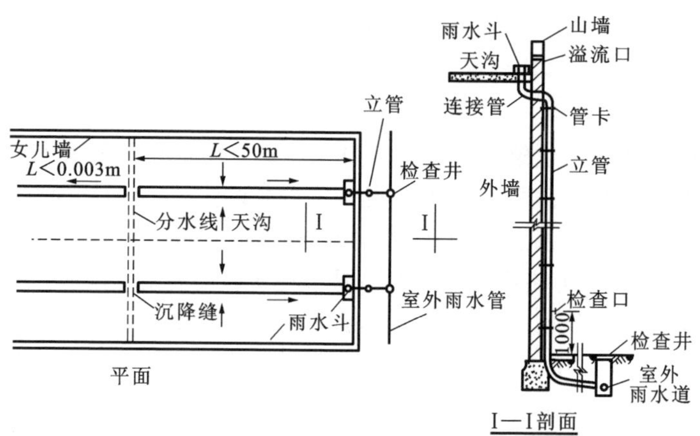

图 1-67　天沟外排水

或室内地面溢水问题。但是屋面垫层较厚,结构荷载增大。多跨工业厂房屋面的汇水面积大,厂房内生产工艺不允许设置雨水悬吊管(横管)时,可采用天沟外排水方式。

(3)内排水

内排水系统由雨水斗、连接管、悬吊管、立管、排出管及清通设备等组成。降落到屋面的雨水沿屋面流入雨水斗,经连接管、悬吊管、立管、排出管(多为埋地管)至室外雨水检查井,见图 1-68。

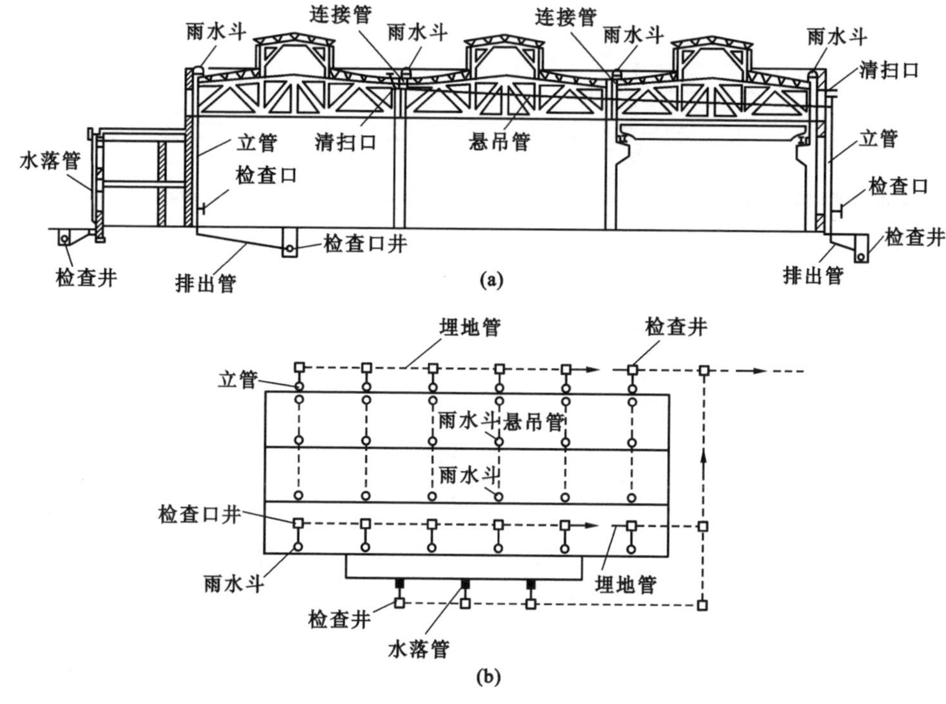

图 1-68　内排水系统

(a)剖面图;(b)平面图

按每根立管接纳的雨水斗的数目,有单斗和多斗雨水排水系统之分。多斗系统一根悬吊管连接 2 个或 2 个以上雨水斗。

内排水系统适用于跨度大、屋面面积大、寒冷地区、屋面造型特殊、屋面有天窗、立面要求美观不宜在外墙敷设立管的各种建筑。

(4)屋面雨水排水管材

① 重力流排水系统多层建筑宜采用建筑排水塑料管。高层建筑宜采用耐腐蚀的金属管和承压塑料管。高层建筑屋面雨水排水虽然是按重力流设计,但是当屋面雨水排水管系和溢流设施的设计排水能力不能排除超过设计重现期的雨水量时,屋面仍会出现积水、斗前水深加大、重力流排水管系转为满流压力流状态。因此,对高层建筑屋面的雨水排水管道应有承压要求。

② 满管压力流排水系统宜采用内壁较光滑的带内衬的承压排水铸铁管、承压塑料管和钢塑复合管等,其管材工作压力应大于建筑物净高度产生的静水压。用于满管压力流排水的塑料管,其管材抗环变形外压力应大于 0.15MPa。

7. 建筑排水系统施工图的识读

图 1-69 至图 1-72 是一套 2 层农房的建筑排水施工图,该农房的建筑图参见图 1-23 至图 1-26。

(1)图 1-69 和图 1-70 分别为农房洗衣房和厨房的建筑排水平面图和系统图。平面图中的蓝色、绿色、红色管道分别对应系统图中的管道 ac、de、ce。管段 ab、de 的公称直径是 50mm,管段 bc、ce 的公称直径是 75mm。管段 ab、bc、de 的标高是−0.5m,管段 ce 的标高是−0.8m。

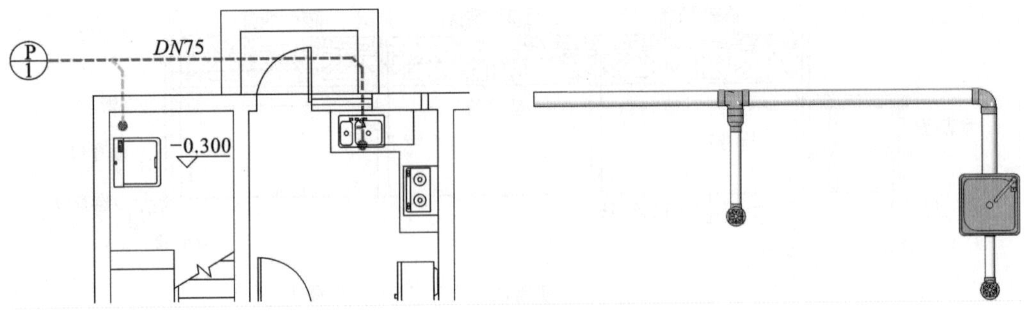

图 1-69　1F 洗衣房和厨房排水系统平面图

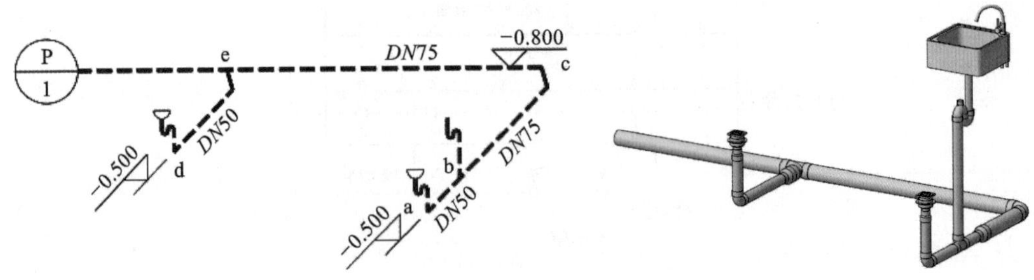

图 1-70　1F 洗衣房和厨房排水系统图

(2)图 1-71 和图 1-72 分别为卫生间的建筑排水平面图和系统图。平面图中的蓝色、绿色、红色管道分别对应系统图中的管道 ef、cd、ba。管段 ba 是排出管,公称直径是 100mm,标高−0.9m。立管编号为 PL-1,立管的公称直径为 100mm。

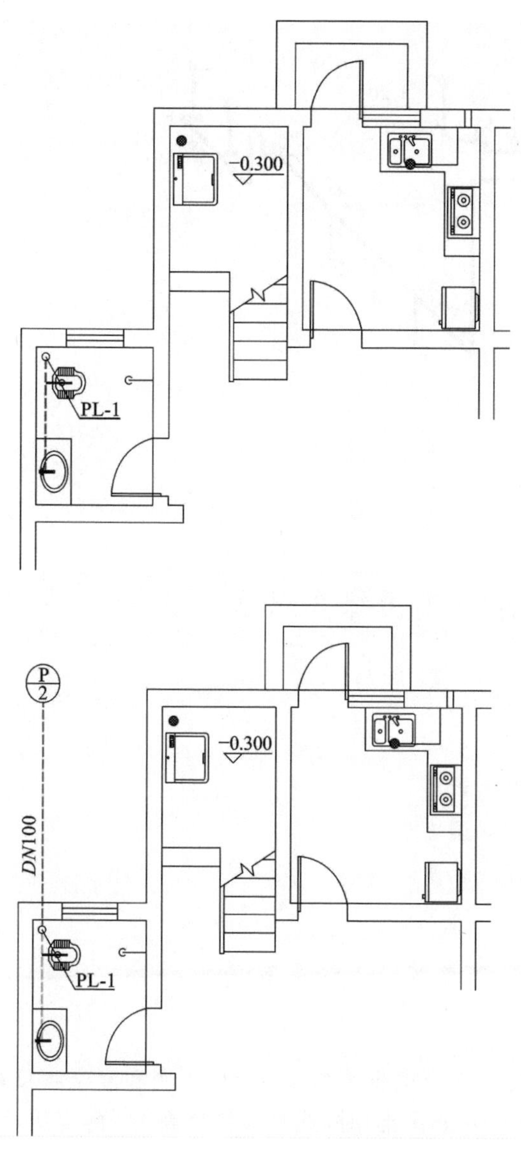

图 1-71　1F 卫生间排水系统平面图

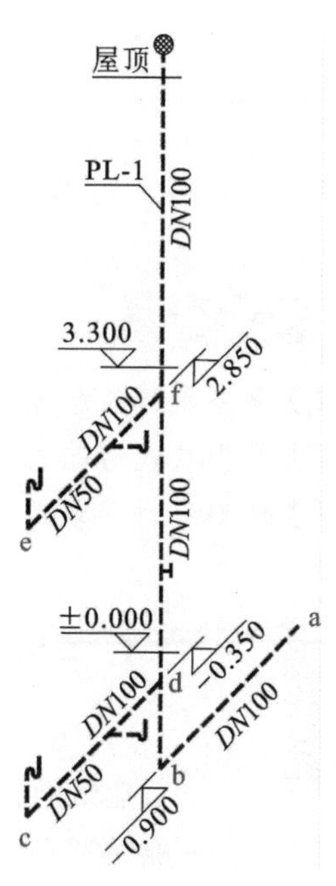

图 1-72　卫生间排水系统图

任务三练习题

请完成本任务的练习题，习题答案与解析请查看本模块末。

习题 1:建筑排水系统由哪几部分组成？

习题 2:建筑排水系统中为什么需要设置通气管？

习题 3:常见的存水弯有哪几种形式？它的作用是什么？

习题 4:图中管段 AB、管段 EF、管段 KL 的标高分别是多少？

习题 5:下图中有几根排水立管？它们的编号分别是什么？有几个地漏？几个堵管？

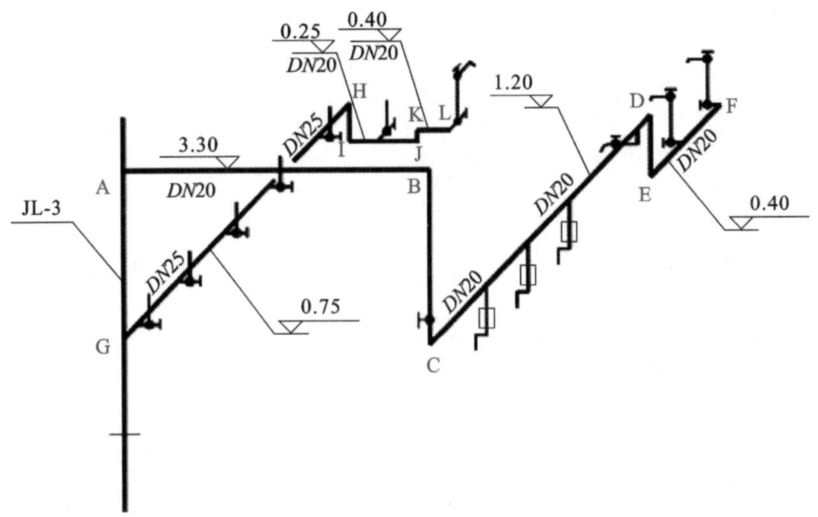

任务四　给排水施工图综合识读

【素质】具备建筑给排水领域的图纸规范意识。

【知识】掌握建筑给排水施工图的组成和识读方法。

【能力】能够进行建筑给排水施工图的综合识读。

线型

1. 常用给排水图例

(1)图线

建筑给排水施工图的线宽 b 应根据图纸的类别、比例和复杂程度确定。一般线宽 b 宜为 0.7mm 或 1.0mm。常用的线型应符合表 1-3 的规定。

表 1-3　建筑给排水工程制图常用线型

名称	线型	线宽	用　　途
粗实线	————	b	新设计的各种排水和其他重力流管线
粗虚线	- - - - - -	b	新设计的各种排水和其他重力流管线的不可见轮廓线
中粗实线	————	$0.75b$	新设计的各种给水和其他压力流管线;原有的各种排水和其他重力流管线
中粗虚线	- - - - - -	$0.75b$	新设计的各种给水和其他压力流管线及原有的各种排水和其他重力流管线的不可见轮廓线
中实线	————	$0.50b$	给水排水设备、零(附)件及总图中新建的建筑物和构筑物的可见轮廓线;原有的各种给水和其他压力流管线

续表 1-3

名称	线型	线宽	用　　途
中虚线	- - - - - - -	0.50b	给水排水设备、零(附)件的不可见轮廓线;总图中新建的建筑物和构筑物的不可见轮廓线;原有的各种给水和其他压力流管线的不可见轮廓线
细实线	——	0.25b	建筑的可见轮廓线;总图中原有的建筑物和构筑物的可见轮廓线;制图中的各种标注线
细虚线	- - - - - - -	0.25b	建筑的不可见轮廓线;总图中原有的建筑物和构筑物的不可见轮廓线
单点长画线	—— · ——	0.25b	中心线、定位轴线
折断线	——\/——	0.25b	断开界线
波浪线	～～～～	0.25b	平面图中水面线;局部构造层次范围线;保温范围示意线等

(2)标高

标高

室内工程应标注相对标高;室外工程应标注绝对标高,当无绝对标高资料时,可标注相对标高,但应与总图专业一致。

下列部位应标注标高:沟渠和重力流管道的起讫点、转角点、连接点、变尺寸(管径)点及交叉点;压力流管道中的标高控制点;管道穿外墙、剪力墙和构筑物的壁及底板等处;不同水位线处;构筑物和土建部分的相关标高。

压力管道应标注管中心标高,沟渠和重力流管道宜标注沟(管)内底标高。标高的标注方法应符合下列规定:

① 平面图中,管道标高应按图 1-73 所示的方式标注。

② 平面图中,沟渠标高应按图 1-74 所示的方式标注。

③ 剖面图中,管道及水位的标高应按图 1-75 所示的方式标注。

④ 轴测图中,管道标高应按图 1-76 所示的方式标注。

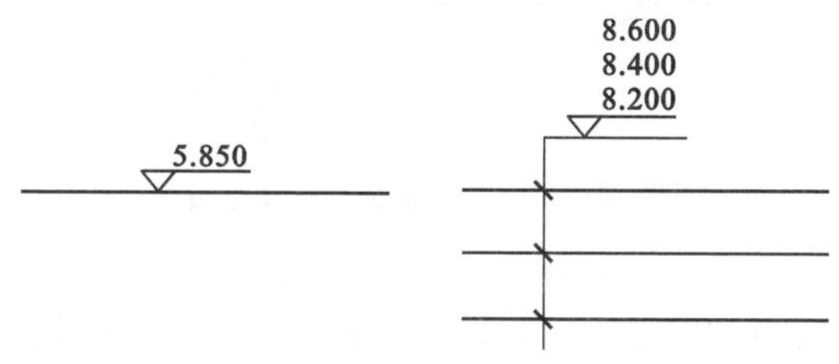

图 1-73　平面图中管道标高标注法

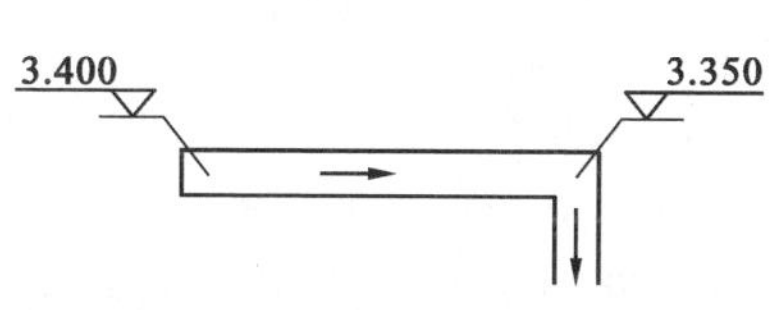

图 1-74　平面图中沟渠标高标注法

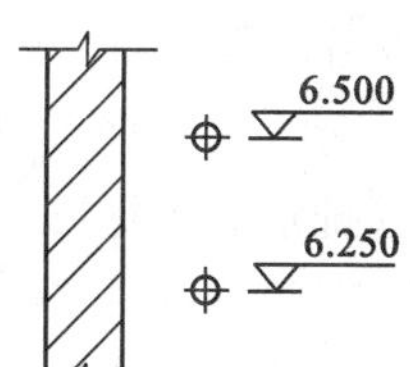

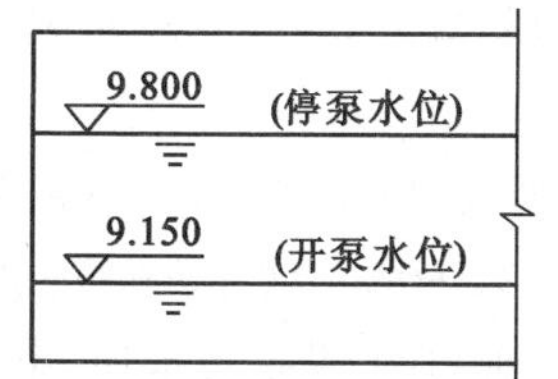

图 1-75　剖面图中管道及水位标高标注法

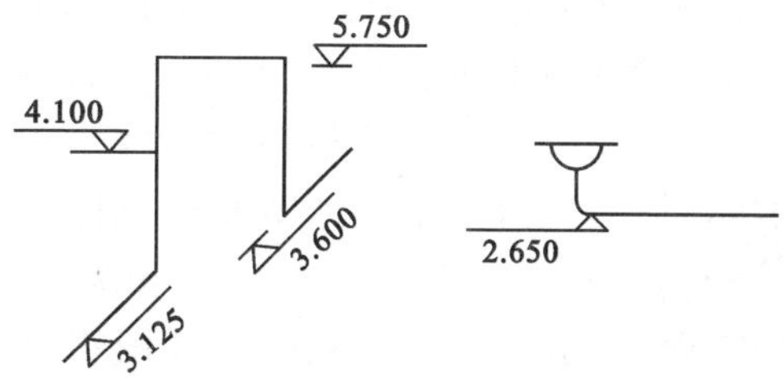

图 1-76　轴测图中管道标高标注法

在建筑工程中，管道也可注相对本层建筑地面的标高，标注方法为 h＋×.×××，h 表示本层建筑地面标高(如 h＋0.250)。

(3)管径

管径

管径应以 mm 为单位。水煤气输送钢管(镀锌或非镀锌)、铸铁管等管材，管径宜以公称直径 *DN* 表示(如 *DN*15、*DN*50)；无缝钢管、焊接钢管(直缝或螺旋缝)、铜管、不锈钢管等管材，管径宜以外径 *D*×壁厚表示(如 *D*108×4、*D*159×4.5 等)；钢筋混凝土(或混凝土)管、陶土管、耐酸陶瓷管、缸瓦管等管材，管径宜以内径 *d* 表示(如 *d*230、*d*380 等)；塑料管材、管径宜按产品标准的方法表示。当设计均用公称直径 *DN* 表示管径时，应用公称直径 *DN* 与相应产品规格对照表对应。

管径的标注方法应符合下列规定：

① 单根管道时，管径应按图 1-77 所示的方式标注。

② 多根管道时，管径应按图 1-78 所示的方式标注。

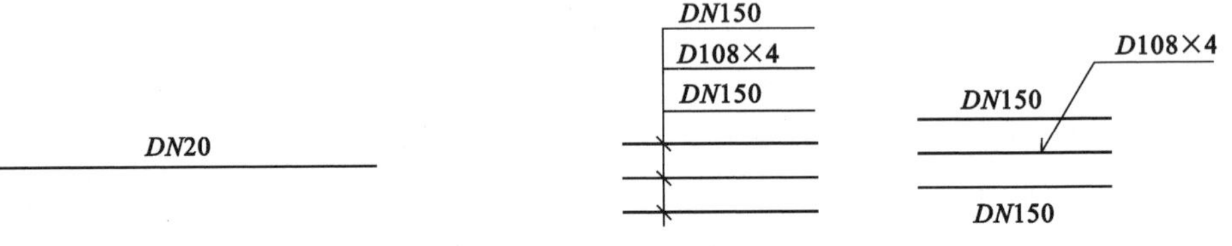

图 1-77　单管管径表示法　　图 1-78　多管管径表示法

(4)编号

编号

① 当建筑物的给水引入管或排水排出管的数量超过 1 根时，宜进行编号，编号宜按图 1-79 所示的方法表示。

② 穿越建筑物楼层的立管，其数量超过 1 根时宜进行编号，编号宜按图 1-80所示的方法表示。

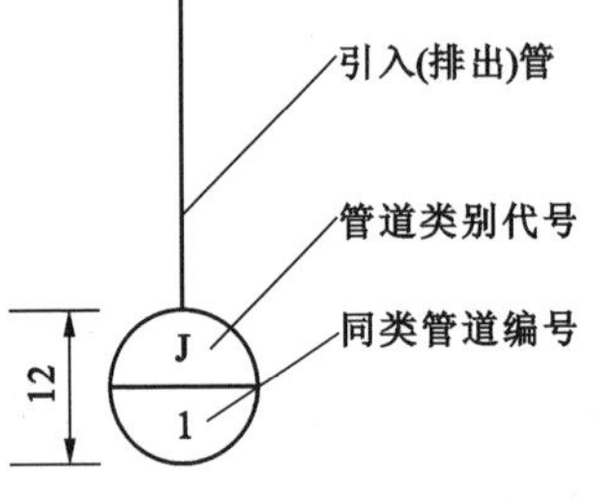

图 1-79　给水引入(排水排出)管编号表示方法

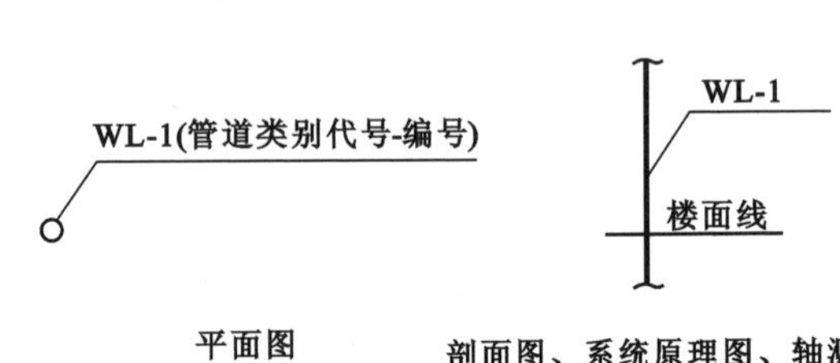

图 1-80　立管编号表示方法

③ 在总平面图中，当给排水附属构筑物的数量超过 1 个时，宜进行编号。编号方法为：构筑物代号-编号；给水构筑物的编号顺序宜为：从水源到干管，再从干管到支管，最后到用户；排水构筑物的编号顺序宜为：从上游到下游，先干管后支管。

④ 当给排水机电设备的数量超过 1 台时，宜进行编号，并应有设备编号与设备名称对照表。

(5)常用给排水图例

图例

建筑给排水图纸上的管道、卫生器具、设备等均按照《建筑给水排水制图标准》(GB/T 50106—2010)使用统一的图例来表示。该标准中列出了管道、管道附件、管道连接、管件、阀门、给水配件、消防设施、卫生设备及水池、小型给水排水构筑物、给水排水设备、仪表等共 11 类图例。这里仅给出一些常用图例供参考，见表 1-4。

表 1-4　建筑给排水常用图例

序号	名　称	图　例	备　注	序号	名　称	图　例	备　注
1	生活给水管	—— J ——		25	浴盆排水件		
2	热水给水管	—— RJ ——		26	闸阀		
3	热水回水管	—— RH ——		27	角阀		
4	中水给水管	—— ZJ ——		28	截止阀		
5	循环给水管	—— XJ ——		29	球阀		
6	热媒给水管	—— RM ——		30	减压阀		左侧为高压端
7	蒸汽管	—— Z ——		31	止回阀		
8	废水管	—— F ——		32	蝶阀		
9	通气管	—— T ——		33	弹簧安全阀		左为通用
10	污水管	—— W ——		34	自动排气阀		左侧为平面，右侧为轴测
11	雨水管	—— Y ——		35	室内消火栓（单口）	平面 系统	白色为开启面
12	多孔管			36	室内消火栓（双口）	平面 系统	
13	防护套管			37	水泵接合器		
14	管道立管	XL-1 平面　XL-1 系统	L:立管 1:编号	38	自动喷洒头（开式）	平面　系统	
15	排水明沟	坡向 →		39	手提灭火器		
16	套筒伸缩器			40	淋浴喷头		
17	方形伸缩器			41	水表井		
18	管道固定支架			42	水表		
19	立管检查口			43	立式洗脸盆		
20	通气帽		左侧为成品，右侧为铅丝球	44	台式洗脸盆		
21	雨水斗	YD　YD	左侧为平面，右侧为轴测	45	浴盆		
22	圆形地漏		如为无水封，应加存水弯	46	盥洗槽		
23	管道交叉		下方和后面管道应断开	47	污水池		
24	存水弯			48	坐式大便器		

建筑给排水
施工图的组成

2. 建筑给排水施工图的主要内容

建筑给排水施工图一般由图纸目录、主要设备材料表、设计说明、图例、平面图、系统图(轴测图)、施工详图等组成。各部分的主要内容为:

(1)平面布置图

给水、排水平面图应表达给水、排水管线和设备的平面布置情况。根据建筑规划,在设计图纸中,用水设备的种类、数量、位置,均要作出给水和排水平面布置;各种功能管道、管道附件、卫生器具、用水设备,如消火栓箱、喷头等,均应用各种图例表示;各种横干管、立管、支管的管径、坡度等,均应标出。平面图上管道都用单线绘出,沿墙敷设时不标注管道距墙面的距离。

一张平面图上可以绘制几种类型的管道,一般来说给水和排水管道可以在一起绘制。若图纸管线复杂,也可以分别绘制,以图纸能清楚地表达设计意图而图纸数量又很少为原则。

建筑内部给排水,以选用的给水方式来确定平面布置图的张数。底层及地下室必绘;顶层若有高位水箱等设备,也必须单独绘出。建筑中间各层,如卫生设备或用水设备的种类、数量和位置都相同,绘一张标准层平面布置图即可;否则,应逐层绘制。各层平面若给水、排水管垂直相重合,平面布置可错开表示。平面布置图的比例,一般与建筑图相同。常用的比例尺为1∶100;施工详图可取1∶50～1∶20。

在各层平面布置图上,各种管道、立管应编号标明。

(2)系统图

系统图,也称"轴测图",其绘法取水平、轴测、垂直方向,完全与平面布置图比例相同。系统图上应标明管道的管径、坡度,标出支管与立管的连接处,以及管道各种附件的安装标高,标高的±0.00应与建筑图一致。系统图上各种立管的编号应与平面布置图相一致。系统图均应按给水、排水、热水等各系统单独绘制,以便于施工安装和概预算应用。系统图中对用水设备及卫生器具的种类、数量和位置完全相同的支管、立管,可不重复完全绘出,但应用文字标明。当系统图立管、支管在轴测方向重复交叉影响识图时,可断开移到图面空白处绘制。

(3)施工详图

凡平面布置图、系统图中局部构造因受图面比例限制而表达不完善或无法表达的,为使施工概预算及施工不出现失误,必须绘出施工详图。通用施工详图系列,如卫生器具安装、排水检查井、雨水检查井、阀门井、水表井、局部污水处理构筑物等,均有各种施工标准图,施工详图宜首先采用标准图。

绘制施工详图的比例以能清楚绘出构造为根据选用。施工详图应尽量详细注明尺寸,不应以比例代替尺寸。

(4)设计施工说明及主要材料设备表

用工程绘图无法表达清楚的给水、排水、热水供应、雨水系统等管材,防腐、防冻、防露的做法;或难以表达的诸如管道连接、固定、竣工验收要求、施工中特殊情况技术处理措施,或施工方法要求必须严格遵守的技术规程、规定等,可在图纸中用文字写出设计施工说明。工程选用的主要材料及设备表,应列明材料类别、规格、数量,设备品种、规格和主要尺寸。

此外,施工图还应绘出工程图所用图例。

所有以上图纸及施工说明等应编排有序,写出图纸目录。

3. 建筑给排水施工图的识读

建筑给排水施工图的识读

阅读主要图纸之前，应当先看说明和设备材料表，然后以系统图为线索深入阅读平面图、系统图及详图。阅读时，应三种图相互对照来看。先看系统图，对各系统做到大致了解。看给水系统图时，可由建筑的给水引入管开始，沿水流方向经干管、立管、支管到用水设备；看排水系统图时，可由排水设备开始，沿排水方向经支管、横管、立管、干管到排出管。(**思政 tips**：因为建筑给排水施工图系统性强、细节多、相互影响大，所以在施工图的识读过程中，要按照识图流程严谨细致进行识读。)

(1)平面图的识读

室内给排水管道平面图是施工图纸中最基本和最重要的图纸，常用的比例是 1∶100 和 1∶50两种。它主要表明建筑物内给排水管道及卫生器具和用水设备的平面布置。图上的线条都是示意性的，同时管材配件如活接头、补芯、管箍等也不画出来，因此在识读图纸时还必须熟悉给排水管道的施工工艺。在识读管道平面图时，应该掌握的主要内容和注意事项如下：

① 查明卫生器具、用水设备和升压设备的类型、数量、安装位置、定位尺寸。

卫生器具和各种设备通常是用图例画出来的，它只能说明器具和设备的类型，而不能具体表示各部分的尺寸及构造，因此在识读时必须结合有关详图或技术资料，搞清楚这些器具和设备的构造、接管方式和尺寸。

② 弄清给水引入管和污水排出管的平面位置、走向、定位尺寸、与室外给排水管网的连接形式、管径及坡度等。

给水引入管上一般都装有阀门，阀门若设在室外阀门井内，在平面图上就能完整地表示出来。这时，可查明阀门的型号及距建筑物的距离。

污水排出管与室外排水总管的连接是通过检查井来实现的，要了解排出管的长度，即外墙至检查井的距离。排出管在检查井内通常采用管顶平接。

给水引入管和污水排出管通常都注上系统编号，编号和管道种类分别写在直径为 8～10mm 的圆圈内，圆圈内过圆心画一条水平线，线上面标注管道种类，如给水系统写“给”或写汉语拼音字母“J”；污水系统写“污”或写汉语拼音字母“W”；线下面标注编号，用阿拉伯数字书写。

③ 查明给排水干管、立管、支管的平面位置与走向、管径尺寸及立管编号。从平面图上可清楚地查明是明装还是暗装，以确定施工方法。

平面图上的管线虽然是示意性的，但是还是有一定比例的，因此估算材料可以结合详图，用比例尺度量进行计算。

④ 消防给水管道要查明消火栓的布置、口径大小及消防箱的形式与位置。消火栓一般装在消防箱内，但也可以装在消防箱外面。消火栓栓口距地面 1.10m，消防箱有明装、暗装和单门、双门之分，识读时都要注意搞清楚。除了普通消防系统外，在物资仓库、厂房和公共建筑等重要部位往往设有自动喷水灭火系统或水幕灭火系统。如果遇到这类系统，除了弄清管路布置、管径、连接方法外，还要查明喷头及其他设备的型号、构造和安装要求。

⑤ 在给水管道上设置水表时，必须查明水表的型号、安装位置以及水表前后阀门的设置情况。

⑥ 对于室内排水管道，还要查明清通设备的布置情况，清扫口和检查口的型号和位置。

对于大型厂房，特别要注意是否有检查井，也要搞清楚检查井进出管的连接方式。

对于雨水管道，要查明雨水斗的型号及布置情况。

(2)系统图的识读

建筑给排水工程系统图的识读

给排水管道系统图主要表明管道系统的立体走向。在给水系统图上，卫生器具不画出来，只需画出水龙头、淋浴器莲蓬头、冲洗水箱等符号；用水设备如锅炉、热交换器、水箱等则画出示意性的立体图，并在旁边注以文字说明。在排水系统图上也只画出相应的卫生器具的存水弯或器具排水管。在识读系统图时，应掌握的主要内容和注意事项如下：

① 查明给水管道系统的具体走向，干管的布置方式，管径尺寸及其变化情况，阀门的设置，引入管、干管及各支管的标高。识读时按引入管、干管、立管、支管及用水设备的顺序进行。

② 查明排水管道的具体走向，管路分支情况，管径尺寸与横管坡度，管道各部分标高，存水弯的形式，清通设备的设置情况，弯头及三通的选用等。识读排水管道系统图时，一般按卫生器具或排水设备的存水弯、器具排水管、横支管、立管、排出管的顺序进行。在识读时结合平面图及说明，了解和确定管材及配件。排水管道为了保证水流通畅，根据管道敷设的位置往往选用 45°弯头和斜三通，分支管的变径有时不用大小头而用主管变径三通。存水弯有 P 形和 S 形、带清扫口和不带清扫口之分，在识读图纸时也要视卫生器具的种类、型号和安装位置确定下来。

③ 系统图上对各楼层标高都有注明，识读时可据此分清管路是属于哪一层的。管道支架在图上一般都不表示出来，由施工人员按有关规程和习惯做法自己确定。在识读时应随时把所需支架的数量及规格确定下来，在图上作出标记并做好统计，以便制作和预埋。民用建筑的明装给水管通常要采用管卡、钩钉固定；工厂给水管则多用角钢托架或吊环固定。铸铁排水立管通常用铸铁立管管卡，装在铸铁排水管的承口上面；铸铁横管则采用吊环，间距 1.5m 左右，吊在承口上。

(3)详图的识读

室内给排水工程的详图包括节点图、大样图、标准图，主要是管道节点、水表、消火栓、水加热器、开水炉、卫生器具、套管、排水设备、管道支架等的安装图及卫生间大样图等。这些图都是根据实物用正投影法画出来的，图上都有详细尺寸，可供安装时直接使用。

4. 给排水施工图综合识读实例

这里以图 1-81 至图 1-84 所示的给排水施工图中西单元西住户为例介绍其识读过程。

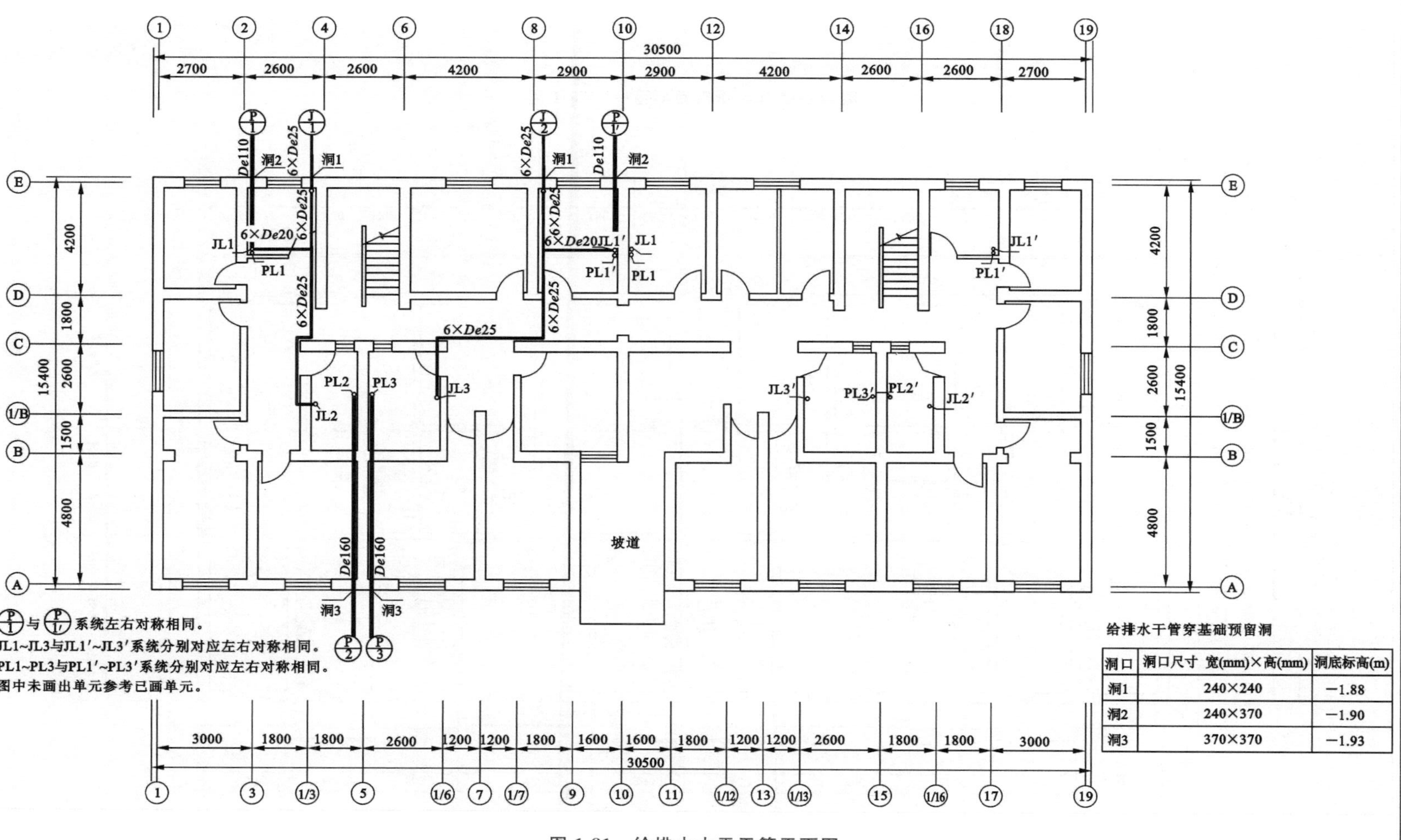

(P/1)与(P/1')系统左右对称相同。

JL1~JL3与JL1'~JL3'系统分别对应左右对称相同。

PL1~PL3与PL1'~PL3'系统分别对应左右对称相同。

图中未画出单元参考已画单元。

给排水干管穿基础预留洞

洞口	洞口尺寸 宽(mm)×高(mm)	洞底标高(m)
洞1	240×240	−1.88
洞2	240×370	−1.90
洞3	370×370	−1.93

图 1-81　给排水水平干管平面图

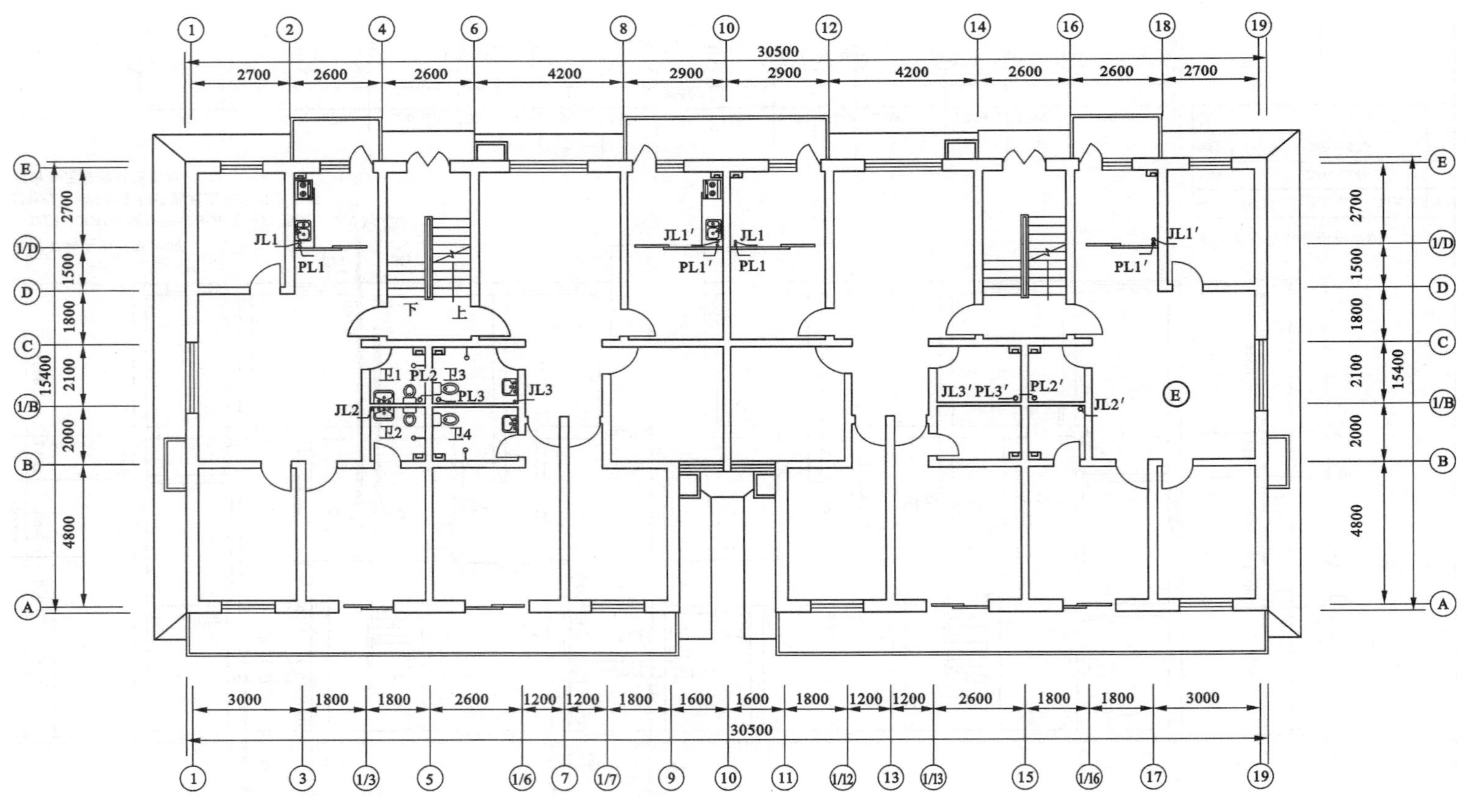

图 1-82 一至六层给排水立管平面图

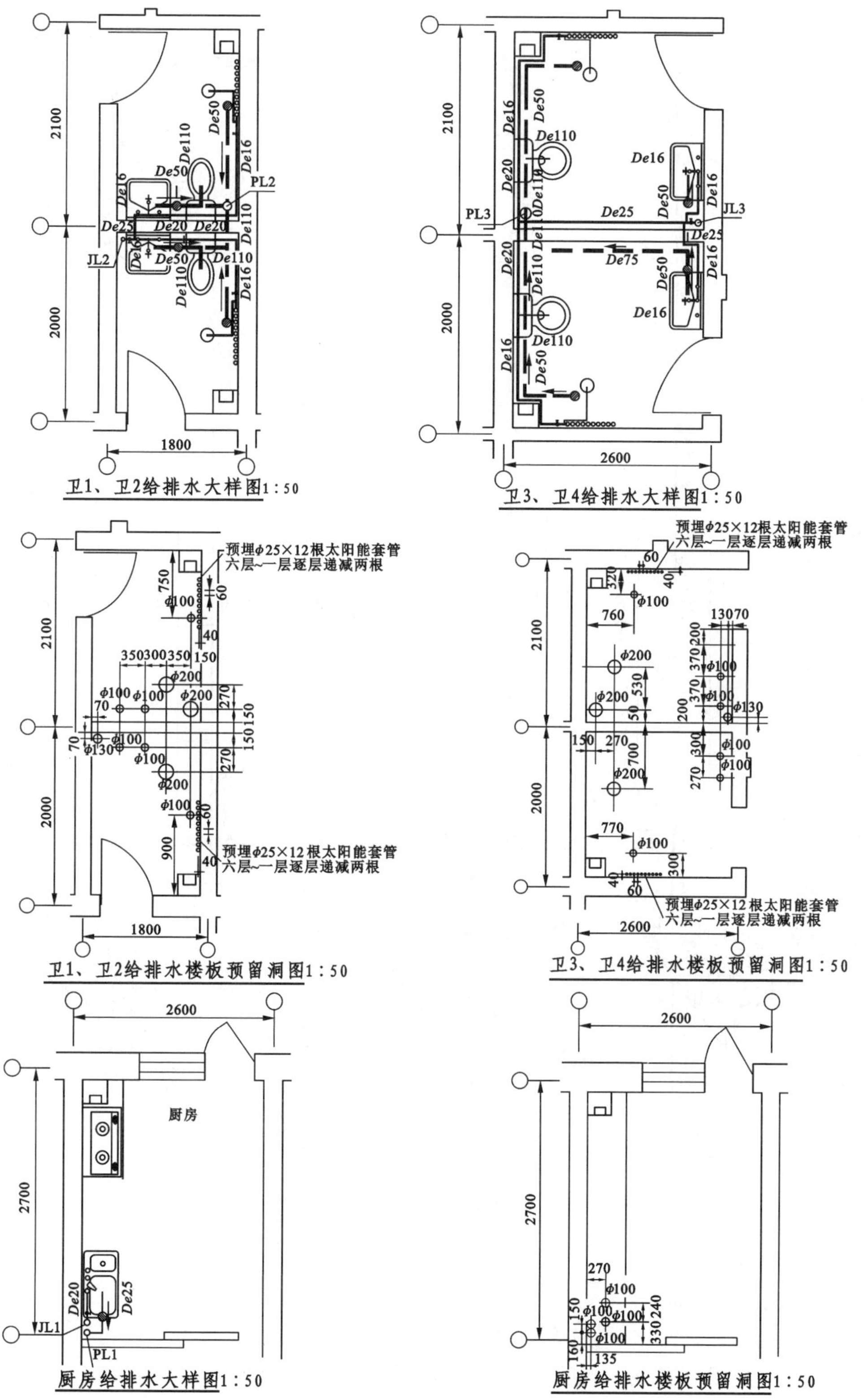

图 1-83　厨卫给排水大样及楼板预留洞图

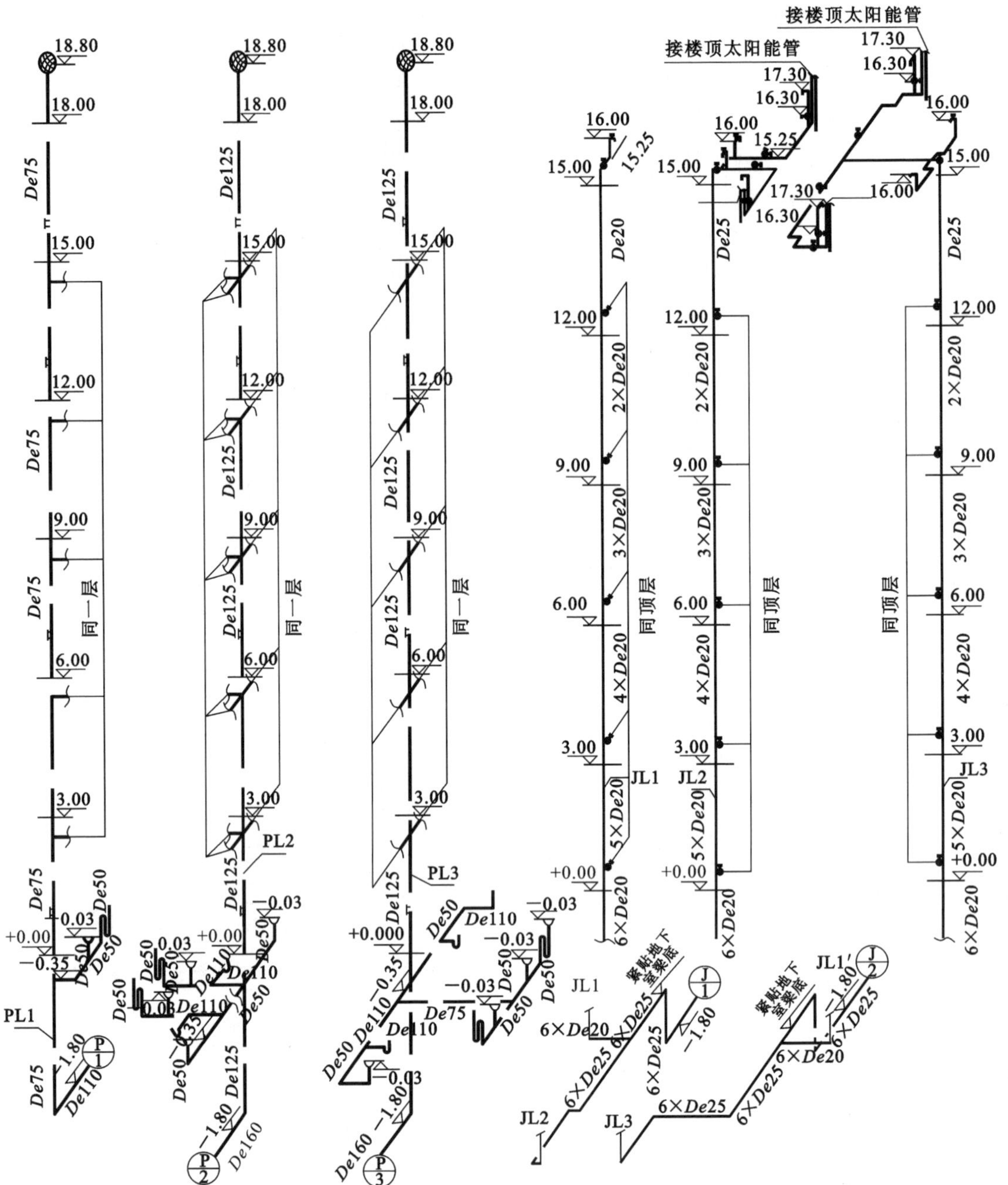

图 1-84　给排水系统图

(1)施工说明

本工程施工说明如下：

① 图中尺寸标高以 m 计，其余均以 mm 计。本住宅楼日用水量为 13.4t。

② 给水管采用 PPR 管材与管件连接；排水管采用 UPVC 塑料管，承插黏结。出屋顶的排水管采用铸铁管，并刷防锈漆、银粉各两道。给水管 *De*16 及 *De*20 管壁厚为 2.0mm，*De*25 管壁厚为 2.5mm。

③ 给排水支吊架安装见 05S9，地漏采用高水封地漏。

④ 坐便器安装见 05S1-119，洗脸盆安装见 05S1-50，住宅洗涤盆安装见 05S1-71，拖布池安装见 98S1-8，浴盆安装见 98S1-73。

⑤ 给水采用一户一表出户安装，安装详见××市供水公司图集 XSB-01。所有给水阀门均采用铜质阀门。

⑥ 排水立管在每层标高 250mm 处设伸缩节，伸缩节做法见 98S1-156～158。

⑦ 排水横管坡度采用 0.026。

⑧ 凡是外露与非采暖房间给排水管道均采用 40mm 厚聚氨酯保温。

⑨ 卫生器具采用优质陶瓷产品，其规格型号由甲方定。

⑩ 安装完毕进行水压试验，试验工作严格按现行规范要求进行。

⑪ 说明未详尽之处均严格按现行规范规定施工及验收。

(2)图例

本工程图例见表 1-5。

表 1-5　工程图例

图例	名称	图例	名称
———	给水管	— —	排水管
	截止阀		角　阀
	水　嘴		喷　头
	存水弯		地　漏
	检查口		通气帽

(3)给水排水平面图识读

给水排水平面图的识读一般从底层开始，逐层阅读。

① 给水系统

从图 1-81 可以得知：西住户的给水系统 1 从底层西边地下室由给水引入管穿厨房下的墙体进户，接立管 JL1，穿墙进入卫生间后接立管 JL2。图 1-82 显示了立管 JL1 和立管 JL2，立管 JL1 和立管 JL2 穿过各楼层楼板后向上到达六楼。从图 1-83 可看出 JL1 供水至各楼层厨房洗涤盆上的水龙头，立管 JL2 在各层依次向洗脸盆、大便器、淋浴管供水，并在到达六楼继续向上接楼顶太阳能管。

② 排水系统

从图 1-81 中可以得知：西住户有两个排水系统，排水系统 1 接自立管 PL1 并从地下室穿厨房下的墙体出户；排水系统 2 接自立管 PL2，从地下室穿卧室下墙体出户。图 1-82 则显示了立管 PL1 和立管 PL2。从图 1-83 可看出立管 PL1 与各层西住户的厨房洗涤盆排水口相连，将污水沿排水系统 1 排出；立管 PL2 与各层西住户卫生间的地漏、洗脸盆排水口、大便器排污口相连，将污水沿排水系统 2 排出。

(4)给排水系统图识读

① 给水系统

一般从各系统的引入管开始，依次看水平干管、立管、支管、放水龙头和卫生设备。从图

1-84 可看出给水系统的引入管从户外－1.80m 处穿墙入地下室后，向上弯折并分支为 JL1 和 JL2，穿出地面后，分别进入西住户一楼的厨房和卫生间。各楼层供水立管的管径变化情况以及标高见图 1-84。

② 排水系统

依次按卫生设备连接管、横支管、立管、排出管的顺序进行识读。从图 1-84 可知，排水系统 1 管径为 *De*110，排水系统 2 管径为 *De*160，分别连接 PL1 和 PL2，两立管顶部穿出六楼向上延伸，形成伸顶通气管进行通气。各楼层排水立管的管径变化情况以及标高见图 1-84。

任务四练习题

请完成本任务的练习题，习题答案与解析请查看本模块末。

习题 1：建筑给排水施工图由哪几部分组成？

习题 2：如何识读建筑给排水的施工图？

习题 3：图中层高为 3.9m，请在标高缺失的地方标上其对应的标高。

习题 4：图中每层楼管道相对于楼板的安装高度是一样的，请在缺失标高的地方标注管道的实际标高。

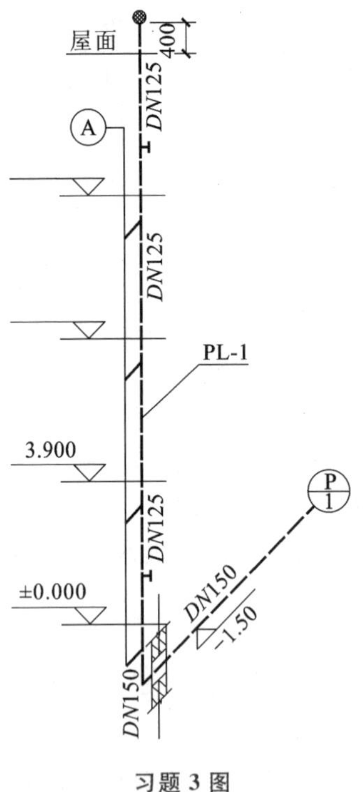

习题 3 图

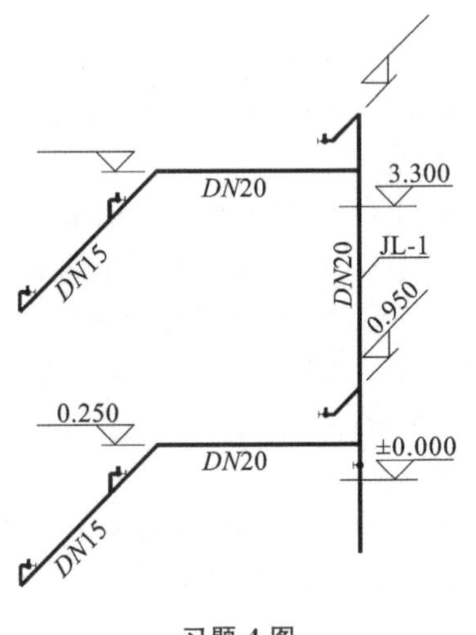

习题 4 图

习题 5：请描述下图所示的排水系统。

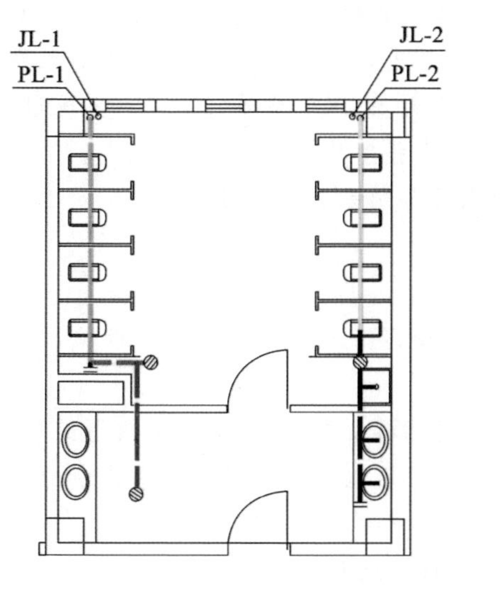

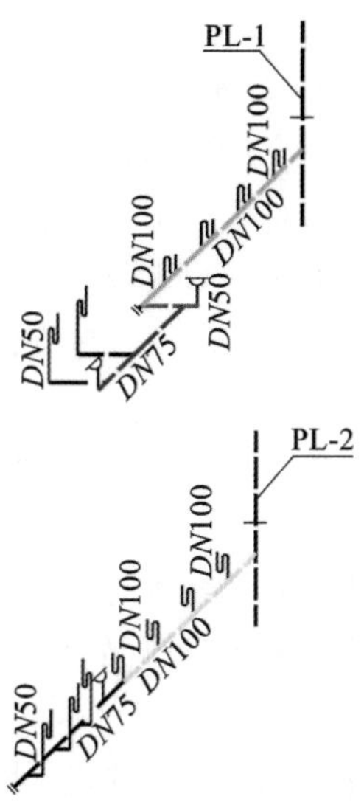

习题 5 图

答案与解析

任务一

1. 答案：引入管，水表节点，给水管道，给水控制附件，配水设施，增压和贮水设备，计量仪表。

2. 答案：截止阀：关闭严密，但水流阻力较大。

闸阀：压力损失小，但水中杂质沉积阀座时阀板关闭不严，易产生漏水现象。

蝶阀：具有结构简单、尺寸紧凑、启闭灵活、开启度指示清楚、水流阻力小等优点。

止回阀：只允许水流单向流过。

浮球阀、液位控制阀：都是利用液位来控制阀门启闭的。

安全阀：装设在有压系统上，当系统压力超过规定压力时，泄压保证系统安全。

3. 答案：热水供应系统主要由热源、热媒管网系统（第一循环系统）、加（贮）热设备、配水和回水管网系统（第二循环系统）、附件和用水器具等组成。

4. 答案：图片所示是给排水施工图，图中主要想表达的是给排水的管道，所以，给排水的管道用粗线，建筑底图的图线用细线，这样重点突出。实线和虚线两种线型分别表示给水管道和排水管道。

5. 答案：洗脸盆 5 个，蹲便器 14 个，坐便器 1 个，小便器 6 个，污水盆 2 个。

任务二

1. 答案：室内消火栓给水系统一般由消火栓设备、消防管道、控制附件、增压水泵、消防水池、消防水箱、水泵接合器等组成。

2. 答案：闭式自动喷水灭火系统和开式自动喷水灭火系统。闭式自动喷水灭火系统又分为：湿式自动喷水灭火系统、干式自动喷水灭火系统和预作用式自动喷水灭火系统；开式自动喷水灭火系统分为雨淋系统和水幕系统。

3. 答案：湿式自动喷水灭火系统平时由消防水箱（或高位水池、水塔）、稳压泵或气压给水设备等稳压设施维持管道内水的压力。发生火灾时，由闭式喷头探测火灾(其闭锁装置融化脱落喷水)，水流指示器报告起火区域，消防水箱出水管上的流量开关、消防水泵出水管上的压力开关或报警阀组的压力开关输出启动消防水泵信号，完成系统启动。系统启动后，由消防水泵向开启的喷头供水，按不低于设计规定的喷水强度均匀喷洒，实施灭火。

4. 答案：图中有3个消火栓，其立管编号分别是FL-2，FL-3，FL-5。

5. 答案：公称直径150mm，埋设深度1.4m。

任务三

1. 答案：卫生器具，排水管道，通气管，清通设备，污废水提升设施，小型生活污水处理设施。

2. 答案：为使排水系统内空气流通、压力稳定，防止水封破坏而设置的气体流通管道。

3. 答案：S形存水弯、P形存水弯。存水弯用以防止排水管道系统中的有毒有害气体窜入室内。

4. 答案：管段AB：3.3m；管段EF：0.4m；管段KL：0.4m。

5. 答案：两根排水管PL-3、PL-4，4个地漏，2个管堵。

任务四

1. 答案：建筑给排水施工图一般由图纸目录、主要设备材料表、设计说明、图例、平面图、系统图(轴测图)、施工详图等组成。

2. 答案：阅读主要图纸之前，应当先看说明和设备材料表，然后以系统图为线索深入阅读平面图、系统图及详图。阅读时，应三种图相互对照来看。先看系统图，对各系统做到大致了解。看给水系统图时，可由建筑的给水引入管开始，沿水流方向经干管、立管、支管到用水设备；看排水系统图时，可由排水设备开始，沿排水方向经支管、横管、立管、干管到排出管。

3. 答案：7.800；11.700。

4. 答案：3.550；4.250。

5. 答案：图中所示排水系统有PL-1和PL-2两个排水立管，左边和右边的卫生器具分开排放。平面图和系统图上的管道颜色一一对应。该卫生间设置有3个地漏，其中一个在洗脸盆附近，一个在污水盆附近。

模块二 暖通空调

本模块(建议 14～16 学时)聚焦于暖通空调系统认识(主要为系统功能、系统组成和分类)和对应子系统施工图识读能力的培养,按照系统和任务侧重的不同分为建筑供暖系统、通风空调系统以及通风空调施工图综合识读三个学习任务。

任务一 建筑供暖系统

【素质】具备供暖领域的节能环保降碳和图纸规范意识。

【知识】了解供暖系统的构成和常见供暖系统中的各个设备。

【能力】能够分辨建筑供暖系统的形式和特征。

1. 建筑供暖系统概述

供热系统包括热源、供热管网和热用户三个基本组成部分。其中,热源主要是指生产和制备一定参数(温度、压力)热媒的锅炉房或热电厂(**思政 tips**:当有余热和天然热源时,应优先利用,减少能源消耗和碳排放);供热管网是指输送热媒的室外供热管路系统,主要解决建筑物外部从热源到热用户之间热能的输配问题;热用户是指直接使用或消耗热能的室内供暖、通风空调、热水供应和生产工艺用热系统等。这里的室内供暖系统就是建筑供暖系统。建筑供暖系统就是在冬季,为了使室内温度保持在一定范围,必须向室内供给相应热量,用人工的方法向室内提供热量的设备系统。(**思政 tips**:建筑供暖系统是冬季消耗热能的大户,2018 年北方城镇供暖区能耗为 2.12 亿吨标煤,占全国建筑运行能耗的 21%。)

根据热媒性质的不同,集中式供暖系统分为三种:热水供暖系统、蒸汽供暖系统和热风供暖系统。

2. 热水供暖系统

(1)热水供暖系统分类

① 按系统循环动力的不同可分为自然(重力)循环系统和机械循环系统。靠流体的密度差进行循环的系统,称为自然(重力)循环系统;靠外加的机械(水泵)力循环的系统,称为机械循环系统。

供暖系统的组成与分类

② 按供、回水方式的不同可分为单管系统和双管系统。

③ 按管道敷设方式的不同可分为垂直式系统和水平式系统。

④ 按热媒温度的不同可分为低温水供暖系统和高温水供暖系统。

各个国家对高温水与低温水的界限，都有自己的规定。在我国习惯认为：低于或等于100℃的热水，称为“低温水”；超过100℃的热水，称为“高温水”。室内热水供暖系统大多采用低温水供暖，目前，设计供/回水温度多采用95/70℃（而实际应用的热媒多为85/60℃）。现行国家规范《民用建筑供暖通风与空气调节设计规范》（GB 50736—2012）规定：“散热器集中供暖系统宜按75/50℃连续供暖进行设计，且供水温度不宜大于85℃，供回水温差不宜小于20℃。”（**思政tips：**研究表明：对采用散热器的集中供热系统，当二次网设计参数取75/50℃时，供热系统的年运行费用最低，其次是取85/60℃时。）高温水供暖系统一般宜在生产厂房中应用，设计高温水热媒的供/回水温度大多采用（110～130℃）/（70～90℃）。

（2）自然（重力）循环热水供暖系统

自然循环热水供暖系统主要分双管和单管两种形式。图2-1所示为双管上供下回式系统。双管系统中散热器的供水管和回水管分别设置，其特点是每组散热器都能组成一个循环环路，每组散热器的供水温度基本是一致的，各组散热器可自行调节热媒流量，互相不受影响。图2-2(b)所示为单管上供下回式系统。单管系统中散热器的供、回水立管共用一根管，立管上的散热器串联起来构成一个循环环路，从上到下各楼层散热器的进水温度不同，温度依次降低，每组散热器的热媒流量不能单独调节。为了克服单管式不能单独调节热媒流量，且下层散热器热媒入口温度过低的弊病，又产生了单管跨越式系统，如图2-2(a)所示。热水在散热器前分成两部分，一部分流入散热器，另一部分流入散热器进、出口之间的跨越管内。

热水供暖

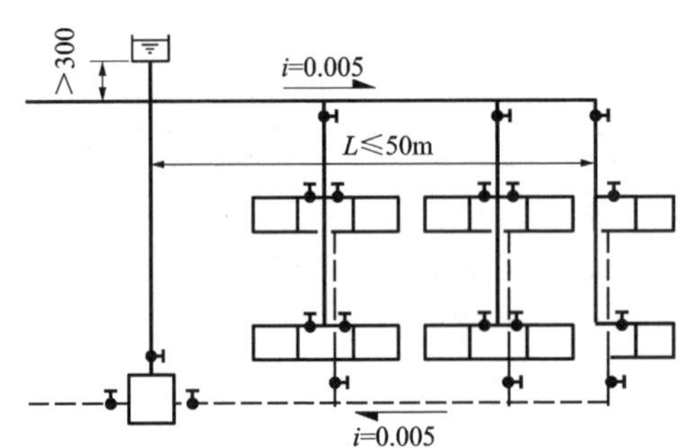

图2-1 重力循环双管上供下回式系统

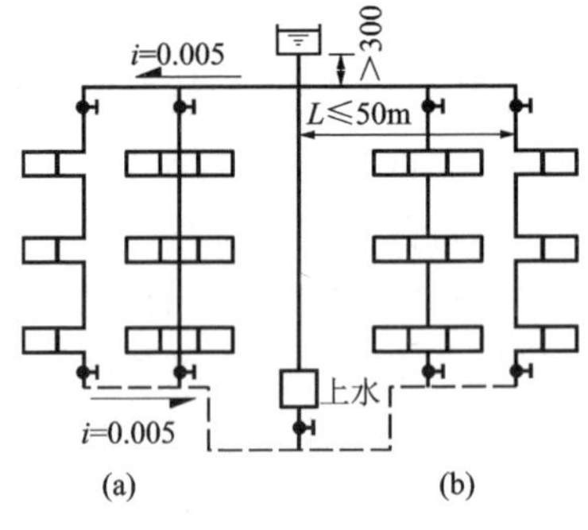

图2-2 重力循环单管上供下回式系统

上供下回自然循环系统布管的一个显著特点是：供水干管设有向膨胀水箱上升的坡向，与水流方向相反，其坡度为0.5%～1.0%，散热管支管的坡度一般为1.0%，这样便于空气逆水流方向经过干管汇集到系统最高处，通过膨胀水箱排除，而回水干管则应有向锅炉方向的向下坡度，坡度为0.5%～1%。这样，由于自然循环热水供暖系统水流速度较慢，水中的空气能够逆着水流方向聚集到高处通过膨胀水箱排除出去。

在双管系统中，各层散热器与锅炉间形成独立的循环，因而随着从上层到下层冷却中心与加热中心的高差逐层减小，各层循环压力也出现由大到小的现象。上层作用压力大，流经散热器的流量多，下层作用压力小，流经散热器的流量少，因而造成上热下冷的“垂直失调”现象，楼层越多，失调现象越严重。

对单管系统，由于各层的冷却中心串联在一个循环管路上，从上而下逐渐冷却过程所产生的压力可以叠加在一起形成一个总压力，因此单管系统不存在双管系统的垂直失调问题。即使最底层散热器低于锅炉中心，也可以使水循环流动。由于下层散热器入口的热媒温度低，下层散热器的面积比上层要大。在多层和高层建筑中，宜用单管系统。

自然循环系统具有装置简单、操作方便、维护管理省力、不耗费电能、不产生噪声等优点，但是，由于系统作用压力有限，管路流速偏小，致使管径偏大，造成初次投资较高，应用范围受到一定程度的限制。

自然循环系统由于循环压力较小，其作用半径(总立管至最远立管的水平距离)不宜超过50m，通常只能在单幢建筑物中使用。

(3)机械循环热水供暖系统

在机械循环热水供暖系统中，设置水泵为系统提供循环动力。由于水泵的作用压力大，使得机械循环系统的供暖范围扩大很多，可以承担单幢、多幢建筑物的供暖，甚至还可以承担区域范围内的供暖，这是自然循环力不能及的，目前已经成为应用最广泛的供暖系统。

机械循环供暖系统有以下几种方式：

① 上供下回式单管、双管热水供暖系统

图 2-3 所示为机械循环上供下回式热水供暖系统。与自然循环相比，它不仅增加了循环水泵、排气装置，而且膨胀水箱的连接位置、供回水干管的坡向也不相同。

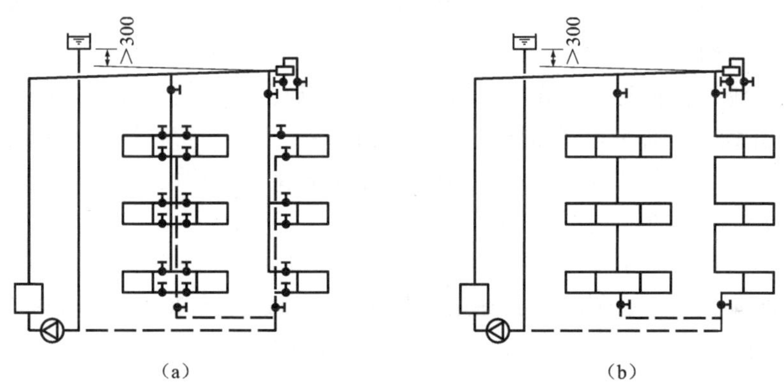

图 2-3　机械循环上供下回式热水供暖系统

(a)双管上供下回式系统；(b)单管上供下回式系统

② 机械循环下供下回式系统

机械循环下供下回式系统如图 2-4 所示，该系统一般适用于顶层难以布置干管的场合以及有地下室的建筑。当无地下室时，供、回水干管一般敷设在底层地沟内。系统的供、回水干管都敷设在底层散热器下面，系统内空气的排除较为困难，排气方法主要有两种：一种是通过顶层散热器的冷风阀，手动分散排气；另一种是通过专设的空气管，手动或集中自动排气。

③机械循环中供式热水供暖系统

机械循环中供式热水供暖系统如图 2-5 所示，水平供水干管敷设在系统的中部，上部系统可用上供下回式，也可用下供下回式，下部系统则用上供下回式。中供式系统减轻了上供下回式楼层过多而易出现垂直失调的现象，同时可避免顶层梁底高度过低导致供水干管挡住顶层窗户而妨碍其开启。中供式系统可用于加建楼层的原有建筑物或“品”字形建筑。

④机械循环下供上回式热水供暖系统

机械循环下供上回式热水供暖系统如图 2-6 所示，系统的供水干管设在下部，回水干管设在上部,立管布置常采用单管顺流式。

这种系统具有以下特点:水的流向与空气流向一致,都是由下而上,通过膨胀水箱排气方便,可取消集气罐。同时还可提高水流速度,减小管径。散热器内热媒的平均温度几乎等于散热器的出水温度,在相同的立管供水温度下,散热器的面积要增加。

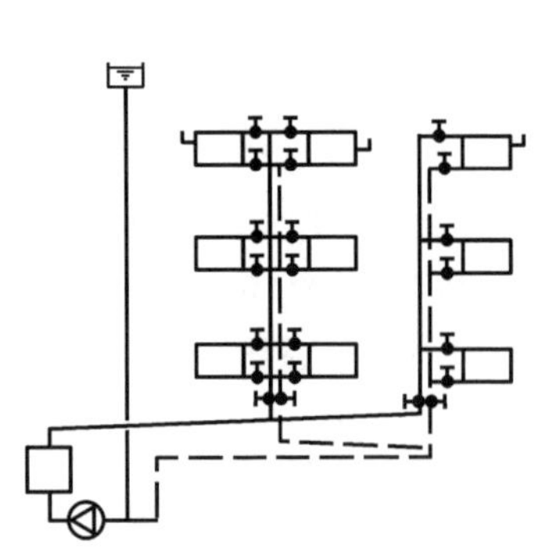

图 2-4 机械循环下供下回式热水供暖系统

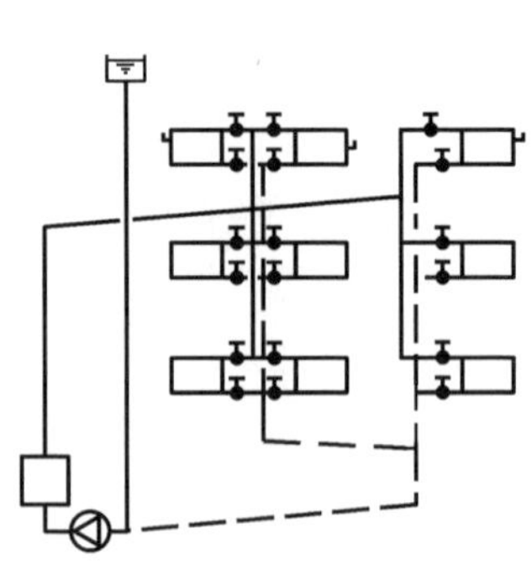

图 2-5 机械循环中供式热水供暖系统

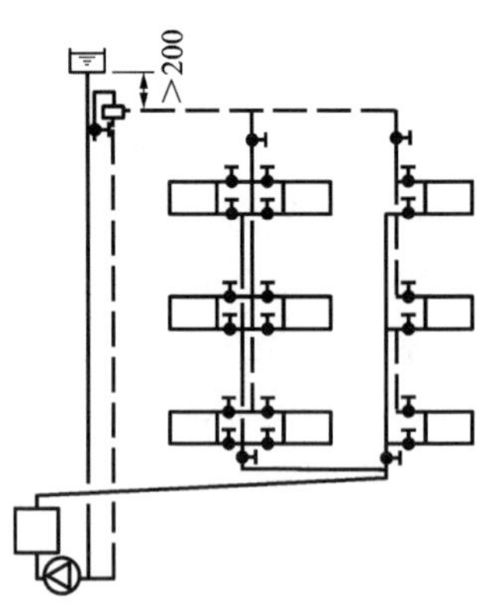

图 2-6 机械循环下供上回式热水供暖系统

⑤ 同程式与异程式系统

图 2-2 中系统总立管与各个分立管构成的循环环路的总长度不相等,这种布置形式叫作异程式系统。异程式系统最远环路同最近环路之间的压力损失相差很大,压力不易平衡,使得靠近总立管附近的分立管供水量过剩,而系统末端立管供水量不足,供热量达不到要求。这种冷热不均的现象叫作系统的"水平失调"。

图 2-3 所示为同程式系统,其特点是增加了回水管长度,使得各个立管循环环路的管长相等,因而环路间的压力损失易于平衡,热量分配易于达到设计要求。只是管材用量加大,地沟加深。系统环路较多、管道较长时,常采用同程式系统布置。

⑥ 水平式热水供暖系统

一根立管水平串联起多组散热器的布置形式(图 2-7),称为水平串联式系统。按照供水管与散热器的连接方式可分为顺流式和跨越式两种,这两种方式在机械循环和自然循环系统中都可以使用。这种系统的优点是:系统简捷,安装简单,少穿楼板,施工方便;系统的总造价较垂直式低;对各层有不同使用功能和不同温度要求的建筑物,便于分层调节和管理。

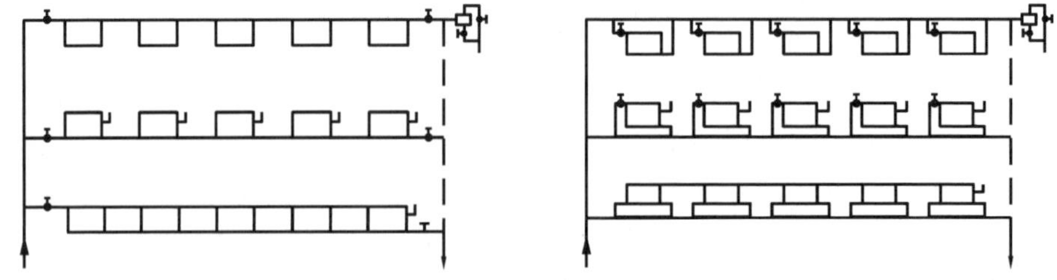

图 2-7 水平式热水供暖系统

单管水平式系统串联散热器很多时,运行中易出现前端过热、末端过冷的水平失调现象。一般每个环路散热器组以 8～12 组为宜。

3. 蒸汽供暖系统

(1)蒸汽供暖系统的特点

同热水供暖系统相比，蒸汽供暖系统具有以下特点：

① 蒸汽在散热设备中从蒸汽冷凝成为凝结水，从气相变成液相，在此过程中放出汽化潜热；而热水在散热器中只是温度降低，无相态变化。

② 同样质量流量的蒸汽比热水携带的热量高出许多，对同样的热负荷，蒸汽供热时所需的蒸汽质量流量比热水流量少很多。

③ 蒸汽和凝结水在系统管路内流动时，其状态参数变化比较大。随着压力的降低，蒸汽比体积增加，体积膨胀，饱和凝结水随着压力降低，沸点改变，凝结水部分会重新汽化，形成“二次蒸汽”，以气、液二相流状态在管内流动。蒸汽和凝结水状态变化较大的特点是造成蒸汽供暖系统设计和运行管理出现困难的原因，处置不当时系统中易出现蒸汽的“跑、冒、滴、漏”，造成热量浪费，并影响系统和设备的正常使用。

④ 蒸汽供暖系统中，散热设备的热媒温度为蒸汽压力对应的饱和温度，比一般热水供暖系统热媒的温度高，并且散热器的传热系数也高于热水供暖系统，这样，蒸汽供暖系统所需散热器面积就小于热水供暖系统。但由于蒸汽供暖系统散热器表面温度高，易烧烤散热器上方的有机灰尘，产生异味，卫生条件不佳，因此限制了蒸汽供暖系统在民用建筑中的使用。

⑤ 由于蒸汽供暖系统间歇工作，管内蒸汽、空气交替出现，加剧了管道内壁的氧化腐蚀，尤其是凝结水管腐蚀更快，因此蒸汽系统的使用寿命比热水系统要短。

⑥ 蒸汽具有比体积大、密度小的特点，不会像热水供暖那样在系统中产生很大的水静压力，对设备的承压要求不高。此外，蒸汽供暖系统供汽时热得快，停汽时冷得也快，适用于间歇运行的用户，如会议厅、剧院等。

(2)蒸汽供暖系统的分类

蒸汽供暖

蒸汽供暖系统按照供汽压力的大小分为三类：供汽表压力高于 70kPa 时称为高压蒸汽供暖；供汽表压力等于或低于 70kPa 时称为低压蒸汽供暖；当系统中的压力低于大气压时，称为真空蒸汽供暖。其中真空蒸汽供暖因需要使用真空泵装置，系统复杂，在我国很少使用。

蒸汽供暖系统按照蒸汽干管布置的不同有上供式、中供式、下供式三种；按照立管的布置特点分为单管式和双管式两种，目前国内绝大多数蒸汽供暖系统采用双管式；按照回水动力不同可分为重力回水和机械回水两类，高压蒸汽供暖系统都采用机械回水方式。

(3)重力回水低压蒸汽供暖系统

重力回水低压蒸汽供暖系统如图 2-8 所示，在系统运行前，锅炉充水至Ⅰ—Ⅰ平面。锅炉加热后产生的蒸汽在自身压力作用下克服流动阻力沿供汽管道输送到散热器内，并将积聚在供汽管道和散热器内的空气驱入凝水管，最后经连接在凝水管末端的排气阀将空气排出。蒸汽在散热器内冷凝放热，凝水靠重力作用沿凝水管路返回锅炉。

(4)机械回水低压蒸汽供暖系统

图 2-9 是机械回水低压蒸汽供暖系统示意图，其机械回水系统是一个开式系统，凝水不直接返回锅炉，而首先进入凝水箱，然后再用凝水泵将水送回锅炉重新加热。在低压蒸汽供暖系

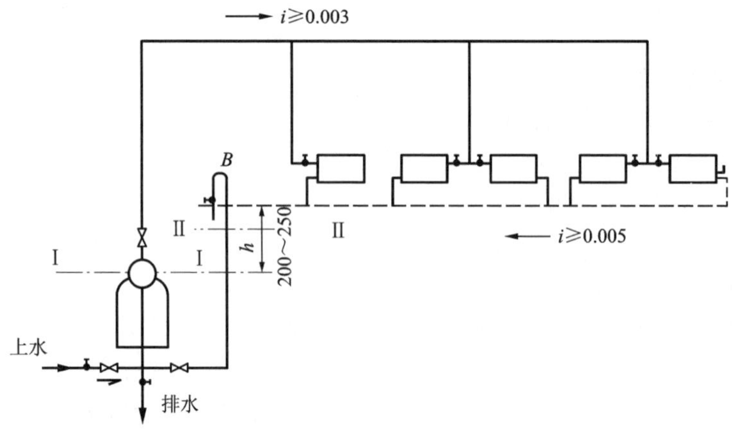

图 2-8　重力回水低压蒸汽供暖系统

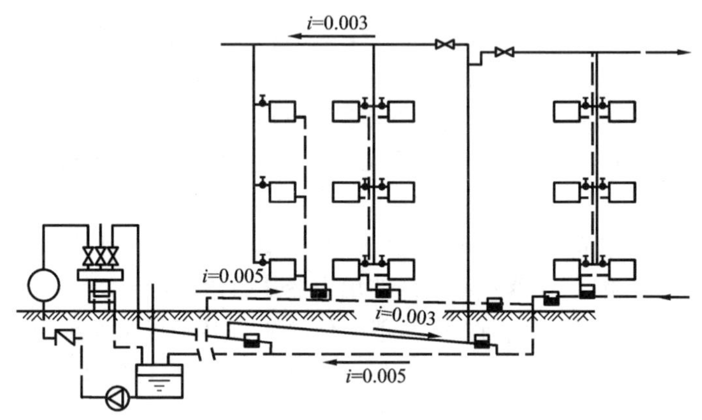

图 2-9　机械回水低压蒸汽供暖系统

统中，凝水箱布置应低于所有散热器和凝水管，进凝水箱的凝水干管应作顺流向下的坡度，以便从散热器流出的凝水靠重力作用流入凝水箱。

(5)高压蒸汽供暖系统

图 2-10 是高压蒸汽供暖系统示意图。室内各供暖系统的蒸汽在散热器内冷凝放热，凝结水沿凝水管道流动，经疏水器后汇流到凝水箱，最后用凝结水泵压送回锅炉重新加热。

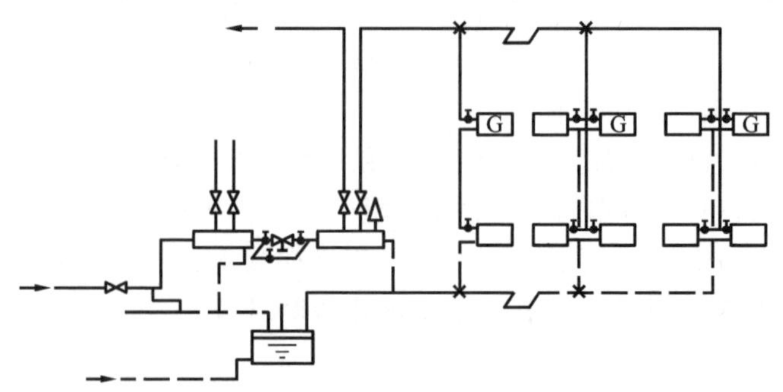

图 2-10　高压蒸汽供暖系统

4. 热风供暖系统

(1)热风供暖系统的特点

热风供暖系统所用热媒可以是室外的新鲜空气，也可以是室内再循环空气，或者是两者的混合体。若热空气是室内再循环空气，系统为闭式循环时，该系统属于热风供暖；若热媒是室外新鲜空气，或是室内外空气的混合物时，热风供暖应与建筑通风统筹考虑。

(2)热风供暖系统的形式

热风供暖有集中送风、管道送风、暖风机等多种形式，在采用室内空气再循环的热风供暖系统时，最常用的是暖风机供暖方式。

(3)暖风机的布置

暖风机的布置原则是力求使房间内的空气温度分布均匀。因此，布置暖风机须根据房间的几何形状、工艺设备的布置情况以及暖风机气流的作用范围等，兼顾以下几个方面：

① 宜使暖风机的射程互相衔接，在供暖空间形成一个总的空气环流。

② 不应将暖风机布置在外墙上垂直向室内吹送，以避免加大室内冷空气渗透量。

③ 应注意暖风机的送风温度不能太低，也不能过高，一般为 35～55℃，以防工作人员产生“吹冷风”或“过热风”的不舒适感。

④ 暖风机的布置距离应根据其射程大小考虑。对于大型暖风机，由于其出风口的速度和风量都很大，所以多沿车间长度方向布置，出风口离侧墙的距离不应小于 4m，气流射程不应小于供暖区的长度，且应注意不使气流直接吹向工作区，而应使工作区处于气流回流区。在射程区域内不得有高大构筑物和设备的遮挡。

暖风机的布置方案很多，常用的布置形式有对吹式、斜吹式和顺吹式，如图 2-11 所示。

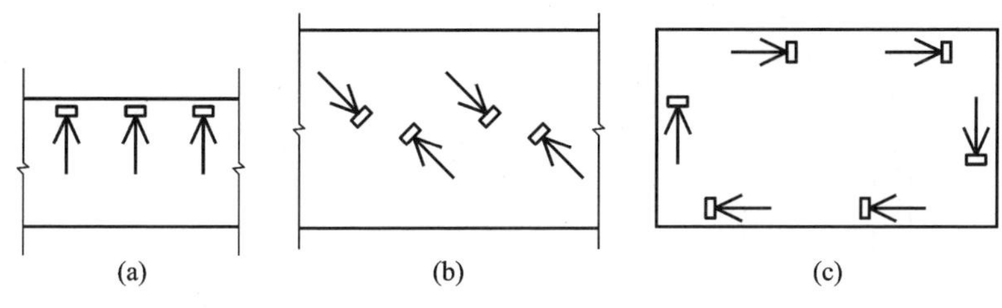

图 2-11　暖风机的布置形式

(a)对吹式；(b)斜吹式；(c)顺吹式

5. 供暖系统的主要设备

供暖设备

供暖系统中热媒是通过供暖房间内设置的散热设备而传热的。目前常用的设备有散热器、暖风机和辐射板。

(1)散热器

散热器是安装在供暖房间内的散热设备，热水或蒸汽在散热器内流过，它们所携带的热量便通过散热器以对流、辐射方式不断地传给室内空气，达到供暖的目的。常见的散热器类型有：

①铸铁散热器

铸铁散热器由铸铁浇铸而成，结构简单，具有耐腐蚀、使用寿命长、热稳定性好等特点，被广泛应用。工程中常用的铸铁散热器有翼形和柱形两种。

a. 翼形散热器　翼形散热器又分为圆翼形和长翼形，外表面有许多肋片，如图 2-12 所示。

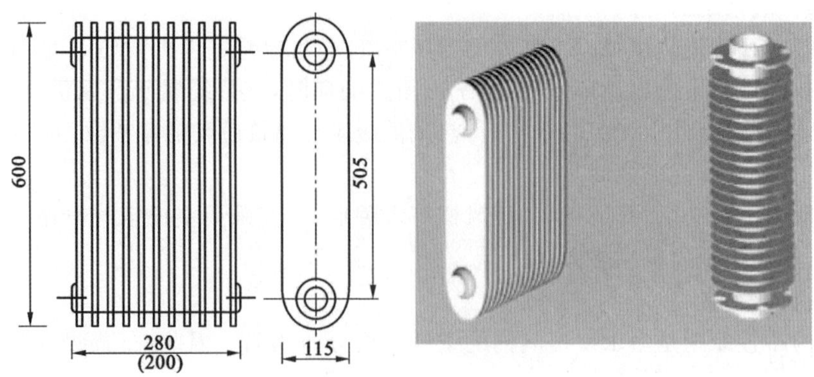

图 2-12　翼形散热器

翼形散热器承压能力低，易积灰，外形不是很美观，不易组成所需散热面积，适用于散发腐蚀性气体的厂房和湿度较大的房间以及工厂中面积大而又少尘的车间。（**思政 tips**：我国已将灰铸铁长翼形散热器列为限制产品，灰铸铁圆翼列为淘汰产品。）

b. 柱形散热器　柱形散热器是呈柱状的单片散热器，每片各有几个中空的立柱相互连通，常用的有二柱和四柱散热器两种。片与片之间用正反螺丝来连接，根据散热面积的需要，可把各个单片组合在一起形成一组散热器，如图 2-13 所示。每组片数不宜过多，一般二柱不超过 20 片，四柱不超过 25 片。我国目前常用的柱形散热器有带脚和不带脚两种片型，便于落地或挂墙安装。柱形散热器传热系数高，外形也较美观，占地较少，易组成所需的散热面积，表面光滑易清扫，因此被广泛用于住宅和公共建筑中。

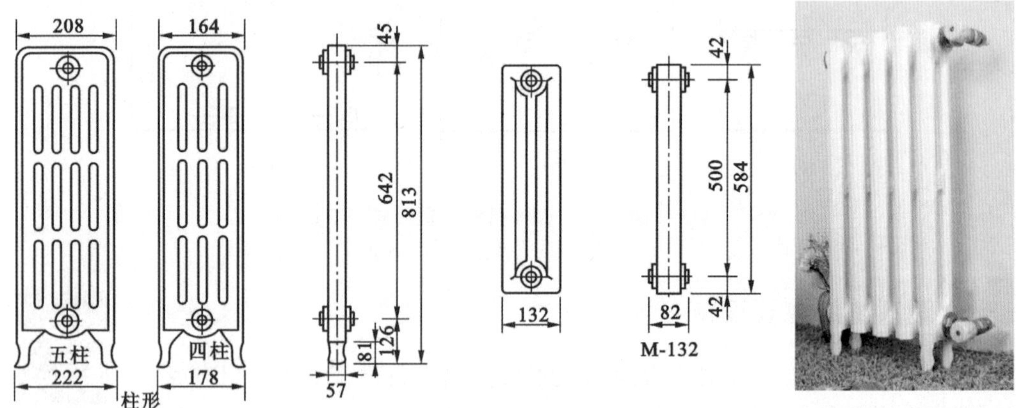

图 2-13　柱形散热器

②钢制散热器

钢制散热器与铸铁散热器相比具有金属耗量少、耐压强度高、外形美观整洁、体积小、占地少、易于布置等优点，但易受腐蚀，使用寿命短，多用于高层建筑和高温水供暖系统中，不能用于蒸汽供暖系统，也不宜用于湿度较大的供暖房间内。钢制散热器的主要形式有闭式钢串片散热器（图 2-14）、板式散热器（图 2-15）和钢制柱式散热器等。

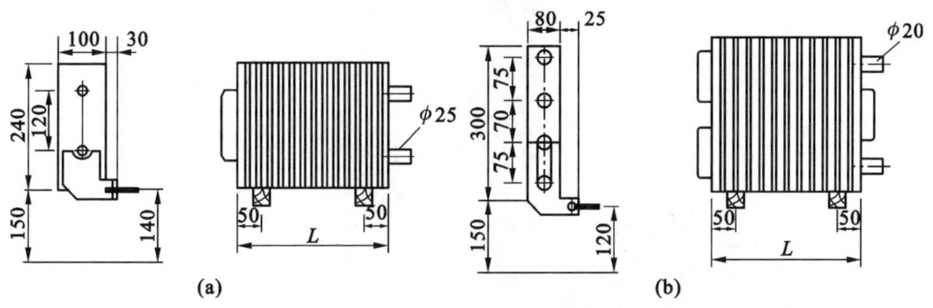

图 2-14　闭式钢串片散热器

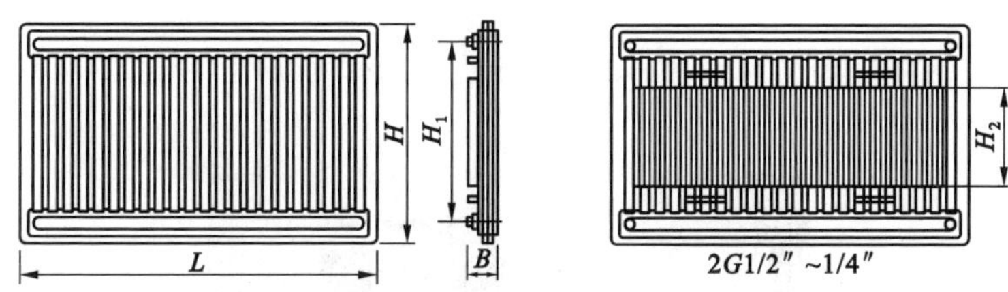

图 2-15　板式散热器

闭式钢串片散热器的优点是承压高，体积小，质量轻，容易加工，安装简单，维修方便；缺点是薄钢片间距密、不易清扫，耐腐蚀性差，串片容易松动，长期使用会导致传热性能下降。

钢制柱式散热器的构造与铸铁散热器相似。

板式散热器外形美观，散热效果好，节省材料，但承压能力低。

③ 铝合金散热器

铝合金散热器是近年来我国工程技术人员在总结汲取国内外经验的基础上，潜心开发的一种新型、高效散热器。其造型美观大方，线条流畅，占地面积小，富有装饰性；其质量约为铸铁散热器的十分之一，便于运输安装；其金属热强度高，约为铸铁散热器的六倍；节省能源，采用内防腐处理技术。

④ 复合材料型铝制散热器

复合材料型铝制散热器是普通铝制散热器发展的一个新阶段。随着科技发展与技术进步，从 21 世纪开始，铝制散热器采用主动防腐技术。所谓主动防腐，主要有两个办法：一个是规范供热运行管理，控制水质。对钢制散热器主要控制含氧量，停暖时充水密闭保养；对铝制散热器主要控制 pH 值。另一个方法是采用耐腐蚀的材质，如铜、钢、塑料等。铝制散热器于是发展到复合材料型，如铜-铝复合、钢-铝复合、铝-塑复合等。这些新产品适用于任何水质，耐腐蚀，使用寿命长，是轻型、高效、节材、节能、美观、耐用、环保产品。

⑤ 装饰型散热器

装饰型散热器如图 2-16 所示。最简单的基本结构形式：一排金属管两端与联箱焊接而成。联箱端头可设 2～4 个进出水口内螺纹接头。金属管有横排，也有竖排。金属管有圆管、扁管和异形管。金属管材有钢的、铝的和铜的。在我国，钢管管壁≥2.5mm 可不考虑内防腐；钢管管壁≤2.0mm 应作内防腐处理；铝管应作内防腐处理。

图 2-16　装饰型散热器

⑥ 散热器的布置

a. 散热器宜安装在外墙窗台下，当安装或布置管道有困难时，也可靠内墙安装，如图 2-17 所示。

图 2-17　散热器的布置

b. 两道外门之间的门斗内，不应设置散热器。

c. 楼梯间的散热器宜布置在底层或按一定比例分配在下部各层。

(2)暖风机

暖风机是由吸风口、风机、空气加热器和送风口等联合构成的通风供暖联合机组，如图 2-18、图 2-19 所示。在风机的作用下，室内空气由吸风口进入机体，经空气加热器加热变成热风，然后经送风口送至室内，以维持室内一定的温度。

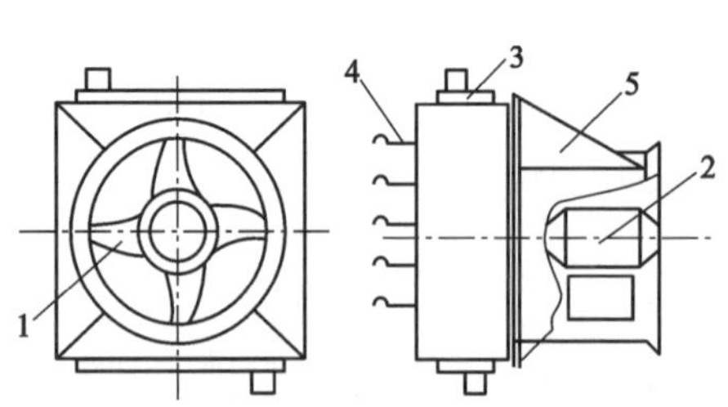

图 2-18　NC 型暖风机

1—轴流式风机；2—电动机；3—加热器；4—百叶板；5—支架

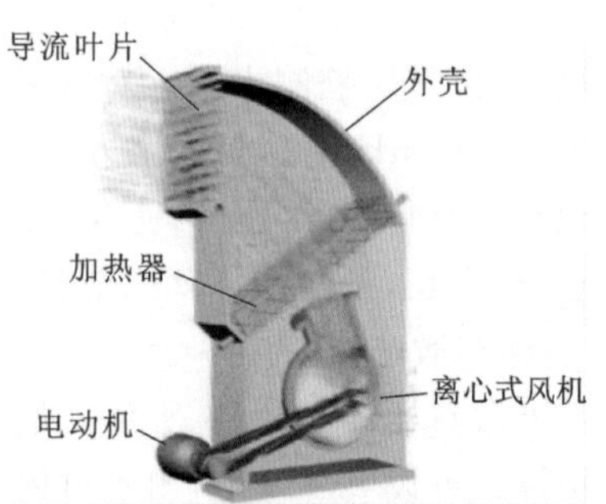

图 2-19　NBL 型离心式暖风机

暖风机分为轴流式与离心式两种，常称小型暖风机和大型暖风机。根据其结构特点及适用热媒的不同，又有蒸汽暖风机、热水暖风机、蒸汽热水两用暖风机和冷热水两用的冷暖风机。

轴流式暖风机体积小，送风量和产热量大，金属耗量少，结构简单，安装方便，用途多样；但它的出风口送出的气流射程短，出口风速小。这种暖风机一般悬挂或通过支架固定在墙或柱子上，热风经出风口处百叶板调节，直接吹向工作区。

离心式暖风机是用于集中输送大量热风的供暖设备。由于其配用的风机为离心式，拥有较多的剩余压头和较高的出风速度，所以它比轴流式暖风机气流射程长，送风量和产热量大；可大大减少温度梯度，减少屋顶热耗；减少了占用的面积和空间；便于集中控制和维修。

(3)钢制辐射板

供暖所用的散热器是以对流和辐射两种方式进行散热的。如前所述，一般铸铁散热器主要以对流散热为主，对流散热占总散热量的75%左右。用暖风机供暖时，对流散热几乎占100%。而辐射板主要是依靠辐射传热的方式，尽量放出辐射热(还伴随着一部分对流热)，使一定的空间里有足够的辐射强度，以达到供暖的目的。根据辐射散热设备的构造不同可分为单体式的(块状、带状辐射板，红外线辐射器)和与建筑物构造相结合的辐射板(顶棚式、墙面式、地板式等)。

地暖和散热器供暖

(4)热水供暖系统的设备

① 膨胀水箱

膨胀水箱的作用是用来贮存热水供暖系统加热的膨胀水量，在自然循环上供下回式系统中还起着排气作用。膨胀水箱的另一个作用是恒定供暖系统的压力。

膨胀水箱一般用钢板制成，通常是圆形或矩形。箱上连有膨胀管、溢流管、信号管、排水管及循环管等管路。

在自然循环系统中，膨胀管与供暖系统管路的连接点应接在供水总立管的顶端，除了能容纳系统的膨胀水量外，它还是系统的排气设备。在机械循环系统中，一般接至循环水泵吸入口前。该点处的压力，无论在系统不工作或运行时都是恒定的，此点称为定压点。

膨胀水箱在系统中的安装位置如图2-20所示。

膨胀管——膨胀水箱设在系统最高处，系统的膨胀水通过膨胀管进入膨胀水箱。自然循环系统膨胀管接在供水总立管的上部；机械循环系统膨胀管接在回水干管循环水泵入口前。膨胀管不允许设置阀门，以免偶然关断使系统内压力增高而发生事故。

循环管——为了防止水箱内的水冻结，膨胀水箱需设置循环管。在机械循环系统中，连接点与定压点应保持1.5～3.0m的距离，以使热水能缓慢地在循环管、膨胀管和水箱之间流动。循环管上也不应设置阀门，以免水箱内的水冻结。

溢流管——用于控制系统的最高水位，当水的膨胀体积超过溢流管口时，水溢出就近排入排水设施中。溢流管上也不允许设置阀门，以免偶然关闭而使水从人孔处溢出。

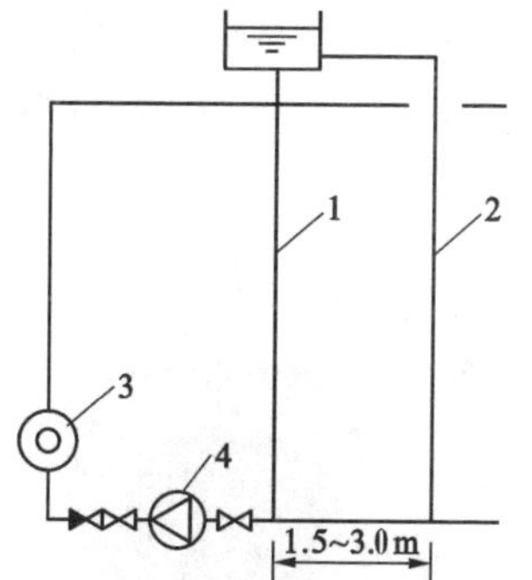

图2-20 膨胀水箱与机械循环系统的连接方式

1—膨胀管；2—循环管；3—锅炉；4—循环水泵

信号管——用于检查膨胀水箱水位，决定系统是否需要补水。信号管控制系统的最低水位应接至锅炉房内或人们容易观察的地方，信号管末端应设置阀门。

排水管——用于清洗、检修时放空水箱用，可与溢流管一起就近接入排水设施，其上应安装阀门。

②集气罐

集气罐一般是用直径 ϕ100～250 的钢管焊制而成的，分为立式和卧式两种，如图 2-21 所示。集气罐顶部连接直径 ϕ15 的排气管，排气管引至附近的排水设施处，排气管另一端装有阀门，排气阀应设在便于操作处。

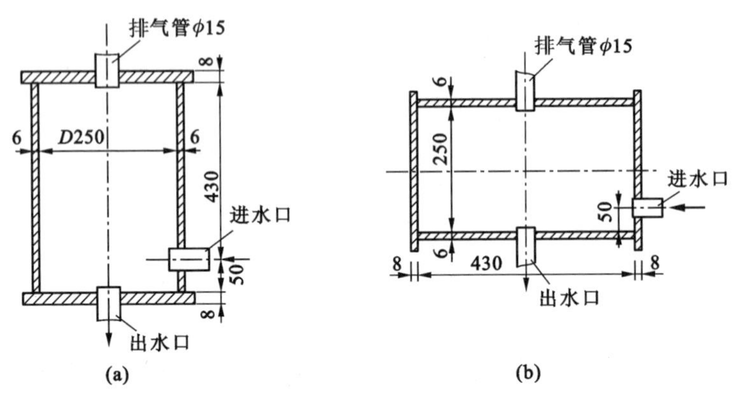

图 2-21 集气罐

集气罐一般设于系统供水干管末端的最高处，供水干管应向集气罐方向设上升坡度以使管中水流方向与空气气泡的浮升方向一致，以利于空气聚集到集气罐的上部，定期排除。当系统充水时，应打开排气阀，直至有水从管中流出时方可关闭排气阀。系统运行期间，应定期打开排气阀排除空气。

③ 自动排气罐

自动排气罐靠本体内的自动机构使系统中的空气自动排出系统外。目前国内出现了不少新型自动排气罐，图 2-22 所示是铸铁自动排气罐，它的工作原理是依靠罐内水的浮力自动打开排气阀。罐内无空气时，系统中的水流入罐体将浮漂浮起。浮漂上的耐热橡皮垫将排气口封闭，使水流不出去。当系统中的气体汇集到罐体上部时，罐内水位下降使浮漂离开排气口将空气排出。空气排出后，水位和浮漂重又上升将排气口关闭。

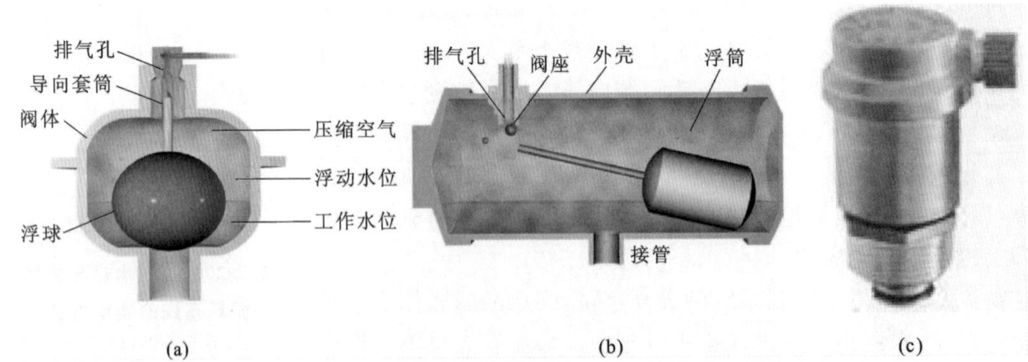

图 2-22 自动排气罐

(a)立式自动排气罐；(b)卧式自动排气罐；(c)实物图

④ 手动排气阀

手动排气阀适用于公称压力 $P\leqslant 600$kPa，工作温度≤100℃的水或蒸汽供暖系统的散热器上。多用于水平式和下供下回式系统中，旋紧在散热器上部专设的丝孔上，以手动方式排除空气。

⑤ 除污器

除污器是一种钢制筒体，它可用来截流、过滤管路中的杂质和污物，以保证系统内水质洁净，减少阻力，防止堵塞压板及管路。除污器一般应设置于供暖系统入口调压装置前、锅炉房循环水泵的吸入口前和热交换设备入口前。

⑥ 散热器温控阀

这是一种自动控制散热器散热量的设备，如图 2-23 所示，它由阀体部分和感温元件部分组成。当室内温度高于给定的温度值时，感温元件受热，其顶杆压缩阀杆，将阀口关小，进入散热器的水流量会减小，散热器的散热量也会减小，室温随之降低。当室温下降到设置的低限值时，感温元件开始收缩，阀杆靠弹簧的作用抬起，阀孔开大，水流量增大，散热器散热量也随之增加，室温开始升高。控温范围在 13～28℃，温控误差为±1℃。（**思政 tips**：*安装了温控阀，用户能根据自己的需求调节温度，节能且能提高室内舒适度，与平衡阀配合使用可以节能 20%～30%。*）

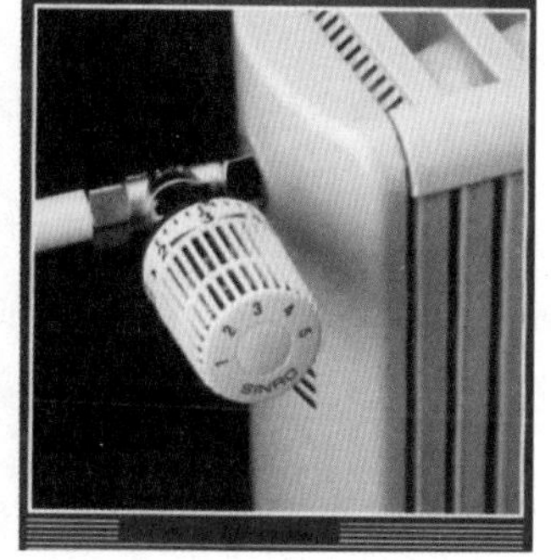

图 2-23 温控阀

(5)蒸汽供暖系统的设备

① 疏水器

蒸汽疏水器的作用是自动而且迅速地排出用热设备及管道中的凝水，并能阻止蒸汽逸漏。在排出凝水的同时，排出系统中积留的空气和其他非凝性气体。疏水器的工作状况对蒸汽供热系统运行的可靠性与经济性影响极大，必须十分重视。对疏水器的要求应包括：排凝水量大，漏蒸汽量小，能排出空气；能承受一定的背压，要求较小的凝水入口压力和凝水进出口压差，对凝水流量、压力、温度的适应性广，可以在凝水流量、压力、温度等波动的较大范围内工作而不需经常地人工调节；疏水器体积小，质量轻，有色金属耗量少，价格便宜，结构简单，可活动部件少，长期运行稳定，维修量少且费用低，寿命长，不怕垢渣，不怕冻裂等。按其工作原理分为机械型疏水器、热动力型疏水器和恒温型疏水器。

机械型疏水器主要有浮筒式、钟形浮子式和倒吊筒式，这种类型的疏水器是利用蒸汽和凝结水的密度差，以及利用凝结水的液位变化来控制疏水器排水孔自动启闭工作的。图 2-24 所示为机械型浮筒式疏水器，当凝结水进入疏水器外壳内，使壳内水位升高时浮筒浮起，将阀孔关闭，凝结水继续流入浮筒。当水即将充满浮筒时，浮筒下沉使阀打开，凝结水借蒸汽压力排到凝水管外。当凝结水排出一定数量后，浮筒的总质量减轻，浮筒再度浮起又将阀孔关闭，如此反复。

热动力式疏水器主要有脉冲式、圆盘式和孔板式等。这种类型的疏水器是利用相变原理靠蒸汽和凝结水热动力学(流动)特性的不同来工作的。图 2-25 所示是圆盘式疏水器，当凝结水流入孔 A 时，靠圆盘形阀片上下的压差顶开阀片 2，水经环形槽 B 从向下开的小孔排出。由于凝结水的比热容几乎不变，凝结水流动通畅，阀片常开连续排水。

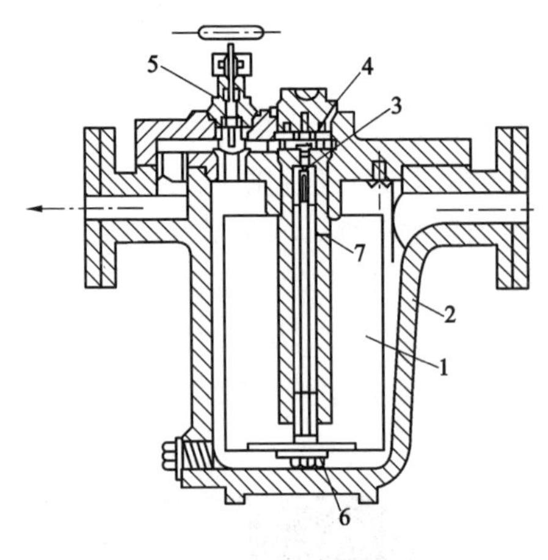

图 2-24　浮筒式疏水器

1—浮筒；2—外壳；3—顶针；4—阀孔；
5—放气阀；6—可换重块；7—水封套筒上的排气孔

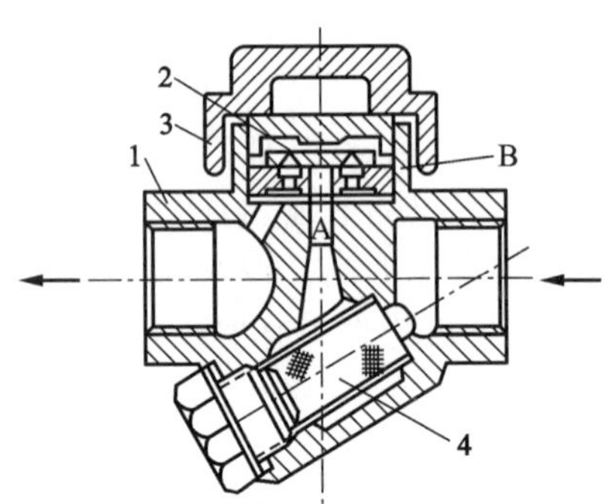

图 2-25　圆盘式疏水器

1—阀体；2—阀片；3—阀盖；4—过滤器

恒温型疏水器主要有双金属片式、波纹管式和液体膨胀式等，这种类型的疏水器是靠蒸汽和凝结水的温度差引起恒温元件膨胀或变形工作的。图 2-26 是一种温调式疏水器，它的动作部件是一个波纹管的温度敏感元件。波纹管内部充入易蒸发的液体，当具有饱和温度的凝结水通过时，由于凝结水温度较高，使液体的饱和压力增高，波纹管轴向伸长带动阀芯关闭凝水通路，防止蒸汽逸漏。当疏水器的凝水向四周散热温度下降时，液体饱和压力下降，波纹管收缩打开阀，凝结水流出。

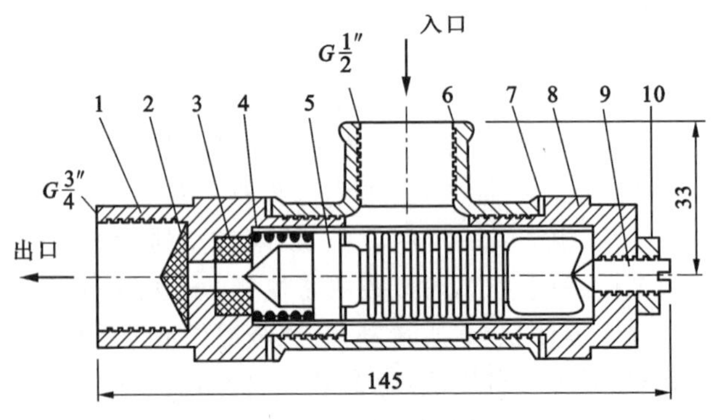

图 2-26　温调式疏水器

1—大管接头；2—过滤网；3—网座；4—弹簧；5—温度敏感元件；
6—三通；7—垫片；8—后盖；9—调节螺钉；10—锁紧螺母

选择疏水器时，要求疏水器在单位压降凝结水排量大，漏汽量小，并能顺利排除空气，对凝结水流量、压力和温度波动的适应性强，而且结构简单，活动部件少，便于维修，体积小，金属耗量少，使用寿命长。

②减压阀

减压阀靠启闭阀孔对蒸汽进行节流达到减压的目的。减压阀应能自动地将阀后压力维持在一定范围内，工作时无振动，完全关闭后不漏汽。由于供汽压力的波动和用热设备工作情况的改变，减压阀前后的压力可能是经常变化的。使用节流孔板和普通阀门也能减压，但当蒸汽压力波动时需要专人管理来维持阀后需要的压力不变，显然这是很不方便的。因此，除非在特殊情况下，例如供暖系统的热负荷较小、散热设备的耐压程度高或者外网供汽压力不高于用热设备的承压能力时，可考虑采用截止阀或孔板来减压。在一般情况下应采用减压阀。

目前国产减压阀有活塞式、波纹管式和薄片式等几种形式。图 2-27 所示为波纹管减压阀，它靠通往波纹箱 1 的阀后蒸汽压力和阀杆下的调节弹簧 2 的弹力平衡来调节主阀的开启度，压力波动范围在±0.025MPa 以内，阀前与阀后的最小调节压差为 0.025MPa。

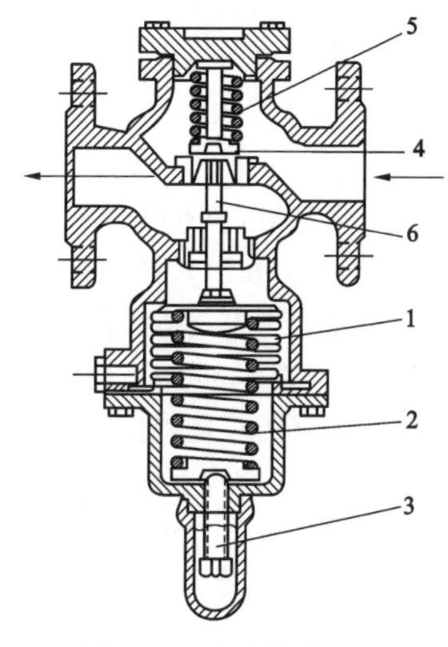

图 2-27　波纹管减压阀

1—波纹箱；2—调节弹簧；3—调整螺钉；4—阀瓣；5—辅助弹簧；6—阀杆

③其他凝水回收设备

a. 水箱

水箱用以收集凝水，有开式（无压）和闭式（有压）两种。

水箱容积一般应按各用户的 15～20min 最大小时凝水量设计。当凝水泵无自动启动和停车装置时，水箱容积应适当增大到 30～40min 最大小时凝水量。在热源处的总凝水箱也可做到 0.5～1.0h 的最大小时凝水量容积。水箱一般只做一个，用 3～10mm 厚的钢板制成。

b. 二次蒸发箱

它的作用是将用户内各用汽设备排出的凝水在较低的压力下分离出一部分二次蒸汽，并靠箱内一定的蒸汽压力输送二次汽至低压用户。二次蒸发箱的构造简单，是一个圆形耐压罐。高压含汽凝水沿切线方向的管道进入箱内，由于速度降低及旋转运动的分离作用使水向下流动进入凝水管，而蒸汽被分离出来，在水面以上引出加以利用。

任务一练习题

请完成本任务的练习题，习题答案与解析请查看本模块末。

习题 1：下列膨胀水箱的配管中可以加阀门的是（　　）。

A. 溢流管　　B. 膨胀管

C. 循环管　　D. 排出管

习题 2：楼梯间的散热器尽量布置在（　　）。

A. 顶层　　B. 底层　　C. 随便哪层　　D. 中间层

习题 3：下列哪种形式最利于排气？（　　）

A. 上供下回式　　B. 下供下回式　　C. 下供上回式　　D. 上供上回式

习题 4:同程式供暖系统的优点在于(　　)。

A. 易于平衡　　B. 节省管材　　C. 易于调节　　D. 易于排气

习题 5:供暖系统中散热器支管常用(　　)的坡度。

A. 0.01　　B. 0.002　　C. 0.003　　D. 0.005

任务二　通风空调系统认识

学习目标

【素质】具备建筑通风空调领域的节能环保降碳和安全意识。

【知识】熟悉建筑通风、空调系统的组成,了解通风空调系统的管道和设备。

【能力】能够进行建筑通风空调系统施工图的识读。

工业建筑里,在各种金属的冶炼、铸造、锻压和热处理过程中要产生大量的热量;在选矿、烧结、建筑材料和耐火材料的生产过程中要产生大量的工业粉尘;在各种化学工业某些车间中要产生大量的有毒气体和蒸气;在工业生产过程中,伴随着某些产品的生产,将会有大量的热、湿(水蒸气)、粉尘和有毒气体产生。对这些有害物如果不采取防护措施,将会污染和恶化车间的空气和大气的环境,对工作人员的身体健康造成危害,也会妨碍机器设备的正常运转,甚至造成损坏,对产品的质量也有影响。民用建筑里,装修、家具及其他物品大量使用的合成材料,产生了各种挥发性有机物(甲醛、甲苯等),以及人体产生的 CO_2、水蒸气、尘埃、体味、微生物等污染物,降低了室内空气品质,污染了室内环境,直接影响到人们的身体健康。

一个卫生、安全、舒适的环境是由诸多因素决定的,它涉及热舒适、空气品质、光线、噪声和环境视觉效果等。其中空气品质是一个极为重要的因素。创造良好的空气环境条件(如温度、湿度、空气流速、洁净度等),对保障人们的健康、提高劳动生产率、保证产品质量是必不可少的。这一任务的完成,就是由通风和空气调节来实现的。

1. 通风的任务和意义

通风,就是用自然或机械的方法向某一房间或空间送入室外空气,或由某一房间或空间排出空气的过程。送入的空气可以是处理过的,也可以是不经处理的。换句话说,通风是利用室外空气(称为新鲜空气或新风)来置换建筑物内的空气(简称室内空气),以改善室内空气品质。(**思政 tips**:人的一生有 80%以上的时间是在室内度过的,室内通风能有效抑制病毒及细菌传播,所以办公及教学场所疫情防控,记得多开窗通风。)

通风的功能主要有:

(1)提供人呼吸所需要的氧气;

(2)稀释室内污染物或气味;

(3)排除室内工艺过程产生的污染物;

(4)除去室内多余的热量(称余热)或湿量(称余湿);

(5)提供室内燃烧设备燃烧所需的空气。

建筑中的通风系统可能只完成其中的一项或几项任务。其中利用通风除去室内余热和余湿的功能是有限的,它受室外空气状态的限制。

2. 通风系统的分类及组成

建筑通风系统的任务与分类

通风的主要目的是为了置换室内的空气,改善室内空气品质,是以建筑物内的污染物为主要控制对象的。根据换气方法不同可分为排风和送风。排风是在局部地点或整个房间把不符合卫生标准的污染空气直接或经过处理后排至室外;送风是把新鲜或经过处理的空气送入室内。对于为排风和送风设置的管道及设备等装置分别称为排风系统和送风系统,统称为通风系统。

此外,按照系统作用的范围大小还可分为全面通风和局部通风两类。通风方法按照空气流动的作用动力可分为自然通风和机械通风两种。在有可能突然释放大量有害气体或有爆炸危险生产厂房内还应设置事故通风装置。

(1)自然通风

自然通风是在自然压差作用下,使室内外空气通过建筑物围护结构的孔口流动的通风换气。根据压差形成的机理,可以分为热压作用下的自然通风、风压作用下的自然通风以及热压和风压共同作用下的自然通风。

① 热压作用下的自然通风

热压是由于室内外空气温度不同而形成的重力压差。如图 2-28 所示,当室内空气温度高于室外空气温度时,室内热空气因其密度小而上升,造成建筑内上部空气压力比建筑外大,空气从建筑物上部的孔洞(如天窗等)处逸出;同时在建筑下部压力变小,室外较冷而密度较大的空气不断地从建筑物下部的门、窗补充进来。这种以室内外温度差引起的压力差为动力的自然通风,称为热压差作用下的自然通风。

热压作用产生的通风效应又称为“烟囱效应”。“烟囱效应”的强度与建筑高度和室内外温差有关。一般情况下,建筑物越高,室内外温差越大,“烟囱效应”越强烈。

② 风压作用下的自然通风

当风吹过建筑物时,在建筑的迎风面一侧压力升高了,相对于原来大气压力而言,产生了正压;在背风侧产生涡流及在两侧空气流速增加,压力下降了,相对原来的大气压力而言,产生了负压。

建筑在风压作用下,具有正值风压的一侧进风,而在负值风压的一侧排风,这就是在风压作用下的自然通风。通风强度与正压侧与负压侧的开口面积及风力大小有关。如图 2-29 所示,建筑物在迎风的正压侧有窗,当室外空气进入建筑物后,建筑物内的压力水平就升高,而在背风侧室内压力大于室外,空气由室内流向室外,这就是我们通常所说“穿堂风”。

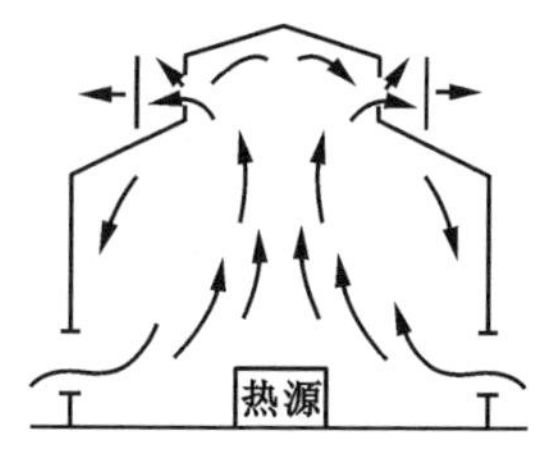

图 2-28 热压作用下的自然通风

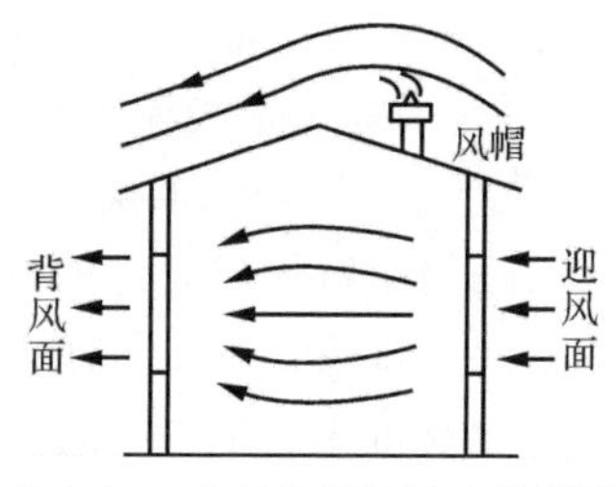

图 2-29 风压作用下的自然通风

③ 热压和风压共同作用下的自然通风

热压和风压共同作用下的自然通风可以简单认为它们是效果叠加的。建筑中压力分布规律究竟谁起主导作用呢？实测及原理分析表明：对于高层建筑，在冬季（室外温度低）时，即使风速很大，上层的迎风面房间仍然是排风的，热压起了主导作用；高度低的建筑，风速受邻近建筑影响很大，因此也影响了风压对建筑的作用。

风压作用下的自然通风与风向有着密切的关系。由于风向的转变，原来的正压区可能变为负压区，而原来的负压区可能变为正压区。风向不是人的意志所能控制的，并且大部分城市的平均风速较低。因此，由风压引起的自然通风的不确定因素过多，无法真正应用风压的作用原理来设计有组织的自然通风。虽然如此，仍应了解风压的作用原理，考虑它对通风空调系统运行和热压作用的自然通风的影响。

(2)机械通风

依靠通风机提供的动力迫使空气流通来进行室内外空气交换的方式叫作机械通风。

与自然通风相比，机械通风具有以下优点：送入车间或工作房间内的空气可以经过加热或冷却，加湿或减湿的处理；从车间排除的空气，可以进行净化除尘，保证工厂附近的空气不被污染；能够按满足卫生和生产的要求造成房间内人为的气象条件；可以将吸入的新鲜空气按照需要送到车间或工作房间内各个地点，同时也可以将室内污浊的空气和有害气体从产生地点直接排除到室外去；通风量在一年四季中都可以保持平衡，不受外界气候的影响，必要时，根据车间或工作房间内生产与工作情况，还可以任意调节换气量。但是，机械通风系统中需设置各种空气处理设备、动力设备（通风机），各类风道、控制附件和器材，故初次投资和日常运行维护管理费用远大于自然通风系统；另外，各种设备需要占用建筑空间和面积，并需要专门人员管理，通风机还将产生噪声。

机械通风可根据有害物分布的状况，按照系统作用范围大小分为局部通风和全面通风两类。局部通风包括局部送风系统和局部排风系统；全面通风包括全面送风系统和全面排风系统。

① 局部通风

利用局部的送、排风控制室内局部地区的污染物的传播或控制局部地区的污染物浓度达到卫生标准要求的通风叫作局部通风。局部通风又分为局部排风和局部送风。

a.局部排风系统　直接从污染源处排除污染物的一种局部通风方式。当污染物集中于某处发生时，局部排风是最有效的治理污染物对环境危害的通风方式。如果这种场合采用全面通风方式，反而使污染物在室内扩散；当污染物发生量大时，所需的稀释通风量则过大，甚至在实际上难以实现。

图 2-30 为局部机械排风示意图和实物图。系统由排风罩、通风机、空气净化设备、风管和排风帽组成。排风罩——用于捕集污染物的设备，是局部排风系统中必备的部件。通风机——在机械排风系统中提供空气流动动力。风管——空气输送的通道，根据污染物的性质，可以是钢板、玻璃钢、聚氯乙烯板、混凝土、砖砌体等。空气净化设备——用于防止对大气污染，当排风中含有污染物超过规范允许的排放浓度时，必须进行净化处理；如果不超过排放浓度，可以不设净化设备。排风口——排风的出口，有风帽和百叶窗两种。当排风温度较高且危害性不大时，可以不用风机输送空气，而依靠热压和风压进行排风，这种系统称为局部自然排风系统。

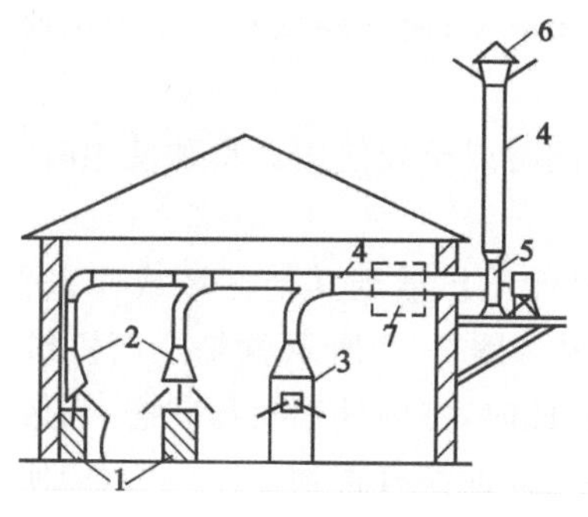

图 2-30 局部机械排风系统和实物图

1—工艺设备;2—排风罩;3—排气柜;4—风管;
5—通风机;6—排风帽;7—空气净化设备

b. 局部送风系统　在一些大型的车间中,尤其是有大量余热的高温车间,采用全面通风已经无法保证室内所有地方都达到适宜的温度。在这种情况下,可以向局部工作地点送风,造成对工作人员温度、湿度、清洁度合适的局部空气环境,这种通风方式叫作局部送风。直接向人体送风的方法又叫岗位吹风或空气淋浴。

图 2-31 为车间局部送风示意图和实物图。将室外新风以一定风速直接送到工人的操作岗位,使局部地区空气品质和热环境得到改善。当有若干个岗位需局部送风时,可合为一个系统。当工作岗位活动范围较大时,可采用旋转风口进行调节。夏季需对新风进行降温处理,应尽量采用喷水的冷却方式;如无法达到要求,则采用人工制冷。有些地区室外温度并不太高,可以只对新风进行过滤处理。冬季采用局部送风时,应将新风加热到 18~25℃。

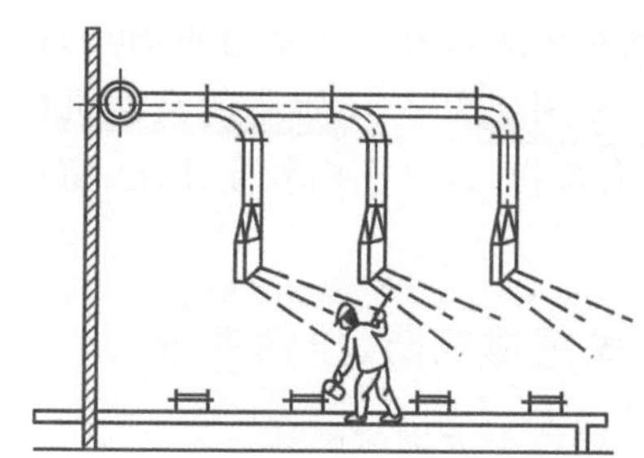

图 2-31 局部机械送风系统和实物图

在工艺不忌细小雾滴的中、重作业的高温车间中还可以直接用喷雾的轴流风机(喷雾风扇)进行局部送风。喷雾风扇实质上是装有甩水盘的轴流风机,自来水向甩水盘供水,高速旋转的甩水盘将水甩出形成雾滴,雾滴在送风气流中蒸发,从而冷却了送风气流。未蒸发的雾滴落在人身上,有"人造汗"的作用,因此可以在一定程度上改善高温车间中工作人员的条件。

② 全面通风

全面通风又称稀释通风,原理是向某一房间送入清洁新鲜空气,稀释室内空气中的污染物的浓度,同时把含污染物的空气排到室外,从而使室内空气中污染物的浓度达到卫生标准的要求。

由于生产条件的限制,不能采用局部通风或采用局部通风后室内空气环境仍然不符合卫生和生产要求时,可以采用全面通风。全面通风适用于:有害物产生位置不固定的地方;面积较大或局部通风装置影响操作;有害物扩散不受限制的房间或一定的区段内。这就是允许有害物散入室内，同时引入室外新鲜空气稀释有害物浓度，使其降低到合乎卫生要求的允许浓度范围内，然后再从室内排出去。

全面通风包括全面送风和全面排风，两者可同时或单独使用。单独使用时需要与自然送、排风方式相结合。

a. 全面排风　为了使室内产生的有害物尽可能不扩散到其他区域或邻室去，可以在有害物比较集中产生的区域或房间采用全面机械排风。图 2-32 所示就是全面机械排风。在风机作用下，将含尘量大的室内空气通过引风机排除，此时，室内处于负压状态，而较干净的一般不需要进行处理的空气从其他区域、房间或室外补入以冲淡有害物。图 2-32(a)所示是在墙上装有轴流风机的最简单全面排风。图 2-32(b)所示是室内设有排风口，含尘量大的室内空气从专设的排气装置排入大气的全面机械排风系统。

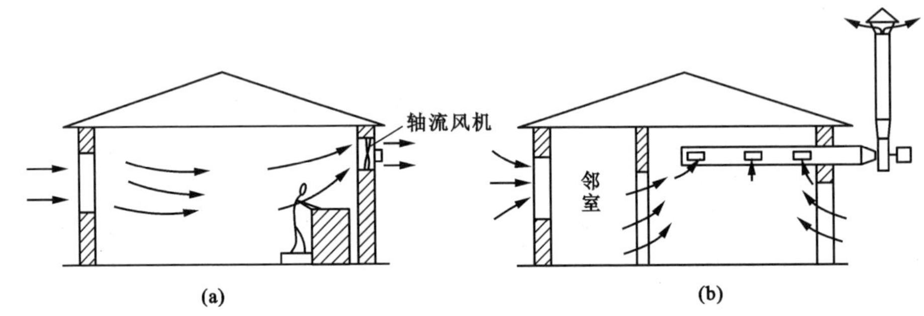

图 2-32　全面机械排风系统

b. 全面送风　当不希望邻室或室外空气渗入室内，而又希望送入的空气是经过简单过滤、加热处理的情况下，多用如图 2-33 所示的全面机械送风系统来冲淡室内有害物，这时室内处于正压，室内空气通过门窗排到室外。

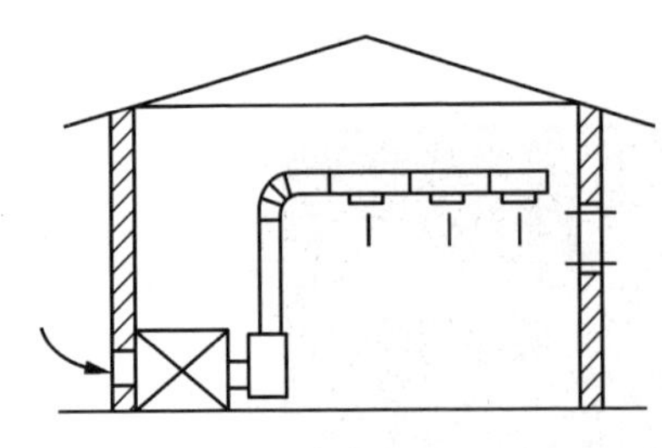

图 2-33　全面机械送风系统

3. 民用建筑防、排烟系统

(1)建筑火灾烟气的特性

火灾是一种多发性灾难，它导致巨大的经济损失和人员伤亡。建筑物一旦发生火灾，就有大量的烟气产生，这是造成人员伤亡的主要原因。了解火灾烟气的主要特性是控制烟气的前提。

① 烟气的毒害性

烟气中的 CO、HCN、NH_3 等都是有毒性的气体；另外，大量的 CO_2 气体及燃烧后消耗了空气中大量氧气，会引起人体缺氧而窒息。烟粒子被人体的肺部吸入后，也会造成危害。空气中含氧量≤6%，或 CO_2 浓度≥20%，或 CO 浓度≥1.3%时，都会在短时间内致人死亡。有些气体有剧毒，少量即可致死，如光气 $COCl_2$ 浓度≥50×10^{-6}时，在短时间内就能致人死亡。

② 烟气的高温危害

火灾时物质燃烧产生大量热量，使烟气温度迅速升高。火灾初起(5～20min)烟气温度可达 250℃；随后由于空气不足，温度有所下降；当窗户爆裂，燃烧加剧，短时间内温度可达 500℃。燃烧的高温使火灾蔓延，使金属材料强度降低，导致结构倒塌、人员伤亡。高温还会使人昏厥、灼伤。

③ 烟气的遮光作用

当光线通过烟气时，致使光强度减弱，能见距离缩短，称之为烟气的遮光作用。能见距离是指人肉眼看到光源的距离。能见距离缩短不利于人员的疏散，使人感到恐慌，造成局面混乱，自救能力降低；同时也影响消防人员的救援工作。实际测试表明，在火灾烟气中，对于一般发光型指示灯或窗户透入光的能见距离仅为0.2～0.4m，对于反光型指示灯仅为0.07～0.16m。如此短的能见距离，不熟悉建筑物内部环境的人就无法逃生。

建筑火灾烟气是造成人员伤亡的主要原因。因为烟气中的有害成分或缺氧使人直接中毒或窒息死亡；烟气的遮光作用又使人逃生困难而被困于火灾区。日本1976年的统计表明，1968—1975年8年中火灾死亡10667人，其中因中毒和窒息死亡5208人，占48.8%，火烧致死4936人，占46.3%。在烧死的人中多数也是因CO中毒晕倒后被烧致死的。烟气不仅造成人员伤亡，也给消防队员扑救带来困难。因此，火灾发生时应当及时对烟气进行控制，并在建筑物内创造无烟（或烟气含量极低）的水平和垂直的疏散通道或安全区，以保证建筑物内人员安全疏散或临时避难和消防人员及时到达火灾区扑救。（**思政tips：**火灾事故说明，烟气是造成建筑火灾人员伤亡的主要因素。一切事故应防患于未然，提高建筑防排烟意识才能加强建筑防排烟措施，才能真正有效减少及杜绝人员伤亡。）

(2)防烟和排烟

烟气控制的主要目的是在建筑物内创造无烟或烟气含量极低的疏散通道或安全区。烟气控制的实质是控制烟气合理流动，也就是使烟气不流向疏散通道、安全区和非着火区，而向室外流动。主要方法有隔断或阻挡、疏导排烟和加压防烟。下面简单介绍这三种方法的基本原则。

① 隔断或阻挡

墙、楼板、门等都具有隔断烟气传播的作用。为了防止火势蔓延和烟气传播，建筑中必须划分防火分区和防烟分区。所谓防火分区，是指用防火墙、楼板、防火门或防火卷帘等分隔的区域，可以将火灾限制在一定局部区域内（在一定时间内），不使火势蔓延。当然，防火分区的隔断同样也对烟气起了隔断作用。所谓防烟分区，是指在设置排烟措施的过道、房间中用隔墙或其他措施（可以阻挡和限制烟气的流动）分隔的区域。防烟分区在防火分区中分隔。防火分区、防烟分区的大小及划分原则参见《建筑设计防火规范》(GB 50016—2014)。防烟分区分隔的方法除隔墙外，还有顶棚下凸不小于500mm的梁、挡烟垂壁和吹吸式空气幕。图2-34为挡烟垂壁。

② 自然排烟

利用热烟气产生的浮力、热压或其他自然作用力使烟气排出室外。这种排烟方式设施简单，投资少，日常维护工作少，操作容易；但排烟效果受室外很多因素的影响与干扰，并不稳定，因此它的应用有一定限制。虽然如此，但在符合条件时宜优先采用。自然排烟有两种方式：一是利用外窗或专设的排烟口排烟；二是利用竖井排烟。

图2-35(a)是利用可开启的外窗进行排烟。如果外窗不能开启或无外窗，可以专设排烟口进行自然排烟，如图2-35(b)所示。专设的排烟口也可以是外窗的一部分，但它在发生火灾时可以人工开启或自动开启。开启的方式也有多种，如可以绕一侧轴转动，或绕中轴转动等。图2-35(c)是利用专设的竖井进行排烟，即相当于专设一个烟囱。各层房间设排烟风口与竖井相

防火排烟阀

防火排烟系统

图 2-34　挡烟垂壁

连接，当某层起火有烟时，排烟风口自动或人工打开，热烟气即可通过竖井排到室外。自然排烟是利用热烟气产生的浮力、热压或其他自然作用力使烟气排出室外。这种排烟方式实质上是利用烟囱效应的原理。在竖井的排出口设避风风帽，还可以利用风压的作用。但是由于烟囱效应产生的热压很小，而排烟量又大，因此需要竖井的截面和排烟风口的面积都很大。

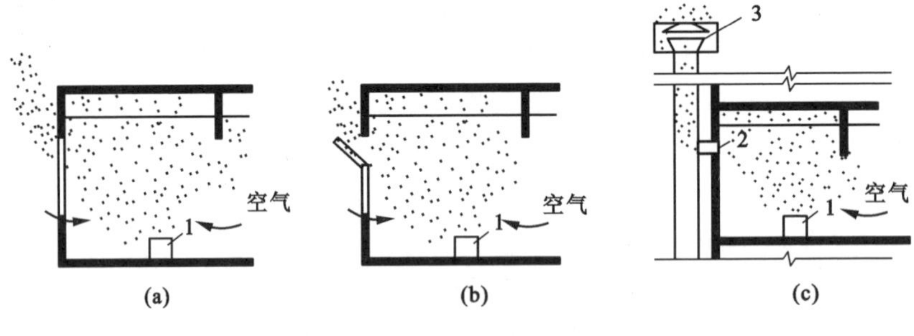

图 2-35　自然排烟

(a)利用可开启外窗排烟；(b)利用专设排烟口排烟；(c)利用竖井排烟

1—火源；2—排烟风口；3—避风风帽

③ 机械排烟

当火灾发生时，利用风机做动力向室外排烟的方法叫作机械排烟。机械排烟系统实质上就是一个排风系统。

与自然排烟相比，机械排烟具有以下优缺点：a. 不受外界条件（如内外温差、风力、风向、建筑特点、着火区位置等）的影响，而能保证有稳定的排烟量；b. 风道截面小，可以少占用有效建筑面积；c. 设施费用高，需要经常保养维修，否则有可能在使用时因故障而无法启动；d. 需要有备用电源，防止火灾发生时正常供电系统被破坏而导致排烟系统不能运行。

机械排烟系统通常负担多个房间或防烟分区的排烟任务，它的总风量不像其他排风系统那样将所有房间风量叠加起来。这是因为系统虽然负担很多房间的排烟，但实际着火区可能只有一个房间，最多再波及邻近房间，因此系统只要考虑可能出现的最不利情况——两个房间或防烟分区。机械排烟系统大小与布置应考虑排烟效果、可靠性与经济性。系统服务的房间过多（即系统大），则排烟口多、管路长、漏风量大、最远点的排烟效果差，水平管路太多时布置困难。如系统小，虽然排风效果好，但是不经济。

加压送风

④加压防烟

加压防烟是用风机把一定量的室外空气送入一房间或通道内，使室内保持一定压力或门洞处有一定流速，以避免烟气侵入。图 2-36 所示是加压防烟的两种情况。其中图 2-36(a)是当门关闭时房间内保持一定正压值，空气从门缝或其他缝隙处流出，防止了烟气的侵入；图 2-36(b)是当门开启时送入加压区的空气以一定风速从门洞流出，阻止烟气流入。当流速较低时，烟气可能从上部流入室内。由上述两种情况分析可以看到，为了阻止烟气流入被加压的房间，必须达到：门开启时，门洞有一定向外的风速；门关闭时，房间内有一定正压值。这也是设计加压送风系统的两条原则。

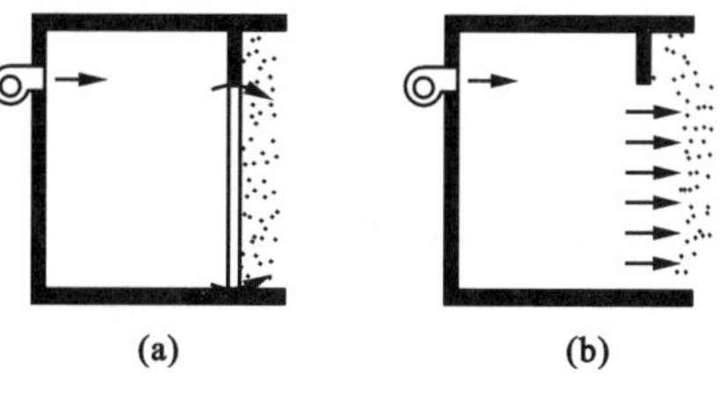

图 2-36　加压防烟

4. 空调系统的分类

(1)按承担室内热负荷、冷负荷和湿负荷的介质分类

① 全空气系统　以空气为介质，向室内提供冷量或热量，由空气来全部承担房间的热负荷或冷负荷，如图 2-37(a)所示。不难理解，在炎热的夏天，室内空调负荷 Q 与湿负荷 W 都为正值时，需要向空调房间送冷空气，用以吸收室内多余的热量 Q 和多余的湿量 W 后排出空调房间。而在寒冷的冬天，室内的空调负荷 Q 为负值(室内空气的热量通过空调房间的围护结构传给室外的空气)时，则需要向空调房间送热空气，送入空调房间的热空气要在空调房间内放出热量，同时又要吸收空调房间内多余的湿量(空调房间的湿负荷与夏季是相同的)，才能保证空调房间内的设计温度与设计相对湿度。

② 全水系统　全部用水承担室内的热负荷和冷负荷。当为热水时，向室内提供热量，承担室内的热负荷；当为冷水(常称冷冻水)时，向室内提供制冷量，承担室内冷负荷和湿负荷，如图 2-37(b)所示。由于水携带能量(冷量或热量)的能力要比空气大得多，所以无论是夏天还是冬天，在空调房间空调负荷相同的条件下，只需要较小的水量就能满足空调系统的要求，从而减少了风道占据建筑空间的缺点，因为这种系统是用管径较小的水管输送冷(热)水管道代替了用较大断面尺寸输送空气的风道。

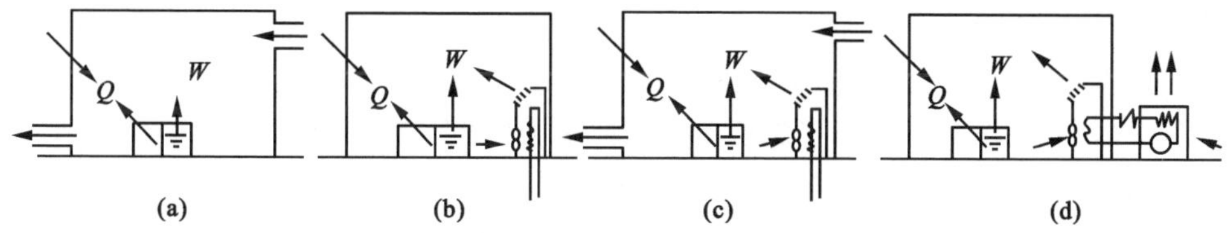

图 2-37　按承担室内负荷的介质分类的空调系统

(a)全空气系统；(b)全水系统；(c)空气-水系统；(d)制冷剂系统

③空气-水系统　以空气和水为介质，共同承担室内的负荷。空气-水系统是全空气系统与全水系统的综合应用，它既解决了全空气系统因风量大导致风管断面尺寸大，而占据较多有效建筑空间的矛盾，也解决了全水系统空调房间的新鲜空气供应问题，因此这种空调系统特别适合大型建筑和高层建筑，如图 2-37(c)所示。以水为介质的风机盘管向室内提供冷量或热

量，承担室内部分冷负荷或热负荷，同时有一新风系统向室内提供部分冷量或热量，而又满足室内对室外新鲜空气的需要。

多联机

④制冷剂系统　以制冷剂为介质，直接用于对室内空气进行冷却、去湿或加热。实质上，这种系统是用带制冷机的空调器（空调机）来处理室内的负荷，所以这种系统又称机组式系统。如现在的家用分体式空调器，它分为室内机和室外机两部分。其中室内机实际就是制冷系统中的蒸发器，并且在其内设置了噪声极小的贯流风机，迫使室内空气以一定的流速通过蒸发器的换热表面，从而使室内空气的温度降低；室外机就是制冷系统中的压缩机和冷凝器，其内设有一般的轴流风机，迫使室外的空气以一定的流速流过冷凝器的换热表面，让室外空气带走高温高压制冷剂在冷凝器中冷却成高压制冷剂液体放出的热量，如图 2-37(d)所示。

水冷机组
加风机管盘

(2)按空气处理设备的集中程度分类

① 集中式系统　空气集中于机房内进行处理（冷却、去湿、加热、加湿等），而房间内只有空气分配装置。目前常用的全空气系统中大部分是属于集中式系统；机组式系统中，如果采用大型带制冷机的空调机，在机房内集中对空气进行冷却、去湿或加热，这也属于集中式系统。集中式系统需要在建筑物内占用一定机房面积，控制、管理比较方便。

② 半集中式系统　对室内空气进行处理（加热或冷却、去湿）的设备分设在各个被调节和控制的房间内，而又集中部分处理设备，如冷冻水或热水集中制备或新风进行集中处理等，全水系统、空气-水系统、水环热泵系统、变制冷剂流量系统都属这类系统。半集中式系统在建筑中占用的机房少，可以容易满足各个房间各自的温湿度控制要求，但房间内设置空气处理设备后，管理维修不方便，如设备中有风机还会给室内带来噪声。

③ 分散式系统　对室内进行热湿处理的设备全部分散于各房间内，如家庭中常用的房间空调器、电取暖器等都属于此类系统。这种系统在建筑内不需要机房，不需要进行空气分配的风道，但维修管理不便，分散的小机组能量效率一般比较低，其中制冷压缩机、风机会给室内带来噪声。

(3)根据集中式系统处理空气的来源分类

① 封闭式系统　封闭式空调系统处理的空气全部取自空调房间本身，没有室外新鲜空气补充到系统中来，全部是室内的空气在系统中周而复始地循环。因此，空调房间与空气处理设备由风管连成了一个封闭的循环环路，如图 2-38(a)所示。这种系统无论是夏季还是冬季冷热消耗量最省，但空调房间内的卫生条件差，人在其中生活、学习和工作易患空调病。因此，封闭式空调系统多用于战争时期的地下庇护所或指挥部等战备工程，以及很少有人进出的仓库等。

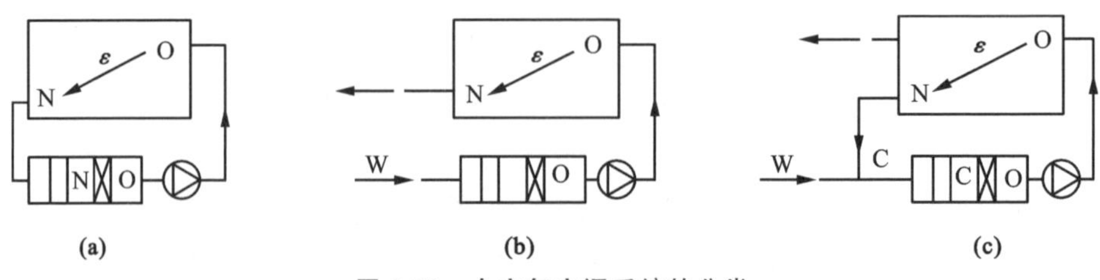

图 2-38　全空气空调系统的分类

(a)封闭式；(b)直流式；(c)混合式

N 表示室内空气；W 表示室外空气；C 表示混合空气；O 表示达到送风状态点的空气

② 直流式系统 直流式系统处理的空气全部取自室外，即室外的空气经过处理达到送风状态点后送入各空调房间，送入的空气在空调房间内吸热吸湿后全部排出室外，如图 2-38(b)所示。与封闭式系统相比，这种系统消耗的冷(热)量最大，但空调房间内的卫生条件完全能够满足要求，因此这种系统用于不允许采用室内回风的场合，如放射性实验室和散发大量有害物质的车间等。

③ 混合式系统 因为封闭式系统没有新风，不能满足空调房间的卫生要求，而直流式系统消耗的能量太大，不经济，所以封闭式系统和直流式系统只能在特定的情况下才能使用。对大多数有一定卫生要求的场合，往往采用混合式系统。混合式系统综合了封闭式系统和直流式系统的优点，既能满足空调房间的卫生要求，又比较经济合理，故在工程实际中被广泛应用。图 2-38(c)即为混合式系统。

(4)按空调系统用途或服务对象不同分类

① 舒适性空调系统 简称舒适空调，指为室内人员创造舒适健康环境的空调系统。办公楼、旅馆、商店、影剧院、图书馆、餐厅、体育馆、娱乐场所、候机或候车大厅等建筑中所用的空调都属于舒适空调。由于人的舒适感在一定的空气参数范围内，所以这类空调对温度和湿度波动的控制要求并不严格。

② 工艺性空调系统 又称工业空调，指为生产工艺过程或设备运行创造必要环境条件的空调系统，工作人员的舒适要求有条件时可兼顾。由于工业生产类型不同，各种高精度设备的运行条件也不同，因此工艺性空调的功能、系统形式等差别很大。例如，半导体元器件生产对空气中含尘浓度极为敏感，要求有很高的空气净化程度；棉纺织布车间对相对湿度要求很严格，一般控制在 70%～75%；计量室要求全年基准温度为 20℃，波动±1℃，高等级的长度计量室要求 20℃±0.2℃，Ⅰ级坐标管床要求环境温度为 20℃±1℃；抗生素生产要求无菌条件，等等。

5. 空调系统的组成

图 2-39 是一个集中式空调系统示意图，从图上可以看出一个完整的集中式空调系统由以下几部分组成：

(1)空气处理部分

集中式空调系统的空气处理部分是一个包括各种空气处理设备在内的空气处理室，如图 2-39 所示，其中主要有过滤器、一次加热器、喷水室、二次加热器等。用这些空气处理设备对空气进行净化过滤和热湿处理，可将送入空调房间的空气处理到所需的送风状态点。各种空气处理设备都有现成的定型产品，这种定型产品称为空调机(或空调器)。

(2)空气输送部分

空气输送部分主要包括送风机、回风机(系统较小时不用设置)、风管系统和必要的风量调节装置。送风系统的作用是不断将空气处理设备处理好的空气有效地输送到各空调房间；回风系统的作用是不断地排出室内回风，实现室内的通风换气，保证室内空气品质。

(3)空气分配部分

空气分配部分主要包括设置在不同位置的送风口和回风口，其作用是合理地组织空调房间的空气流动，保证空调房间内工作区(一般是 2m 以下的空间)的空气温度和相对湿度均匀一致，空气流速不致过大，以免对室内的工作人员和生产造成不良的影响。

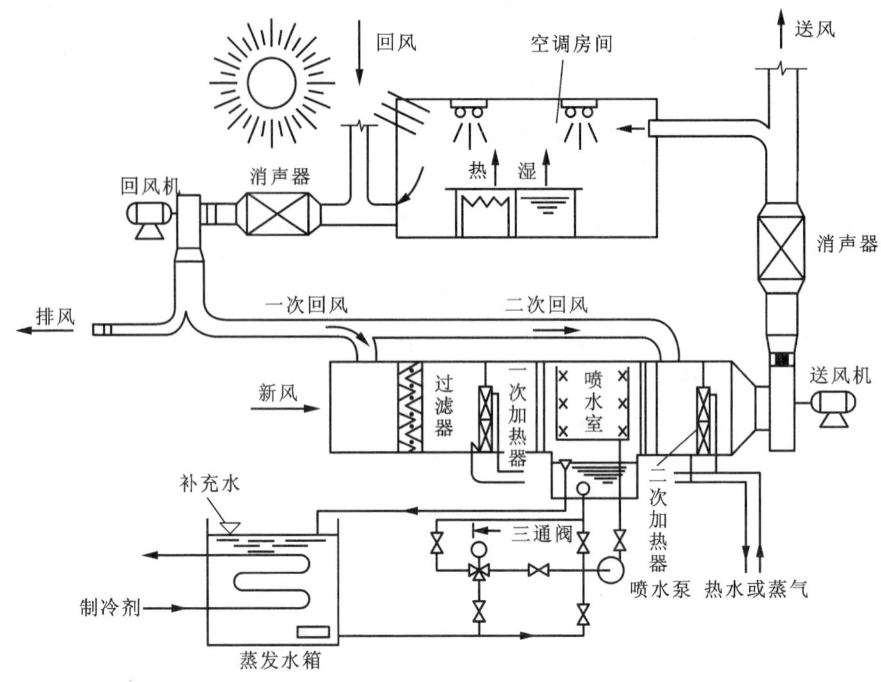

图 2-39　二次回风集中式空调系统

(4)辅助系统部分

我们知道,集中式空调系统是在空调机房集中进行空气处理后再送往各空调房间。空调机房里对空气进行制冷(热)的设备(空调用冷水机组或热蒸气)和湿度控制设备等就是辅助设备。对于一个完整的空调系统,尤其是集中式空调系统,系统是比较复杂的。空调系统是否能达到预期效果,空调能否满足房间的热湿控制要求,关键在于空气的处理。

6. 空调制冷系统的组成及原理

常见的空调用制冷系统有蒸气压缩式制冷系统、溴化锂吸收式制冷系统和蒸气喷射式制冷系统,其中蒸气压缩式制冷系统应用最广。

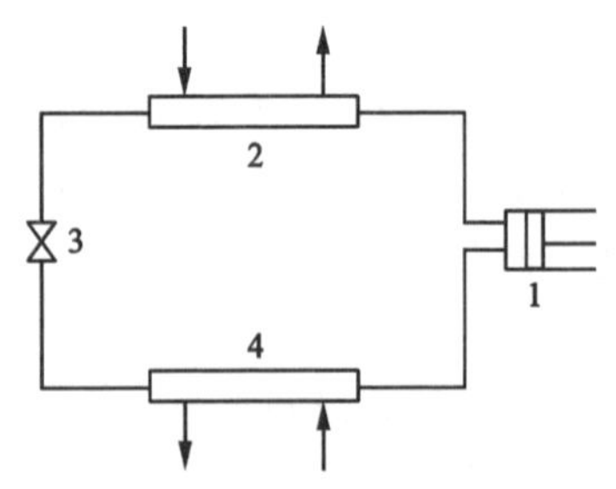

图 2-40　蒸气压缩式制冷系统

1—压缩机;2—冷凝器;
3—节流机构;4—蒸发器

(1)蒸气压缩式制冷的组成及原理

蒸气压缩式制冷系统主要由压缩机、冷凝器、节流机构、蒸发器四大设备组成,如图 2-40 所示。这些设备之间用管道和管道附件依次连成一个封闭系统。工作时,制冷剂在蒸发器内吸热变成低温低压制冷剂蒸气被压缩机吸入,经过压缩后,变成高温高压的制冷剂蒸气,当压力升高到稍高于冷凝器交换而冷凝为中温高压的制冷剂液体,制冷剂液体经节流机构节流降压后变成低温低压的制冷剂湿蒸气进入蒸发器,在蒸发器内蒸发吸收被冷却物体的热量,这样被冷却物体(如空气、水等)便得到冷却。因此,制冷剂在系统中经压缩、冷凝、节流、蒸发四个过程依次不断循环,进而达到制冷目的。(**思政 tips:** 制冷剂是制冷过程的工作介质,目前使用最广泛的制冷剂有水、氟利昂、氨等。氟利昂排放到大气中会导致臭氧含量下降，臭氧层是地球生态保护伞，因此，人们正致力于解决氟利昂污染问题的方法与技术，以达到氟利昂的无害化，以期生态平衡。）

(2)溴化锂吸收式制冷的组成及原理

溴化锂吸收式制冷系统的工作原理如图 2-41 所示，主要由发生器、冷凝器、蒸发器、吸收器四个热交换设备组成。系统内的工质是两种沸点相差较大的物质（溴化锂和水）组成的二元溶液，其中沸点低的物质（水）为制冷剂，沸点高的物质（溴化锂）为吸收剂。四个热交换设备组成两个循环环路：制冷剂循环与吸收剂循环。左半部是制冷剂循环，由冷凝器、蒸发器和节流装置组成。高压气态制冷剂在冷凝器中向冷却水放热被冷凝成液态后，经节流装置减压后进入蒸发器。在蒸发器内，制冷剂液体被气化为低压制冷剂蒸气，同时吸取被冷却介质的热量产生制冷效应。右半部为吸收剂循环，主要由吸收器、发生器和溶液泵组成。在吸收器中，液态吸收剂吸收蒸发器产生的低压气态制冷剂形成制冷剂-吸收剂溶液，经溶液泵升压后进入发生器，在发生器中该溶液被加热至沸腾，其中沸点低的制冷剂气化形成高压气态制冷剂，又与吸收剂分离。然后前者进入冷凝器液化，后者则返回吸收器再次吸收低压气态制冷剂。

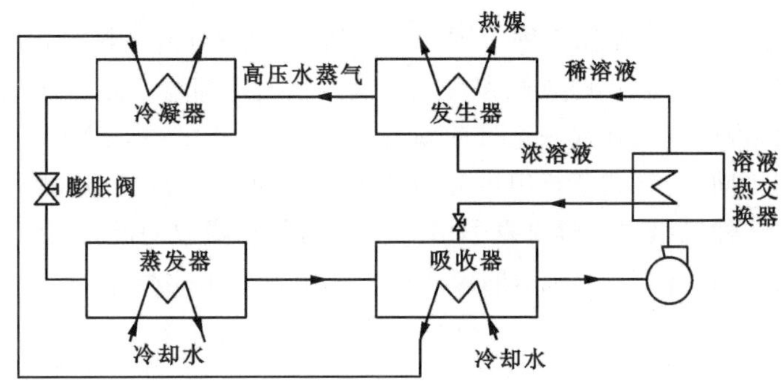

图 2-41　单级溴化锂吸收式制冷原理图

7. 制冷机组

制冷机组就是将制冷系统中的部分设备或全部设备配套组装在一起，成为一个整体。这种机组结构紧凑，使用灵活，管理方便，而且占地面积小，安装简单，其中有些机组只需连接水源和电源即可，为基本建设工业化施工提供了有利条件。常用的制冷机组有压缩-冷凝机组、冷水机组、空气调节机组和热泵机组等。

(1)离心式冷水机组

冷水机组是将压缩机、冷凝器、冷水用蒸发器以及自动控制元件等组装成一个整体，专门为空气调节箱或其他工艺过程提供不同温度的冷冻水。

冷水机组的制冷压缩机可为容积式或离心式制冷压缩机，冷凝器可为水冷式或空冷式冷凝器。图 2-42 所示为离心式冷水机组的外形，它适用于空气调节工程。该机组的特点是采用单级封闭式离心制冷压缩机，卧式壳管冷凝器和蒸发器被组装在一个简体内，成为单筒式冷凝-蒸发器组（包括浮球式膨胀阀）。

(2)空气调节机组

空气调节机组是由制冷压缩机、冷凝器、膨胀阀（或毛细管）、直接蒸发式空气冷却器以及通风机、空气过滤器等设备所组成。它的种类很多，大体可分为以下几种：

图 2-42　离心式冷水机组

①根据形式的不同，有立柜式空气调节机组和窗式空气调节器两种。

图 2-43 所示为立柜式空气调节机组的外形，它的下半部是制冷压缩机和卧式壳管冷凝器，上半部是直接蒸发式空气冷却器和离心式通风机等。

图 2-44 为窗式空气调节器原理图。图在左半部（室外侧）为全封闭式压缩机和空冷式冷凝器，右半部（室内侧）为离心式送风机和直接蒸发式空气冷却器。此外，机组上还设有与室外空气相通的进风门，可向室内补入一定量的新鲜空气。

②根据用途的不同，空气调节机组可分为冷风机组、恒温恒湿机组和除湿机组等。

a. 冷风机组　这种机组主要解决夏季房间空气调节和降温问题，适用于夏季有一般舒适性空气调节要求的房间。图 2-44 所示的窗式空气调节器属于此类。

图 2-43　立柜式空气调节机组

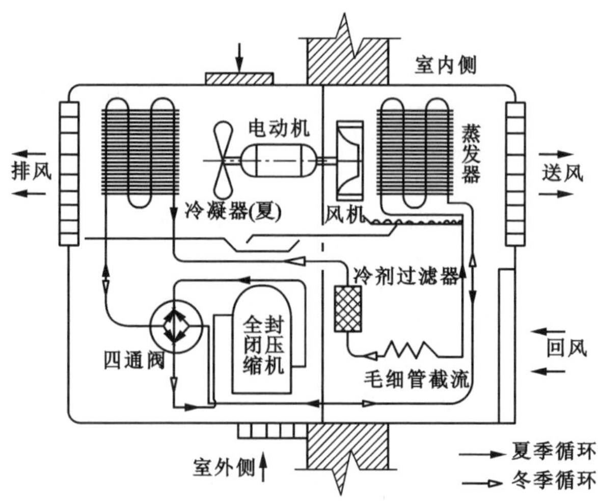

图 2-44　窗式空气调节器原理图

b. 恒温恒湿机组　这种机组与冷风机组相像，但其制冷量与送风量之比较大，为 17.0～18.5kJ/kg。此外，该机组内还装有电（或蒸气）加热器、电加湿器，可在全年内保证房间达到一定程度的恒温与恒湿要求。

c. 除湿机组　除湿机组是利用制冷机降低空气含湿量的设备，由制冷压缩机、冷凝器、节流机构、直接蒸发式空气冷却器和通风机等几个主要部分组成。其不同点在于，除湿机一定要采用空冷式冷凝器，利用直接蒸发式空气冷却器出口的冷风使高压气态制冷剂冷凝，同时也提高了空气自身的温度，以保持房间空气温度不致过低，相对湿度不致过高。除湿机组的工作原理如图 2-45 所示。

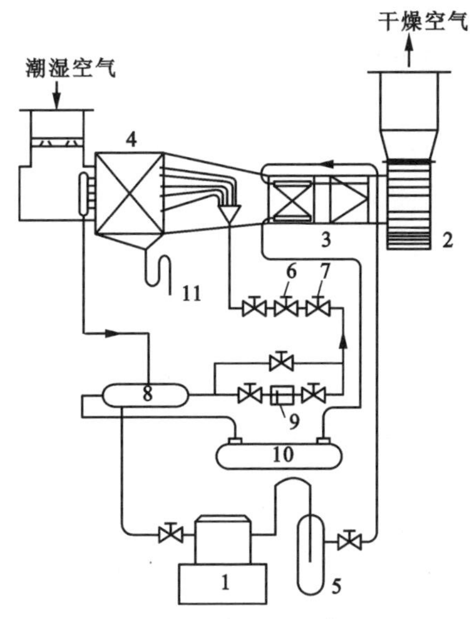

图 2-45　除湿机组工作原理

1—压缩机；2—送风机；3—冷凝器；4—蒸发器；5—油分离器；
6，7—节流装置；8—热交换器；9—过滤器；10—贮液器；11—集水器

③ 根据供热方式的不同，空气调节机组有普通式和热泵式。

普通式空气调节机组冬季用电热或蒸气加热空气。而热泵式空气调节机组则不另设热源，或只在冬季最冷时期辅以外部热源，图 2-46 所示为热泵式空气调节器原理图。

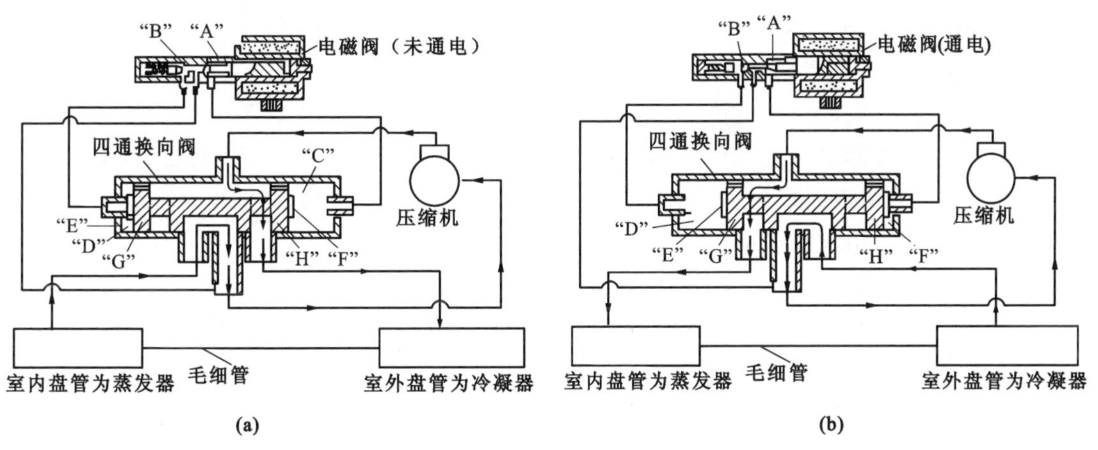

图 2-46　热泵式空气调节器原理图

从图 2-46 中可以看出，这种空气调节器与冷风机组相比，只是增加了一个四通换向阀。夏季，它的工作情况与冷风机组相同，冬季则旋转四通换向阀，改变制冷剂的流动路线，冷凝器被用作蒸发器，而室内侧的直接蒸发式空气冷却器被用作空冷式冷凝器，利用高压气态制冷剂加热室内空气，解决房间供暖问题。应用这种热泵式空气调节器供暖比普通电热供暖节约电能 60%～75%。

风冷热泵

空调水系统

8. 制冷系统的水系统

制冷水系统也称冷冻水系统，是中央空调系统的一个重要组成部分，空调系统中的冷冻水通常由冷冻站来制备。

(1)冷冻水系统

① 制冷的目的在于供给用户使用，向用户供冷的方式有两种，即直接供冷和间接供冷。

直接供冷的特点是将制冷装置的蒸发器直接置于需冷却的对象处，使低压液态制冷剂直接吸收该对象的热量。采用这种方式供冷可以减少一些中间设备，故投资少，机房占地面积小，而且制冷系数较高。它的缺点是蓄冷性能较差，制冷剂渗漏可能性增大，所以，适用于不十分大的系统或低温系统。

间接供冷的特点是用蒸发器首先冷却某种载冷剂，然后再将此载冷剂输送到各个用户，使需冷却对象降低温度。这种供冷方式使用灵活、控制方便，特别适合于区域性的供冷。下面就常用的冷冻水(以水作为载冷剂)系统作简要介绍。

② 冷冻水管道系统均为循环式系统，根据用户需要情况的不同，可分为闭式系统和开式系统两种，如图 2-47 和图 2-48 所示。

空调闭式系统

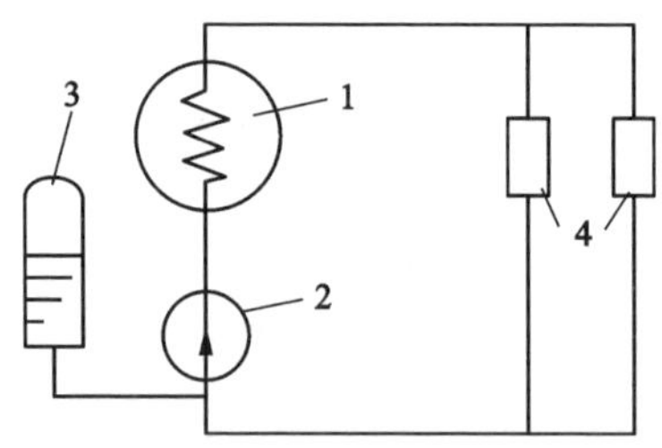

图 2-47　闭式系统

1—蒸发器；2—水泵；3—膨胀水箱；4—用户

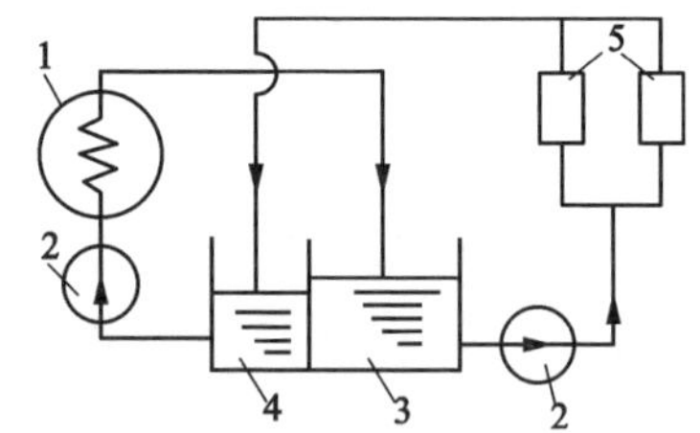

图 2-48　开式系统

1—蒸发器；2—水泵；3—冷水箱；4—回水箱；5—用户

开式系统需要设置冷水箱和回水箱，系统水容量大，运行稳定，控制简便。

闭式系统与外界空气接触少，可以减缓腐蚀现象。再者，闭式系统必须采用壳管式蒸发器，用户处则应采用表面式换热设备；而开式系统则可不受这些限制，当采用水箱式蒸发器时，可以用它代替冷水箱或回水箱。

(2)冷却水系统

冷却水是冷冻站内制冷机的冷凝器和压缩机的冷却用水，在正常工作时，使用后仅水温升高，水质不受污染。

冷却水循环系统由冷却泵、冷却水管道及冷却塔组成。冷冻主机在进行热交换、使水温冷却的同时，必将释放大量的热量。该热量被冷却水吸收，使冷却水温度升高。冷却泵将升了温的冷却水压入冷却塔，使之在冷却塔中与大气进行热交换，然后再将降温了的冷却水送回到冷冻机组。如此不断循环，带走了冷冻主机释放的热量。流进冷冻主机的冷却水简称为“进水”，从冷冻主机流回冷却塔的冷却水简称为“回水”。(**思政 tips**：循环冷却水的用量占企业用水总量的 50%～90%，所以我们应积极响应国家减能降耗政策，从源头节水，实现节能减排目标任务，为水生态保护加码。)

由于用户需用情况不同，冷冻水系统的差异较大，故所需运行费可以有很大差别。除冷冻水系统以外，采用水冷式冷凝器制冷系统的运行费用主要为两方面，一个是制冷压缩机的耗电费，另一个就是冷却水（冷凝器和压缩机冷却用水）的费用。所以，合理地选用冷却水源和冷却水系统对制冷系统的运行费和初期投资有重要意义。不过应该注意，为了保证制冷系统的冷凝温度不超过制冷压缩机的允许工作条件，冷却水进水温度一般应不高于 32℃。

9. 常用风管的材料

(1)普通薄钢板

普通薄钢板由碳素软钢经热轧或冷轧制成。热轧钢板表面为蓝色发光的氧化铁薄膜，性质较硬而脆，加工时易断裂；冷轧钢板表面平整光洁无光，性质较软，最适合空调工程。冷轧钢板号一般为 Q195、Q215 和 Q235，有板材和卷材，常用厚度为 0.5～2mm，板材的规格有 750mm×1800mm、900mm×1800mm 和 1000mm×2000mm 等。要求钢板表面平整、光滑，厚度均匀，允许有紧密的氧化铁薄膜，不能有结疤、裂纹等缺陷。

(2)镀锌薄钢板

镀锌薄钢板是用普通薄钢板表面镀锌制成。常用的厚度为 0.5～1.5mm，其规格尺寸与普通薄钢板相同。在引进工程中常用镀锌钢板卷材，对风管的制作甚为方便。由于表面镀锌层起防腐作用，故一般不刷油漆防腐，因而常用作输送不受酸雾作用的潮湿环境中的通风系统及空调系统的风管和配件。要求所有品级镀锌钢板表面光滑洁净，镀锌钢板的镀锌层厚度应符合设计或合同的规定，当设计无规定时，不应采用低于 $80g/m^2$ 的板材。

(3)塑料复合钢板

塑料复合钢板是在 Q215、Q235 钢板表面上喷涂一层厚度为 0.2～0.4mm 的软质或半软质聚氯乙烯塑料膜制成，有单面覆层和双面覆层两种。其主要技术性能如下：

① 耐腐蚀性及耐水性能　可以耐酸、耐油及醇类侵蚀，耐水性能好。但对有机溶剂的耐腐蚀性差。

② 绝缘、耐磨性能好。

③ 剥离强度及深冲性能　塑料膜与钢板间的剥离强度大于或等于 0.2MPa。

④ 加工性能　具有一般碳素钢板所具有的切断、弯曲、冲铣、钻孔、铆接、咬口及折边等加工性能。加工温度以 20～40℃为好。

⑤ 使用温度　可在 10～60℃温度下长期使用，短期可耐温 120℃。

由于塑料复合钢板具有上述性能，故常用于防尘要求较高的空调系统和温度在－10～70℃下耐腐蚀通风系统的风管。

(4)不锈钢板

耐大气腐蚀的镍铬钢叫不锈钢。不锈钢板按其化学成分来分，品种甚多；按其金相组织可分为铁素体钢(Cr13 型)和奥氏体钢(18-8 型)。18-8 型不锈钢中含碳 0.14%以下，含铬(Cr)18%，含镍(Ni)8%。

(5)铝及铝合金板

使用铝板制作风管，一般以纯铝为主。

铝板具有良好的导电、导热性能，并且在许多介质中有较高的稳定性。如铝板在稀硫酸、发烟硫酸、硝酸盐、铬酸盐和重铬酸盐的溶液中均较稳定；在硝酸中比 18-8 型不锈钢耐腐蚀等。

纯铝的产品有退火和冷作硬化两种。退火的塑性较好，强度较低，而冷作硬化的强度较高。

为了改变铝的性能，在铝中加入一种或几种其他元素（如铜、镁等）制成铝合金板，其强度比铝板大幅度增大，但化学耐蚀性不及铝板。

由于铝板具有良好的耐蚀性能以及在摩擦时不易产生火花，故常用于化工环境的通风工程及通风工程中的防爆系统。

(6)硬聚氯乙烯塑料板

硬聚氯乙烯塑料（硬 PVC）是由聚氯乙烯树脂加入稳定剂、增塑剂、填料、着色剂及润滑剂等压制（或压铸）而成。它具有表面平整光滑，耐酸碱腐蚀性强（对强氧化剂如浓硝酸、发烟硫酸和芳香族碳氢化合物以及氯化碳氢化合物是不稳定的），物理机械性能良好，易于二次加工成型等特点。

硬聚氯乙烯塑料板的厚度一般为 2～40mm，板宽 700mm，板长 1600mm；密度为 1350～1600kg/m^3；拉伸强度为 50MPa（纵横向）；弯曲强度为 90MPa（纵横向）。

由于硬聚氯乙烯板具有一定的强度和弹性，耐腐蚀性良好，又易于加工成型，所以使用相当广泛；在通风工程中采用硬聚氯乙烯板制作风管和配件以及加工风机，绝大部分是用于输送含有腐蚀性气体的系统。但硬聚氯乙烯板的热稳定性较差，有其一定的适用范围，一般在－10～60℃，如温度再高，其强度反而下降，而温度过低又会变脆易断。

硬聚氯乙烯板表面应平整，无伤痕，不得含有气泡，厚薄均匀，无离层现象。

(7)玻璃钢（玻璃纤维增强塑料）

玻璃钢是以玻璃纤维制品（如玻璃布）为增强材料，以树脂为黏结剂，经过一定的成型工艺制作而成的一种轻质高强度的复合材料。它具有较好的耐腐蚀性、耐火性和成型工艺简单等优点。

由于玻璃钢质轻、强度高、耐热性及耐蚀性优良、电绝缘性好及加工成型方便，在纺织、印染、化工等行业常用于排除腐蚀性气体的通风系统中。

(8)辅助材料

通风空调常用的辅助性材料有垫料、紧固件及其他材料等。

垫料　主要用于风管之间、风管与设备之间的连接，用以保证接口的密封性。法兰垫料应为不招尘、不易老化和具有一定强度和弹性的材料，厚度为 5～8mm 的垫料有橡胶板、石棉橡胶板、石棉绳、软聚氯乙烯板等。

紧固件　是指螺栓、螺母、铆钉、垫圈等。

其他材料　通风空调工程中还常用到一些辅助性消耗材料，如氧气、乙炔、煤气、焊条、锯条、水泥、木块等。

10. 常用风管的连接方式

按金属板材连接的目的不同，金属板材的连接可分为拼接、闭合接和延长接三种。拼接是指两张钢板板边连接，以增大其面积；闭合接是指将板材卷成风管或配件时对口缝的连接；延长接是指两段风管之间的连接。

按金属板材连接的方法，分咬接、铆接和焊接三种，其中咬接使用最广。咬接或焊接使用的界限见表 2-1。

表 2-1　金属风管的咬接或焊接界限

<table>
<tr><th>板厚/mm</th><th>钢板(不含镀锌钢板)</th><th>不锈钢板</th><th>铝板</th></tr>
<tr><td>$\delta \leqslant 1.0$</td><td rowspan="2">咬接</td><td>咬接</td><td rowspan="3">咬接</td></tr>
<tr><td>$1.0 < \delta \leqslant 1.2$</td><td rowspan="3">焊接(氩弧焊及电焊)</td></tr>
<tr><td>$1.2 < \delta \leqslant 1.5$</td><td rowspan="2">焊接(电焊)</td></tr>
<tr><td>$\delta > 1.5$</td><td>焊接(气焊或氩弧焊)</td></tr>
</table>

(1)咬接

常用的咬口形式有单平咬口、立咬口、转角咬口、联合角咬口和按扣式咬口等,见图 2-49。

单平咬口　用于板材拼接缝和圆形风管纵向闭合缝以及严密性要求不高的配件连接。

立咬口　适用于圆形风管管端的环向接缝,如圆形弯管、圆形来回弯和短节间的连接。

转角咬口　用于矩形直管的咬缝和有净化要求的空调系统,有时也用于弯管或三通管的转角咬口缝。

联合角咬口　用于矩形风管、弯管、三通管和四通管转角缝的咬接。

按扣式咬口　适用于矩形风管和配件的转角闭合缝的加工,一侧板边加工成有凸扣的插口,另一侧板边加工成折边带有倒钩状的承口。

(2)铆接

铆接主要用于风管与角钢法兰之间的固定连接。当管壁厚度 $\delta \leqslant 1.5$mm 时,采用翻边铆接,如图 2-50 所示。

铆接质量要求:铆钉应垂直板面,铆接应压紧板材密合缝,铆接牢固,铆钉应排列整齐均匀,不应有明显错位现象。

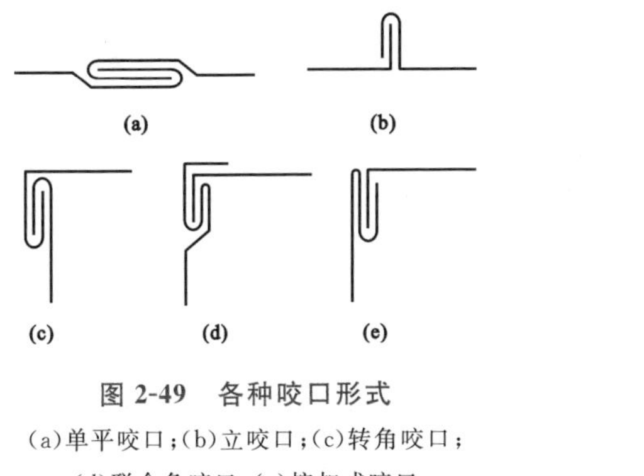

图 2-49　各种咬口形式

(a)单平咬口;(b)立咬口;(c)转角咬口;(d)联合角咬口;(e)按扣式咬口

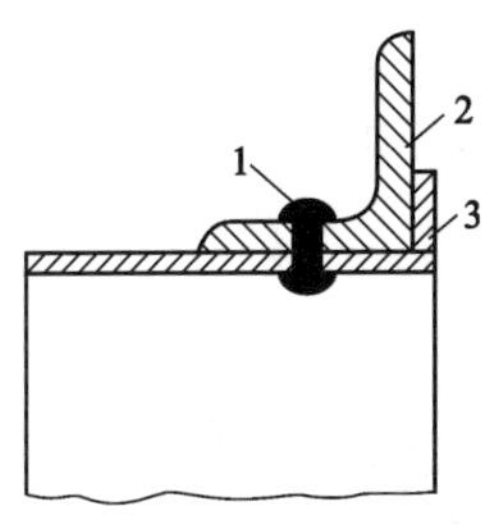

图 2-50　铆接

1—铆钉头部;2—法兰;3—风管壁反边

(3)焊接

通风空调工程中使用的焊接有电焊、气焊、氩弧焊和锡焊。

①电焊　电焊用于厚度 $\delta > 1.2$mm 的普通薄钢板的连接以及钢板风管与角钢法兰间的连接。

②气焊　气焊适用于厚度 $\delta = 0.8 \sim 3$mm 的薄钢板板间连接,也用于厚度 $\delta > 1.5$mm 的铝板板间连接。对不锈钢板的连接不得采用气焊,因为气焊时在金属内部发生增碳作用或氧化作用,使该处的耐腐蚀性能降低,且不锈钢导热系数小,膨胀系数大,气焊时加热范围大,则易

使不锈钢板材发生变形。

③氩弧焊　不锈钢板厚度 $\delta>1$mm 和铝板厚度 $\delta>1.5$mm 时，可采用氩弧焊焊接。采用氩弧焊焊接不锈钢板时，其焊条应选择与母材相同类型的材质，机械强度不应低于母材的最低值。采用氩弧焊焊接时，由于有氩气保护了金属，氩弧焊接头有很高的强度和耐腐蚀性能，且由于加热集中，热影响区域小，材料不易发生挠曲，故其焊接质量优于电焊质量。

④锡焊　锡焊仅用于厚度 $\delta<1.2$mm 的薄钢板的连接。锡焊焊接强度低，耐温低，故一般用于镀锌钢板风管咬接的密封。

11. 常用风管管件的类型

常用风管管件的类型有弯头，来回弯，三通，法兰盘，阀门，送、回风口，柔性短管等。

(1)弯头

弯头是用来改变通风管道方向的配件。根据其断面形状可分为圆形弯头(图 2-51)和矩形弯头(图 2-52)。

图 2-51　圆形弯头

图 2-52　矩形弯头

(2)来回弯

来回弯在通风管中用来跨越或让开其他管道及建筑构件。根据其断面形状可分为圆形来回弯(图 2-53)和矩形来回弯(图 2-54)。

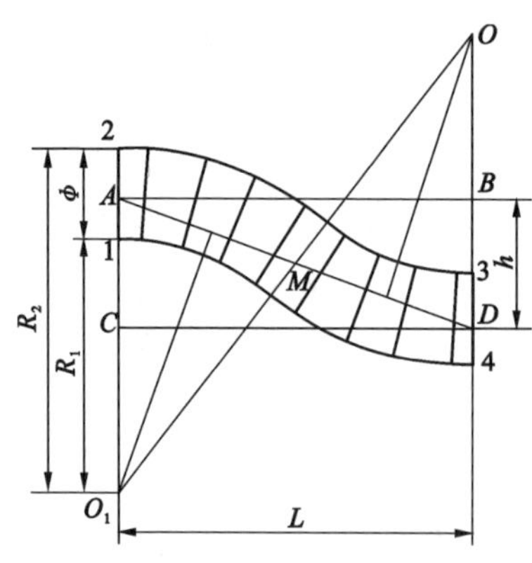

图 2-53　圆形来回弯侧面图

注：L 为来回弯长度。

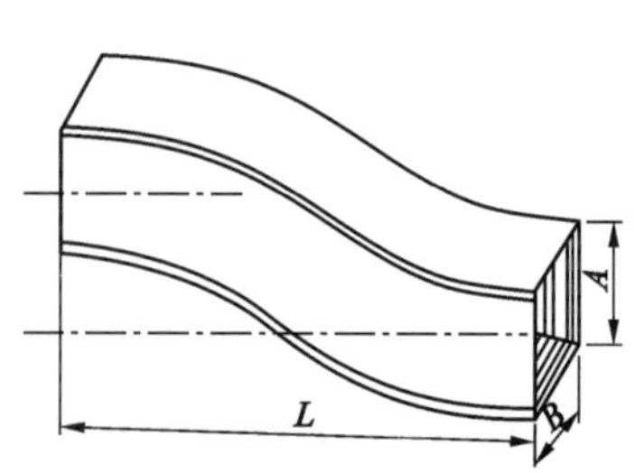

图 2-54　矩形来回弯示意图

注：L 为来回弯长度。

(3)三通

三通是通风管道的分叉或汇集的配件。根据其断面形状可分为圆形三通(图 2-55)和矩形三通(图 2-56)。

图 2-55　圆形三通

图 2-56　矩形三通

(4)法兰盘

法兰盘用于风管之间及风管与配件的延长连接,并可增加风管强度。按其断面形状可分为矩形法兰盘(图 2-57)和圆形法兰盘(图 2-58)。

图 2-57　矩形法兰盘

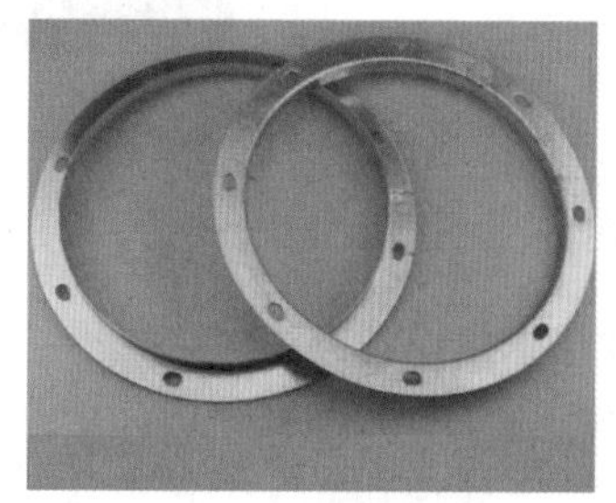

图 2-58　圆形法兰盘

(5)阀门

通风系统中的阀门主要用于启动风机,关闭风道、风口,调节管道内空气量,平衡阻力等。阀门装于风机出口的风道、主下风道、分支风道或空气分布器之前等位置。常用的阀门有插板阀和蝶阀。

蝶阀(图 2-59)多用于风道分支处或空气分布器前端。转动阀板的角度即可改变空气流量。蝶阀使用较为方便,但严密性较差。

插板阀(图 2-60)多用于风机出口或主干风道处用作开关。通过拉动手柄来调整插板的位置即可改变风道的空气流量。其调节效果好,但占用空间大。

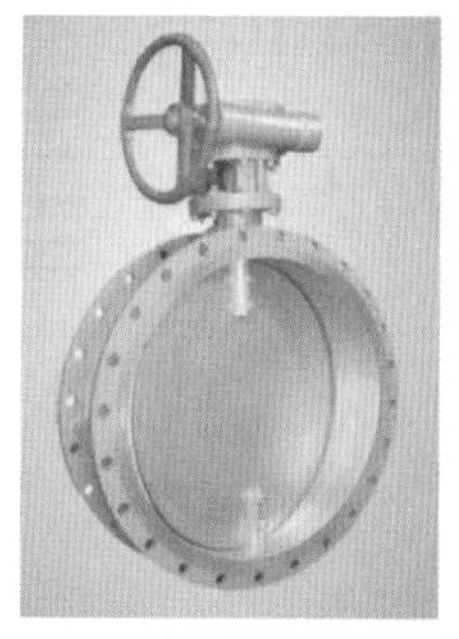

图 2-59　蝶阀

图 2-60　插板阀

(6)柔性短管

为了防止风机的振动通过风管传到室内引起噪声,常在通风机的入口和出口处装设柔性短管(见图 2-61),长度 150～200mm。一般通风系统的柔性短管都用帆布做成,输送腐蚀性气体的通风系统用耐酸橡皮或 0.8～1.0mm 厚的聚氯乙烯塑料布制成,防排烟系统的柔性短管必须采用不燃材料。

图 2-61　柔性短管

12. 通风与空调系统设备

(1)过滤净化设备

在空调工程中,为了满足房间的送风要求,需要使用不同的热、湿处理设备和净化处理设备,需要将空气处理到某一个送风状态点,然后向室内送风。为了得到同一个送风状态点,可能会有不同的空气热、湿处理途径。

① 空气过滤器

空气过滤器是用来对空气进行净化处理的设备,根据过滤效率的高低,通常分为初效、中效和高效过滤器三种类型。为了便于更换,一般做成块状。此外,为了提高过滤器的过滤效率和增大额定风量,可做成袋式或抽屉式。

初效过滤器也叫粗过滤器,如图 2-62 所示,主要用于空气的初级过滤,过滤粒径在 10～100μm 范围的大颗粒灰尘。通常采用金属网格、聚氨酯泡沫塑料及各种人造纤维滤料制作,以大气尘计重法进行测定,其效率小于 60%。

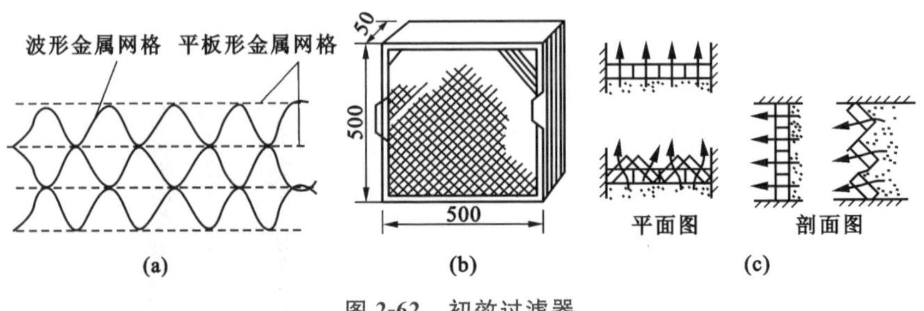

图 2-62　初效过滤器

(a)金属网格滤网;(b)过滤器外形;(c)过滤器安装方式

中效过滤器用于过滤粒径在 1～10μm 范围的灰尘,通常采用中细孔泡沫塑料、玻璃纤维、无纺布等滤料制作。为了提高过滤效率和处理较大的风量,常做成抽屉式或袋式等形式。以大气尘计重法进行测定，其效率为 60%～90%。

高效过滤器以及亚高效过滤器用于对空气洁净度要求较高的净化空调(图 2-63)。通常采用超细玻璃纤维和超细石棉纤维等滤料制作成纸状。高效过滤器效率为 99.91%，亚高效过滤器效率为 90%～99.9%。

空气过滤器应经常拆换清洗，以免因滤料上积尘太多而使房间的温、湿度和室内空气洁净度达不到设计的要求。

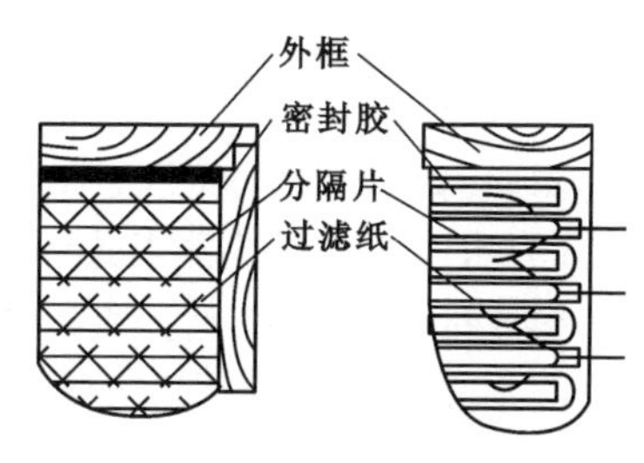

图 2-63　高效过滤器

对空气过滤器的选用，应主要根据空调房间的净化要求和室外空气的污染情况而定。对以温度、湿度要求为主的一般净化要求的空调系统，通常只设一级初效过滤器，在新风、回风混合之后或新风入口处采用初效过滤器即可。对有较高净化要求的空调系统，应设初效和中效两级过滤器，在风机之后增加中效过滤器，其中第二级中效过滤器应集中设在系统的正压段(即风机的出口段)。有高度净化要求的空调系统，一般用初效和中效两级过滤器作预过滤，再根据要求洁净度级别的高低使用亚高效过滤器或高效过滤器进行第三级过滤。亚高效过滤器和高效过滤器尽量靠近送风口安装。

② 空气的净化

一般说来，空气调节工程的主要任务是对空气温、湿度的处理和调节。由于处理空气的来源是新风和回风二者的混合空气，新风中因室外环境有尘埃的污染，而室内空气则因人的生活、工作和工艺发生污染。这些空气中所含的灰尘除对人体有害外，对空气处理设备(如加热器、冷却器等设备的传热效果)亦不利，所以空气调节系统中一般除温、湿度处理外，还应设有净化处理。所谓净化处理，主要是除去空气中的悬浮尘埃，此外在某些场合还有除臭、增加空气离子等要求。

另一种情况是由于近代工业的发展，从生产工艺的空气环境出发，要求空气有不同程度的洁净度。随着电子、精密仪器等工业的迅速发展，对空气环境的要求已远远超过从卫生角度出发的除尘要求。有这种要求的生产车间，即所谓“洁净室”或“超净车间”，这种车间的设计是一种综合技术，它包括生产工艺、建筑设计、空气调节、空气净化及操作管理等。

所谓洁净室，指对空气中的粒状物质及温、湿度和压力(根据需要)实行控制的密闭空间。洁净室的出现，是伴随近代科学技术的飞速发展而产生的。在电子工业、航空仪表、光学机械等精密机械制造工业中，清除超微小的灰尘是非常必要的。在洁净室中生产出的产品和元件使用寿命长，精确可靠，设备维修费用减少。

(2)热、湿交换设备

① 表面式空气加热器

又称为表面式换热器，是以热水或蒸气作为热媒通过金属表面传热的一种换热设备。图 2-64 是用于集中加热空气的一种表面式空气加热器的外形图。不同型号的加热器，其肋管(管道及肋片)的材料和构造形式也不同。为了增强传热效果，表面式换热器通常采用肋片管制作。用表面式换热器处理空气时，对空

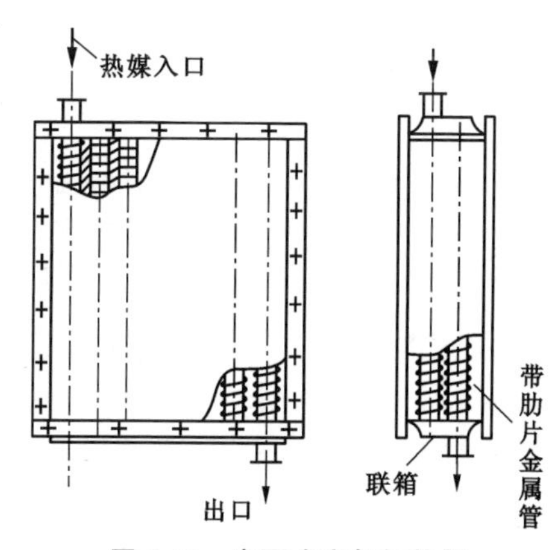

图 2-64　表面式空气加热器

气进行热湿交换的工作介质不直接与被处理的空气接触，而是通过换热器的金属表面与空气进行热湿交换。在表面式加热器中通入热水或蒸气，可以实现空气的等湿加热过程；通入冷水或制冷剂，可以实现空气的等湿和减湿冷却过程。

表面式换热器具有构造简单、占地面积小、水质要求不高、水系统阻力小等优点，因而，在机房面积较小的场合，特别是高层建筑的舒适性空调中得到了广泛的应用。

② 表面式冷却器

表面式冷却器简称表冷器，是由铜管上缠绕的金属翼片所组成排管状或盘管状的冷却设备，分为水冷式和直接蒸发式两种类型。水冷式表面冷却器与空气加热器的原理相同，只是将热媒换成冷媒-冷水而已。直接蒸发式表面冷却器就是制冷系统中的蒸发器，这种冷却方式是靠制冷剂在其中蒸发吸热而使空气冷却的。

表冷器的管内通入冷冻水，空气从管表面通过进行热交换冷却空气，因为冷冻水的温度一般在 7～9℃，夏季有时管表面温度低于被处理空气的露点温度，这样就会在管子表面产生凝结水滴，使其完成一个空气降温去湿的过程。

表冷器在空调系统被广泛使用，其结构简单，运行安全可靠，操作方便，但必须提供冷冻水源，不能对空气进行加湿处理。

使用表面式冷却器能对空气进行干式冷却(使空气的温度降低但含湿量不变)或减湿冷却两种处理过程，这取决于冷却器表面的温度是高于抑或低于空气的露点温度。

③ 电加热器

如图 2-65 所示，电加热器是让电流通过电阻丝发热来加热空气的设备。它具有结构紧凑、加热均匀、热量稳定、控制方便等优点，但由于电费较贵，通常只在加热量较小的空调机组等场合采用。在恒温精度较高的空调系统里，常安装在空调房间的送风支管上，作为控制房间温度的调节加热器。风管内电加热器的加热管与外框及管壁的连接应牢固可靠，绝缘良好，金属外壳应与 PE 线可靠连接。

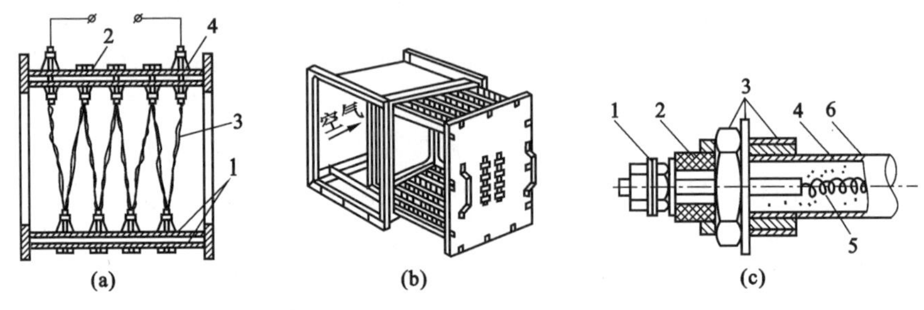

图 2-65　电加热器

(a)裸线式电加热器：1—钢板；2—隔热层；3—电阻丝；4—瓷绝缘子。
(b)抽屉式电加热器。(c)管式电加热器：1—接线端子；2—瓷绝缘子；
3—紧固装置；4—绝缘材料；5—电阻丝；6—金属套管

④ 喷水室

喷水室是空调系统中夏季对空气冷却除湿、冬季对空气加湿的设备，它是通过水直接与被处理的空气接触来进行热、湿交换。在喷水室中喷入不同温度的水，可以实现空气的加热、冷却、加湿和减湿等过程。用喷水室处理空气能够实现多种空气处理过程，冬夏季工况可以共用一套空气处理设备，具有一定的净化空气的能力，金属耗量小，容易加工制作。缺点是对水质条件要求高，占地面积大，水系统复杂，耗电较多。在空调房间的温、湿度要求较高的场合，如纺织厂等工艺性空调系统中得到了广泛的应用。

喷水室由喷嘴、喷水管路、挡水板、集水池和外壳等组成，集水池内又有回水、溢水、补水和泄水等四种管路和附属部件。图 2-66(a)、(b)分别是应用较多的低速、单级卧式和立式喷水室的结构示意图。

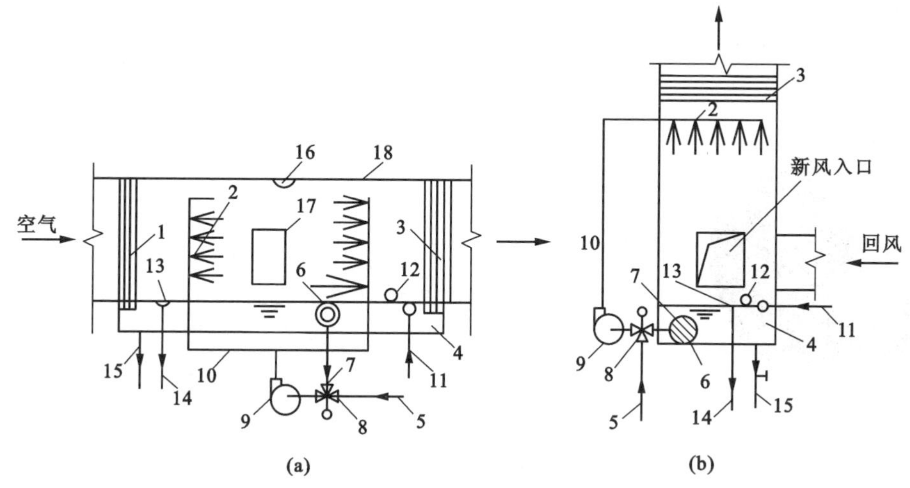

图 2-66　喷水室构造示意图

1—前挡水板；2—喷嘴与排管；3—后挡水板；4—底池；5—冷水管；6—滤水器；7—循环水管；8—三通混合阀；9—水泵；10—供水管；11—补水管；12—浮球阀；13—溢流器；14—溢流管；15—泄水管；16—防水灯；17—检查门；18—外壳

利用喷水室进行空气冷却就是在喷水室中直接向流过的空气喷淋大量低温水滴，将具有一定温度的水通过水泵、喷水管再经喷嘴喷出雾状水滴，通过水滴与空气接触过程中的热、湿交换而使空气冷却或者减湿冷却。

喷水处理法可用于任何空调系统，特别是在有条件利用地下水或山涧水等天然冷源的场合，宜采用这种方法。此外，当空调房间的生产工艺要求严格控制空气的相对湿度(如化纤厂)或要求空气具有较高的相对湿度(如纺织厂)时，用喷水室处理空气的优点尤为突出。但是这种方法也有缺点，主要是耗水量大、机房占地面积较大以及水系统比较复杂。

(3)通风机

通风机用于为空气气流提供必需的动力以克服输送过程中的压力损失。在通风工程中，根据通风机的作用原理主要有离心式和轴流式两种类型。在特殊场所使用的还有高温通风机、防爆通风机、防腐通风机和耐磨通风机等。

① 离心式通风机

离心式通风机简称离心风机，如图 2-67 所示，与离心式水泵相类似，同属流体机械的一种类型。它由叶轮、机轴、机壳、集流器(吸风口)、电机等部分组成。叶轮上有一定数量的叶片，机轴由电动机带动旋转，叶片间的空气随叶轮旋转而获得离心力，并从叶轮中心以高速抛出叶轮之外，汇集到螺旋线形

图 2-67　离心式通风机

的机壳中,速度逐渐减慢,空气的动压转化成静压获得一定的压能,最终从排风口压出。当叶轮中的空气被压出后,叶轮中心处形成负压,此时室外空气在大气压力作用下由吸风口吸入叶轮,再次获得能量后被压出,形成连续的空气流动。

不同用途的风机在制作材料及构造上有所不同。用于一般通风换气的普通风机(输送空气的温度不高于80℃,含尘浓度不大于150mg/m^3)通常用钢板制作,小型的也有铝板制作的;除尘风机要求耐磨和防止堵塞,由此钢板较厚,叶片较少并呈流线型;防腐风机一般用硬聚氯乙烯板或不锈钢板制作;防爆风机的外壳和叶轮均用铝、铜等有色金属制作,或外壳用钢板而叶轮用有色金属制作等。

②轴流式通风机

图 2-68　轴流式通风机

轴流式通风机简称轴流风机,如图2-68所示,叶轮安装在圆筒形外壳中,叶轮由轮毂和铆在其上的叶片组成,叶片与轮毂平面安装成一定的角度。叶片的构造形式很多,如帆翼型扭曲或不扭曲的叶片,等厚板型扭曲或不扭曲叶片等。大型轴流风机的叶片安装角度是可以调节的,借以改变风量和全压。

轴流风机与离心风机相比较,在性能上最主要的差别是:轴流风机产生风压较小,单级式轴流风机的风压一般低于300Pa;轴流风机自身体积小、占地少,可以在低压下输送大流量空气,噪声大,允许调节范围很小等。轴流风机一般多用于无须设置管道以及风道阻力较小的通风系统。

任务二练习题

请完成本任务的练习题,习题答案与解析请查看本模块末。

习题1:机械排烟管道材料必须采用(　　)。

A. 不燃材料

B. 难燃材料

C. 可燃材料

D. A、B两类材料均可

习题2:风机盘管加新风空调系统属于(　　)空调系统。

A. 集中式　　B. 局部式　　C. 半集中式　　D. 分散式

习题3:空气调节系统的核心部分是(　　)。

A. 冷热源　　B. 空气处理设备

C. 空气输配系统　　D. 被调对象

习题4:空调调节的"四度"有__________、__________、__________和__________。

习题5:蒸气压缩式制冷系统由__________、__________、__________和__________四大设备组成。

任务三　通风空调施工图识读

学习目标

【素质】具备暖通空调项目的图纸规范意识，具备施工图新技术(BIM)适应能力。
【知识】熟悉通风空调施工图的组成、各系统施工图阅读方法。
【能力】能够进行暖通空调施工图综合识读。

1. 通风与空调工程施工图的构成

空调工程施工图的构成

空调系统施工图的识读

通风与空调工程施工图一般由两大部分组成，即文字部分和图纸部分。文字部分包括图纸目录、设计施工说明、设备及主要材料表。

图纸部分包括基本图和详图。基本图包括空调通风系统的平面图、剖面图、轴测图、原理图等。详图包括系统中某局部或部件的放大图、加工图、施工图等。如果详图中采用了标准图或其他工程图纸，那么在图纸目录中必须附有说明。

(1)图纸目录

包括在工程中使用的标准图纸或其他工程图纸目录和该工程的设计图纸目录。在图纸目录中必须完整地列出该工程设计图纸名称、图号、工程号、图幅大小、备注等。表 2-2 是某工程图纸目录的范例。

表 2-2　图纸目录范例

<table>
<tr><td colspan="2" rowspan="2">×××设计院</td><td>工 程 名 称</td><td colspan="2">× × 综 合 楼</td><td colspan="2">设计号　B 93—28</td></tr>
<tr><td>项　　目</td><td colspan="2">主　　楼</td><td colspan="2">共 2 页　第 1 页</td></tr>
<tr><td rowspan="2">序号</td><td rowspan="2">图别图号</td><td rowspan="2">图 纸 名 称</td><td colspan="2">采用标准图或重复使用图</td><td rowspan="2">图纸尺寸</td><td rowspan="2">备　注</td></tr>
<tr><td>图集编号或工程编号</td><td>图别图号</td></tr>
<tr><td>1</td><td>暖施 1</td><td>施工说明</td><td></td><td></td><td>2#</td><td></td></tr>
<tr><td>2</td><td>暖施 2</td><td>订购设备或材料表</td><td></td><td></td><td>4#</td><td></td></tr>
<tr><td>3</td><td>暖施 3</td><td>地下二层通风平面图</td><td></td><td></td><td>2#</td><td></td></tr>
<tr><td>4</td><td>暖施 4</td><td>地下一层通风平面图</td><td></td><td></td><td>2#</td><td></td></tr>
<tr><td>5</td><td>暖施 5</td><td>地下一层冷冻机房平面图</td><td></td><td></td><td>2#</td><td></td></tr>
<tr><td>6</td><td>暖施 6</td><td>底层空调机房空调平、剖面图</td><td></td><td></td><td>2#</td><td></td></tr>
<tr><td>7</td><td>暖施 7</td><td>五层空调平面图</td><td></td><td></td><td>2#</td><td></td></tr>
<tr><td>8</td><td>暖施 8</td><td>六、七、十层空调平面图</td><td></td><td></td><td>2#</td><td></td></tr>
<tr><td>9</td><td>暖施 9</td><td>八层空调平面图</td><td></td><td></td><td>2#</td><td></td></tr>
<tr><td>10</td><td>暖施 10</td><td>九层空调平面图</td><td></td><td></td><td>2#</td><td></td></tr>
</table>

续表 2-2

×××设计院	工程名称	××综合楼	设计号　B 93—28
	项　目	主　楼	共 2 页　第 1 页

序号	图别图号	图纸名称	采用标准图或重复使用图		图纸尺寸	备　注
			图集编号或工程编号	图别图号		
11	暖施 11	十一层通风平面图			2#	
12	暖施 12	十三层空调平面图			2#	
13	暖施 13	十三层通风平面图			2#	
14	暖施 14	十四层空调平面图			2#	
15	暖施 15	十四层通风平面图			2#	
16	暖施 16	十五至二十五层客房空调平面图			2#	
17	暖施 17	二十六层办公空调平面图			2#	
18	暖施 18	二十七、二十八办公空调平面图			2#	
19	暖施 19	二十九层办公空调平面图			2#	
20	暖施 20	三十层通风平面图			2#	
21	暖施 21	三十一层空调机房平、剖面图			2#	
22	暖施 22	三十二层空调系统图			2#	
23	暖施 23	三十二层通风系统图			2#	
24	暖施 24	地下室通风系统图			2#	
25	暖施 25	五、十二层空调系统图			2#	
26	暖施 26	八、九、十一、十三层空调系统图			2#	
27	暖施 27	三十层空调系统图			3#	
28	暖施 28	客房及办公室通风系统图			2#	

(2)设计施工说明

设计施工说明包括采用的气象数据、通风空调系统的划分及具体施工要求等，有时还附有风机、水泵、空调箱等设备的明细表。

主要内容包括：通风空调系统的建筑概况；系统采用的设计气象参数；空调房间的设计条件(冬季、夏季空调房间内空气的温度、相对湿度、平均风速、新风量、噪声等级、含尘量等)；空调系统的划分与组成(系统编号、系统所服务的区域、送风量、设计负荷、空调方式、气流组织)；空调系统的设计运行工况(只有要求自动控制时才有)；风管系统和水管系统的一般规定、风管材料及加工方法、支吊架及阀门安装要求、减振做法、保温等；设备的安装要求；防腐要求；系统调试和试运行方法和步骤；应遵守的施工规范、规定等。

(3)平面图

平面图包括建筑物各层面各空调通风系统的平面图、空调机房平面图、冷冻机房平面图等。

① 通风空调系统平面图

暖通漫游

空调通风系统平面图主要说明通风空调系统的设备、系统风道、冷热媒管道、凝结水管道的平面布置。它的内容主要包括：

风管系统　一般以双线绘出，包括风管系统的构成、布置及风管上各部件、设备的位置。例如异径管、三通接头、四通接头、弯管、检查孔、测定孔、调节阀、防火阀、送风口、排风口等，并且注明系统编号、送回风口的空气流动方向。

水管系统　一般以单线绘出，包括冷、热媒管道及凝结水管道的构成、布置以及水管上各部件、设备的位置，例如异径管、三通接头、四通接头、弯管、温度计、压力表、调节阀等，并且注明冷、热媒管道内的水流动方向、坡度。

空气处理设备　包括各设备的轮廓、位置。

尺寸标注　包括各种管道、设备、部件的尺寸大小、定位尺寸及设备基础的主要尺寸，以及各设备、部件的名称、型号、规格等。

此外，对于引用标准图集的图纸，还应注明所用的通用图、标准图索引号。对于恒温恒湿房间，应注明房间各参数的基准值和精度要求。

② 空调机房平面图

空调机房平面图一般包括以下内容：

空气处理设备　注明按标准图集或产品样本要求所采用的空调器组合段代号，空调箱内风机、加热器、表冷器、加湿器等设备的型号、数量，以及该设备的定位尺寸。

风管系统　用双线表示，包括与空调箱相连接的送风管、回风管、新风管。

水管系统　用单线表示，包括与空调箱相连接的冷、热媒管道及凝结水管道。

尺寸标注　包括各管道、设备、部件的尺寸大小、定位尺寸。

其他的还有消声设备、柔性短管、防火阀、调节阀门的位置尺寸。

图 2-69 是某大楼底层空调机房平面图。从图中可以看出，该空调机房使用的空调箱型号为 DBK-12B(X)，空调箱上面是送风管，尺寸为 1250mm×400mm，空调箱被送风管挡住了。以虚线表示的是回风管，尺寸为 1250mm×400mm。空调箱内的设备没有详细画出，但有三根水管与空调箱相连接，三根水管为送水管、回水管和冷凝水管。图上还标有防火调节阀、软接头、水管调节阀，以及各设备、管道的定位尺寸等。

③ 冷冻机房平面图

冷冻机房与空调机房是两个不同的概念，冷冻机房内的主要设备为空调机房内的空调箱提供冷媒或热媒。也就是说，与空调箱相连接的冷、热媒管道内的液体来自于冷冻机房，而且最终又回到冷冻机房。因此，冷冻机房平面图的内容主要有制冷机组的型号与台数、冷冻水泵和冷凝水泵的型号与台数、冷(热)媒管道的布置以及各设备、管道和管道上的配件(如过滤器、阀门等)的尺寸大小和定位尺寸。

(2)剖面图

剖面图总是与平面图相对应的，用来说明平面图上无法表明的情况。因此，与平面图相对应的空调通风施工图中剖面图主要有空调通风系统剖面图、空调通风机房剖面图和冷冻机房剖面图等。至于剖面和位置，在平面图上都有说明。剖面图上的内容与平面图上的内容是一致的，有所区别的一点是：剖面图上还标注有设备、管道及配件的高度。

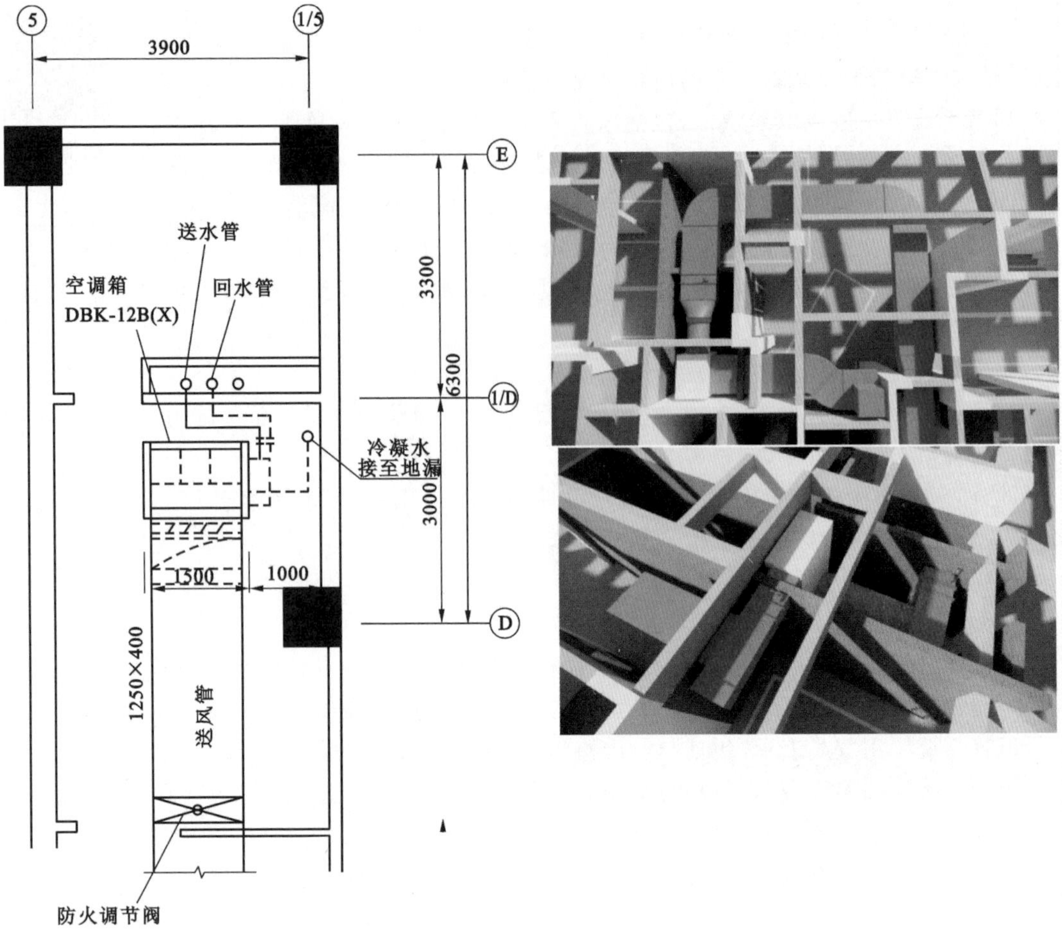

图 2-69　某大楼底层空调机房平面图

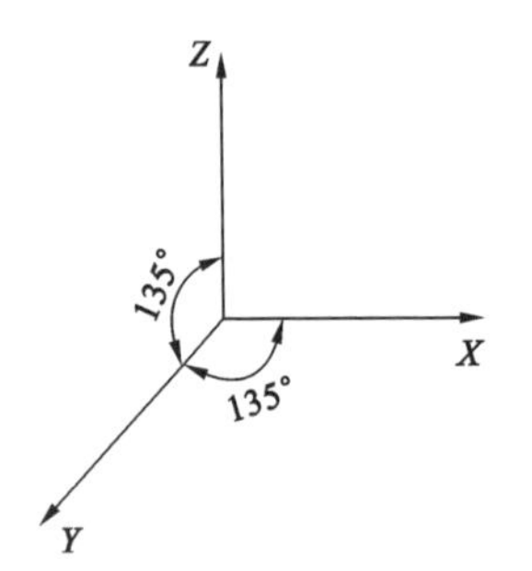

图 2-70　系统轴测图的三维坐标

(3)系统图(轴测图)

系统轴测图采用的是三维坐标,如图 2-70 所示。它的作用是从总体上表明所讨论的系统构成情况及各种尺寸、型号和数量等。

具体地说,系统图上包括该系统中设备、配件的型号、尺寸、定位尺寸、数量以及连接于各设备之间的管道在空间的曲折、交叉、走向和尺寸、定位尺寸等。系统图上还应注明该系统的编号。

图 2-71 是用单线绘制的某空调通风系统的系统图。虽然系统图无比例可言,但从该图上可以了解该系统的整体情况:首先室内回风与新风在混风箱混合,然后经空调箱处理后送入各房间;其次可见风管上的弯头、阀门、变径管的位置与数量;还可以看到该系统的送、回风口型号、数量、风口空气流向,以及风管系统在空间的走向、分布情况;最后还有各种风管尺寸与标高等。总而言之,通过系统图可以了解系统的整体情况,对系统的概貌有个全面的认识。

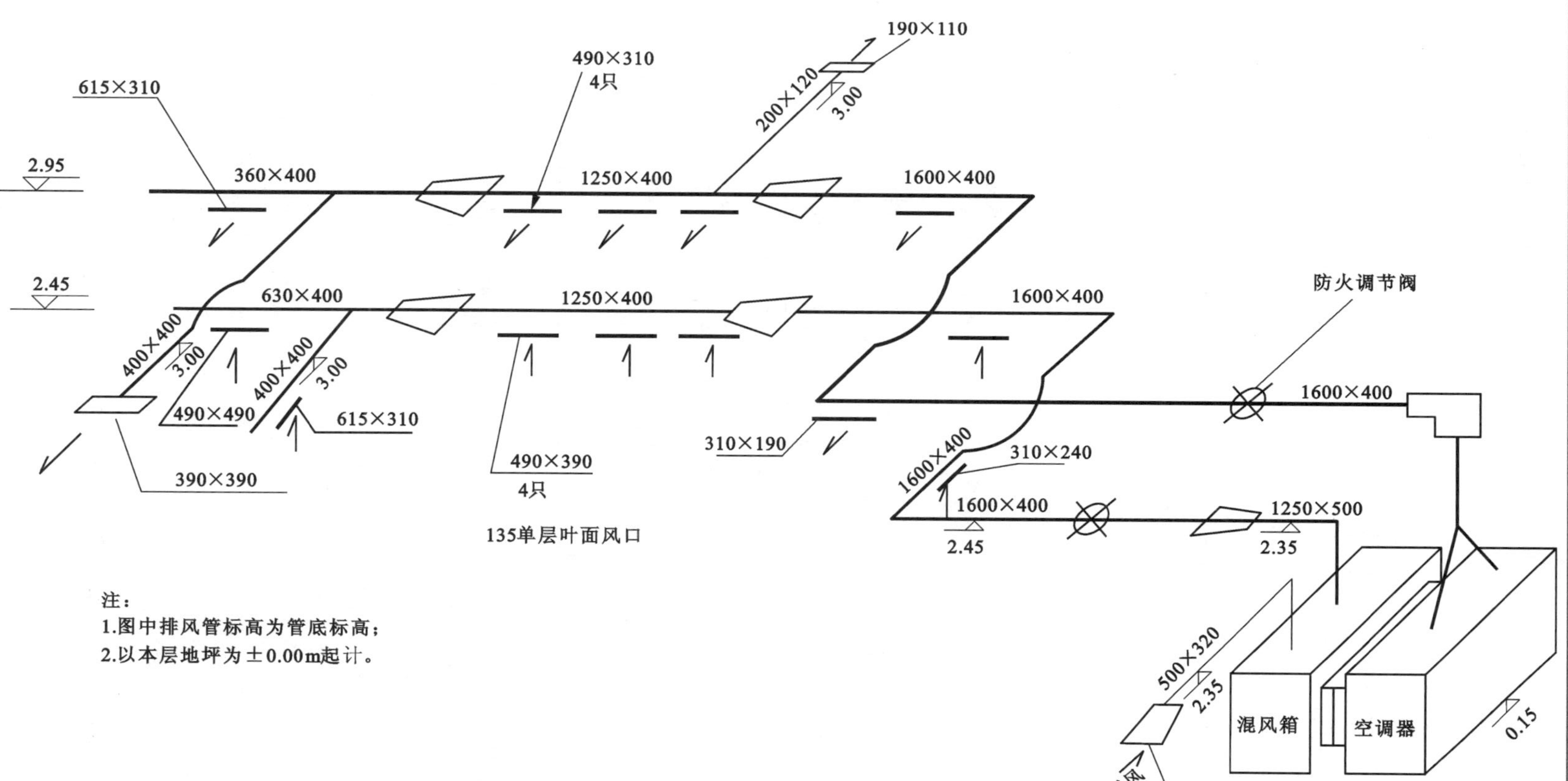

注：
1.图中排风管标高为管底标高；
2.以本层地坪为±0.00m起计。

图 2-71　用单线绘制的某空调通风系统的系统图

系统图可以用单线绘制，也可以用双线绘制。虽然双线绘制的系统图比单线绘制的更加直观，但绘制过程比较复杂，因此，工程上多采用单线绘制系统图。

(4)原理图

原理图一般为空调原理图，它主要包括以下内容：系统的原理和流程；空调房间的设计参数、冷热源、空气处理和输送方式；控制系统之间的相互关系；系统中的管道、设备、仪表、部件；整个系统控制点与测点间的联系；控制方案及控制点参数；用图例表示的仪表、控制元件型号等。

(5)详图

空调通风工程图所需要的详图较多，总的来说，有设备、管道的安装详图，设备、管道的加工详图，设备、部件的结构详图等。部分详图有标准图可供选用。

图 2-72 所示是风机盘管接管详图。

空调工程施工图的识读方法

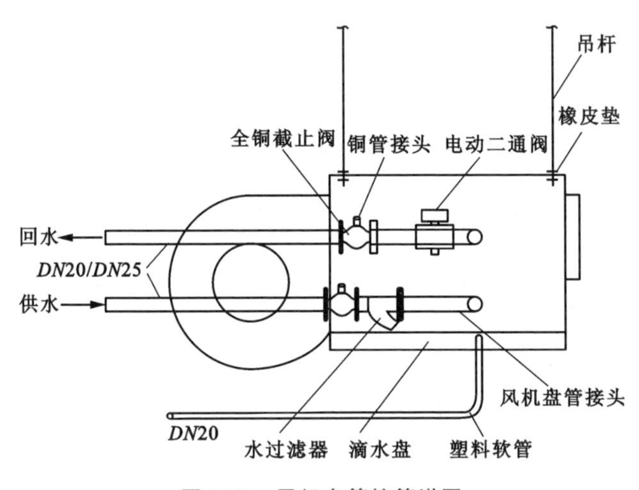

图 2-72 风机盘管接管详图

可见，详图就是对图纸主题的详细阐述，而这些是在其他图纸中无法表达但又必须表达清楚的内容。

以上是空调通风工程施工图的主要组成部分。可以说，通过这几类图纸就可以完整、正确地表述出空调通风工程的设计者的意图，施工人员根据这些图纸也就可以进行施工、安装了。在阅读这些图纸时，还需注意以下几点：

① 空调通风平、剖面图中的建筑与相应的建筑平、剖面图是一致的，空调通风平面图是在本层天棚以下按俯视图绘制的。

② 空调通风平、剖面图中的建筑轮廓线只是与空调通风系统有关的部分(包括有关的门、窗、梁、柱、平台等建筑构配件的轮廓线)，同时还有各定位轴线编号、间距以及房间名称。

③ 空调通风系统的平、剖面图和系统图可以按建筑分层绘制，或按系统分系统绘制，必要时对同一系统可以分段进行绘制。

2. 通风与空调施工图的特点及识读方法

(1)通风与空调工程施工图的特点

空调通风施工图作为专业性的图纸，有着自身的特点。了解这些特点，有助于对施工图的认识与理解，使施工图的识图过程变得比较容易。

以下是空调通风施工图的几个主要特点：

① 空调通风施工图的图例

空调通风施工图上的图形不能反映实物的具体形象与结构，它采用了国家规定的统一的图例符号来表示，这是空调通风施工图的一个特点，也是对阅读者的一个要求：阅读前，应首先了解并掌握与图纸有关的图例符号所代表的含义。

② 风、水系统环路的独立性

在空调通风施工图中，风管系统与水管系统（包括冷冻水、冷却水系统）按照它们的实际情况出现在同一张平、剖面图中，但是在实际运行中，风系统与水系统具有相对独立性。因此，在阅读施工图时，首先将风系统与水系统分开阅读，然后再综合起来。

③ 风、水系统环路的完整性

空调通风系统，无论是水管系统还是风管系统，都可以称之为环路，这就说明风管、水管系统总是有一定来源，并按一定方向通过干管、支管，最后与具体设备相接，多数情况下又将回到它们的来源处，形成一个完整的系统，如图 2-73 所示。

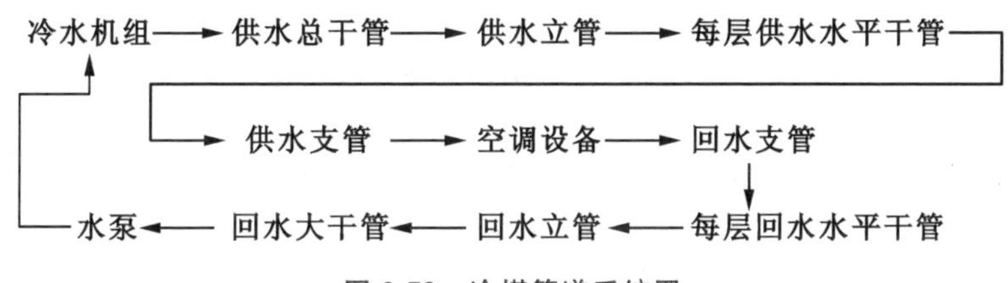

图 2-73　冷媒管道系统图

可见，系统形成了一个循环往复的完整的环路。我们可以从冷水机组开始阅读，也可以从空调设备处开始，直至经过完整的环路又回到起点。

风管系统同样可以梳理出这样的环路，如图 2-74 所示。

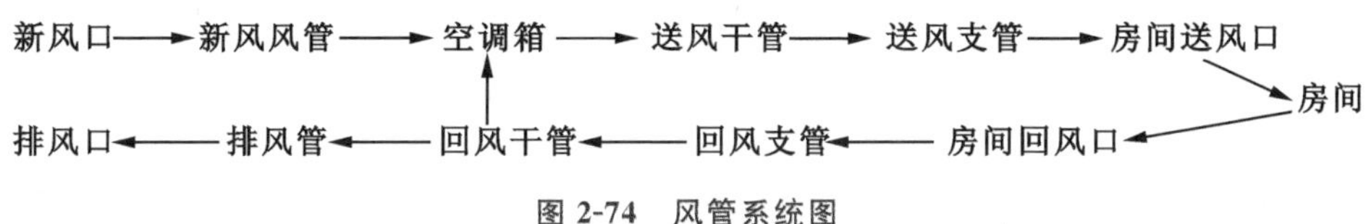

图 2-74　风管系统图

对于风管系统，可以从空调箱处开始阅读，逆风流动方向看到新风口，顺风流动方向看到房间，再至回风干管、空调箱，再看回风干管到排风管、排风口这一支路。也可以从房间处看起，研究风的来源与去向。

④ 空调通风系统的复杂性

空调通风系统中的主要设备，如冷水机组、空调箱等，其安装位置由土建决定，这使得风管系统与水管系统在空间的走向往往是纵横交错，在平面图上很难表示清楚，因此，空调通风系统的施工图中除了大量的平面图、立面图外，还包括许多剖面图与系统图，它们对读懂图纸有重要帮助。

⑤ 与土建施工的密切性

空调通风系统中的设备、风管、水管及许多配件的安装都需要土建的建筑结构来容纳与支撑，因此，在阅读空调通风施工图时，要查看有关图纸，密切与土建配合，并及时对土建施工提出要求。

(2)通风与空调施工图识图的基础

空调通风施工图的识图基础,需要特别强调并掌握以下几点:

① 空调调节的基本原理与空调系统的基本理论

这些是识图的理论基础,没有这些基本知识,即使有很高的识图能力,也无法读懂空调通风施工图的内容。因为空调通风施工图是专业性图纸,没有专业知识作为铺垫就不可能读懂图纸。

② 投影与视图的基本理论

投影与视图的基本理论是任何图纸绘制的基础,也是任何图纸识图的前提。

③ 空调通风施工图的基本规定

空调通风施工图的一些基本规定,如线型、图例符号、尺寸标注等,直接反映在图纸上,有时并没有辅助说明,因此掌握这些规定有助于识图过程的顺利完成,不仅帮助我们认识空调通风施工图,而且有助于提高识图的速度。

(3)空调通风施工图的识图方法与步骤

① 阅读图纸目录

根据图纸目录了解该工程图纸的概况,包括图纸张数、图幅大小及名称、编号等信息。

② 阅读施工说明

根据施工说明了解该工程概况,包括空调系统的形式、划分及主要设备布置等信息。在此基础上,确定哪些图纸代表该工程的特点、属于工程中的重要部分,图纸的阅读就从这些重要图纸开始。

③ 阅读有代表性的图纸

在第二步中确定了代表该工程特点的图纸,现在就根据图纸目录,确定这些图纸的编号,并找出这些图纸进行阅读。在空调通风施工图中,有代表性的图纸基本上都是反映空调系统布置、空调机房布置、冷冻机房布置的平面图,因此,空调通风施工图的阅读基本上是从平面图开始的,先是总平面图,然后是其他的平面图。

④ 阅读辅助性图纸

对于平面图上没有表达清楚的地方,就要根据平面图上的提示(如剖面位置)和图纸目录找出该平面图的辅助图纸进行阅读,包括立面图、侧立面图、剖面图等。对于整个系统可参考系统图。

⑤ 阅读其他内容

在读懂整个空调通风系统的前提下,再进一步阅读施工说明与设备及主要材料表,了解空调通风系统的详细安装情况,同时参考加工、安装详图,从而完全掌握图纸的全部内容。

以上是空调通风施工图的基本识图方法与步骤,具体的识图过程应遵守其基本原则与方法,同时注意本章中提出的空调通风施工图的特点,它们是相辅相成、互相促进的。

对于初次接触空调施工图的读者,识图的难点在于如何区分送风管与回风管、供水管与回水管。送风管与回风管的识别在于:以房间为界,一般将送风管的送风口在房间内均匀布置,管路复杂;回风管一般集中布置,管路相对简单些。另外,可从送风口、回风口上区别,送风口一般为双层百叶、方形(圆形)散流器、条缝形等,回风口一般为单层百叶、单层格栅。有的图中还标示出送回风口气流方向,则更便于区分。还有一点,回风管一般与新风管(通过设于外墙或新风井的新风口吸入)相接,然后一起混合被空调箱吸入,经空调箱处理后送至送风管。供水管与回水管的区分在于:一般而言,回水管与水泵相连,经过水泵抽至冷水机组,经冷水机组冷却后送至供水管,有一点至为重要,即回水管基本上与膨胀水箱的膨胀管相连;另外,空调施工图基本上用粗实线表示供水管,用粗虚线表示回水管。

(4)BIM 模型

(**思政 tips**:*BIM 技术属于建筑信息化的基础技术,在机电安装,特别是暖通空调领域有广泛应用,能够在构配件制作、平衡调试、碰撞检查等领域发挥重要作用。*)BIM 在暖通空调领域的应用主要有以下几个方面:

① 风管的制作。在风管制作中通风与空调专业工程师利用软件,将会审后的图纸进行三维建模,集成统计材料总量,如风管的总长度,甚至辅件用量。项目通过三维图纸可直接看到所有风管模拟影像(图 2-75),精确测量需要加工风管等材料的尺寸,由 BIM 模型导出风管相关数据并进行汇总。专业工程师按照实际经验增大损耗系数后可直接向风管加工厂下单购买,并将生产尺寸直接发到各专业班组手上,实现工厂化预制和现场整体装配施工,务求将风管漏风量及变形量等检测项目预控在施工阶段。

图 2-75　BIM 暖通风管材料示意图

② 风系统平衡调试。利用 BIM 绘制风管的三维图像,取代简单的平面草图;将风口风量测定计算公式引入 BIM 的三维图像中,利用软件自动算出各风口风量的比值,从而快速确定基准风口,并以此为基础进行风量调整,达到高效、准确的目的。

③ 水系统平衡调试。利用 BIM 绘制水系统的三维图像,取代简单的平面草图;另外,将流量测定计算公式引入 BIM 的三维图像中,利用软件自动算出各调节阀的流量比值,从而快速确定应最先进行平衡调整的管路和指示阀;并以此为基础进行水量平衡的调整,达到高效、准确的目的。

④ 管线碰撞检查。利用 BIM 绘制的暖通管线和设备,可以与同一空间的给排水、消防和电气桥架等管线完成碰撞检查,提前做好线路的变更和穿越、避让等处理。

3. 通风与空调施工图实训

(1)某大厦多功能厅空调施工图

图 2-76 所示为多功能厅空调平面图,图 2-77 为其剖面图,图 2-78 为风管系统轴测图。从这些图上可以看出,空调箱设在机房内。有了这个大致印象,就可以开始识图了。我们在这里仅识读风管系统。首先,从空调机房开

空调工程施工图的识读举例

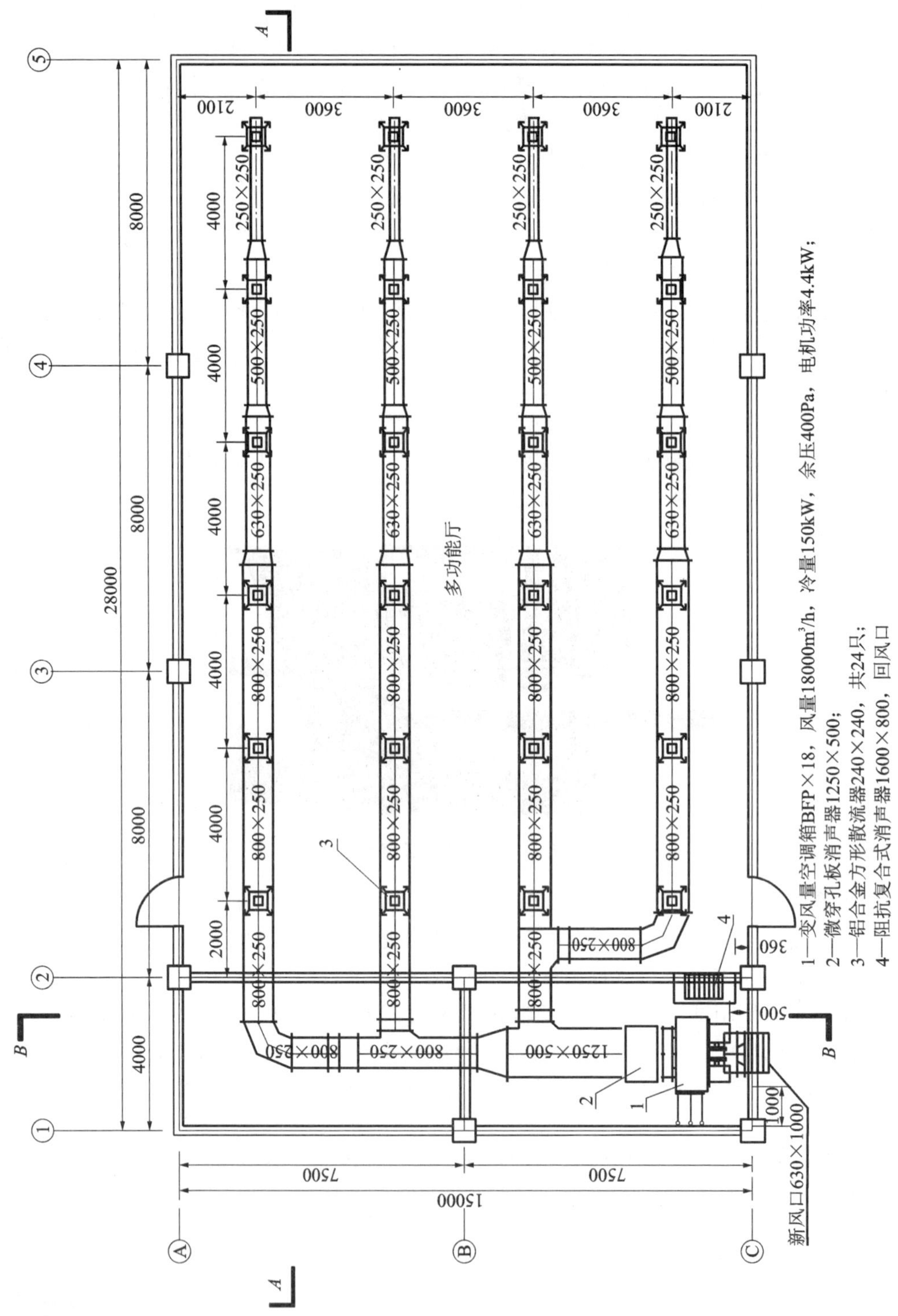

图 2-76　多功能厅空调平面图

始。空调机房Ⓒ轴外墙上有一带调节阀的风管（630×1000），这是新风管，空调系统由此新风管从室外吸入新鲜空气以补充室内人员消耗的氧气。在空调机房②轴内墙上有一消声器 4，

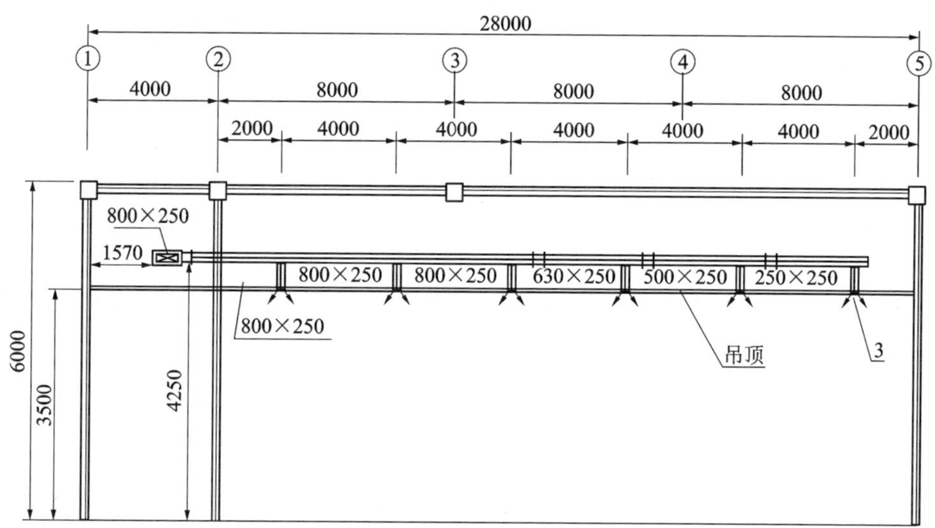

A—A剖面图 1:150

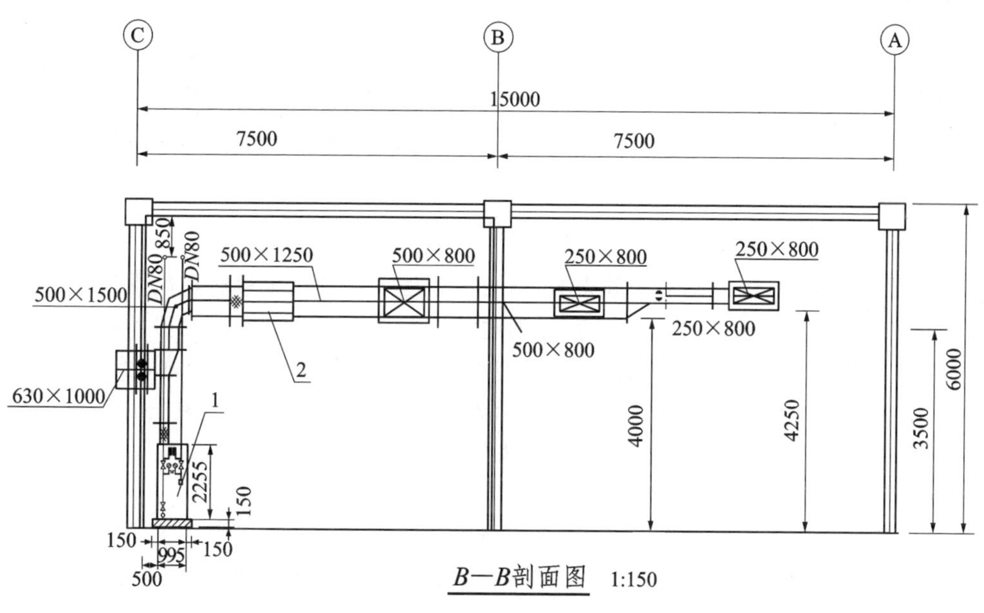

B—B剖面图 1:150

图 2-77 多功能厅空调剖面图

这是回风管，室内大部分空气由此消声器吸入回到空调机房。空调机房内有一空调箱 1，该空调箱从剖面图可看出在其侧面下部有一不接风管的进风口（很短，仅 50～100mm），新风与回风在空调机房内混合后被空调箱由此进风口吸入，经冷热处理，由空调箱顶部的出风口送至送风干管，首先，送风经过防火阀，然后经过消声器 2，流入送风管（1250×500），在这里分出第 1 个分支管（800×500），再往前流，经过管道（800×500），又分出第 2 个分支管（800×250），继续往前流，即流向第三个分支管(800×250)，在第三个分支管上有240×240方形散流器3共6只，送风便通过这些方形散流器送入多功能厅。然后，大部分回风经消声器2回到空调机房，与新风混合被吸入空调箱1的进风口，完成一次循环。另一小部分室内空气经门窗缝隙渗到室外。

从 *A—A* 剖面图可以看出房间层高为6m，吊顶离地面高度为3.5m，风管暗装在吊顶内，送风口直接开在吊顶面上，风管底标高分别为4.25m和4m，气流组织为上送下回。

从 *B—B* 剖面图上可以看出，送风管通过软接头直接从空调箱上部接出，沿气流方向高度不断减小，从500mm变成了250mm。从该剖面图上也可以看到三个送风支管在这根总风管上的接口位置。

系统轴测图(图2-79)清晰地表示出该空调系统的构成、管道空间走向及设备的布置情况。

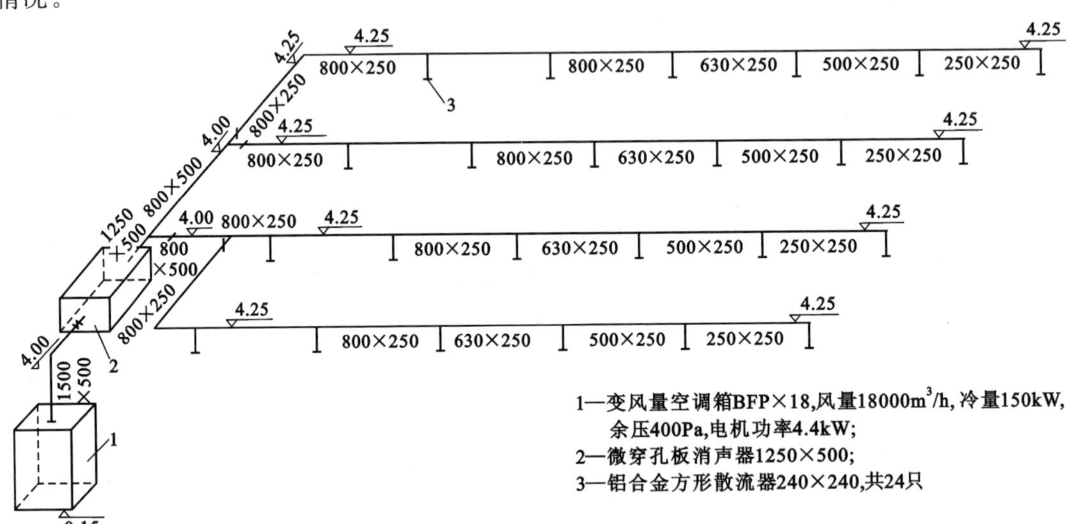

图2-78　多功能厅空调风管系统轴测图

将平面图、剖面图、轴测图对照起来看，就可清楚地了解到这个带有新风、回风的空调系统的情况，首先是多功能厅的空气从地面附近通过消声器4被吸入到空调机房，同时新风也从室外被吸入到空调机房。新风与回风混合后从空调箱进风口吸入到空调箱内，经空调箱冷(热)处理后经送风管道送至多功能厅送风方形散流器风口，空气便送入了多功能厅。这显然是一个一次回风的全空气风系统，至此，风系统识图完成。

(2)金属空气调节箱总图

在看设备的制造或安装详图时，一般是在概括了解这个设备在管道系统中的地位、用途和工作情况后，从主要的视图开始，找出各视图间的投影关系，并参考明细表，再进一步了解它的构造及零件的装配情况。

图2-79所示的叠式金属空气调节箱是一种体积较小、构造较紧凑的空调器，它的构造是标准化的，详细构造见国家标准供暖通风标准图集T706-3号的图样。这里所画的三个剖视图是这种空调箱的总图，分别为 *A—A*、*B—B*、*C—C* 剖面图。

从三个剖面图及标注的零、部件名称来看，这个空调箱总的分为上下两层，每层包括三段，总共有六段。制造时也就是分成六段，分别用型钢、钢板等制成箱体，再装上各类配件而成，分段制造完后再拼接成整体。这六段的名称和作用分述如下：

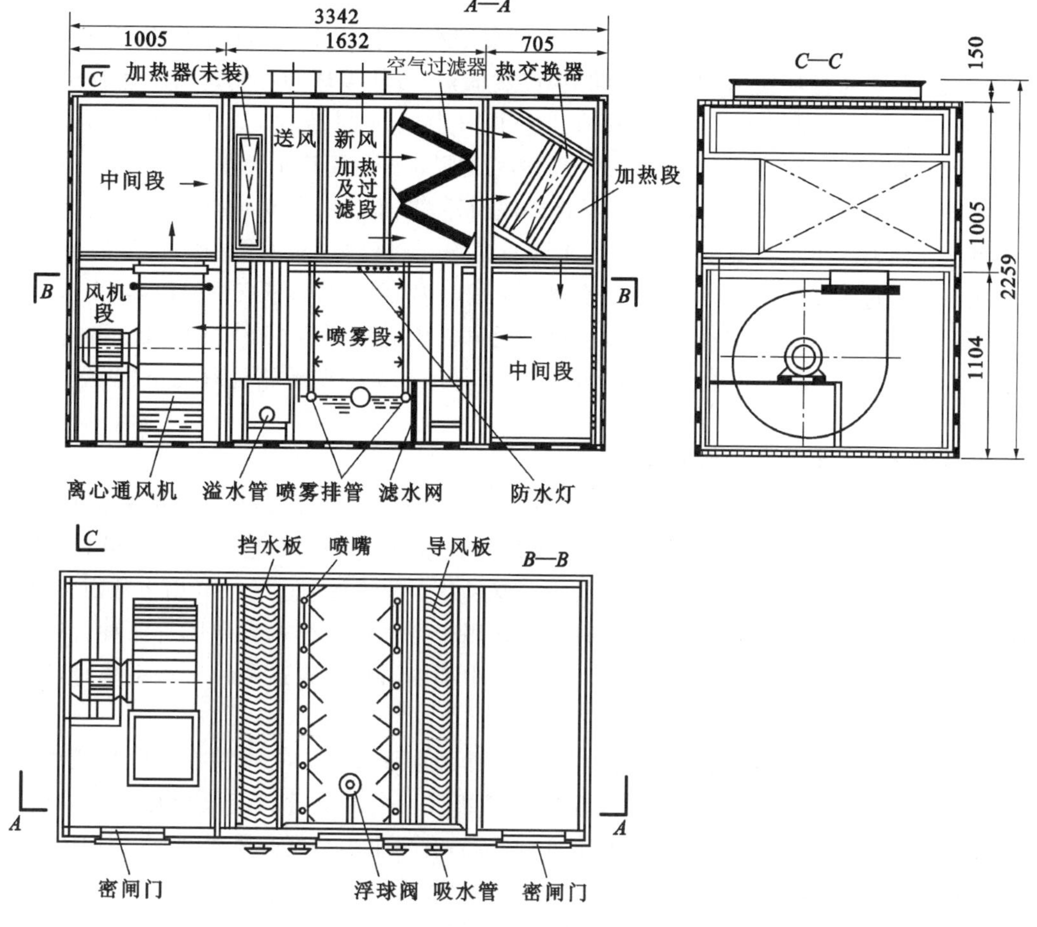

图 2-79　叠式金属空气调节箱总图

上层的三段是：a. 左面的叫中间段，它是一个空的箱体，中间没有什么设备，只供空气从这里通过。b. 中间一段叫加热及过滤段，本段较大且很重要，它的左方是装加热器的部位（但在本工程中因不需要而未装上）；中部顶上有两个带法兰盘的矩形管，是用来与新风管和送风管相连接的，两管中间的下方有钢板把箱体隔开；右部装设过滤器，过滤器装成“之”字形以增加空气流通的面积，过滤器共九只，分装在三个型钢做的框架上，过滤器是用钢板做成矩形框子，框子的两面用直径 1mm 的铁丝做成 10mm×10mm 网格，网格之间装入开孔率为 400 孔/cm^2、厚度为 16mm 的聚氨酯泡沫塑料。c. 右段叫加热段，热交换器倾斜装在角钢做的托架上，以利空气顺利通过（作为降温之用时，只要换热媒为冷媒即可）。

下层的三段是：a. 右面叫中间段，也没有别的设备，只供空气流过。b. 中部叫喷雾段，是很重要且构造复杂的一段。它的右部装有导风板，使从中间段送来的空气经过许多弯折板的通道中间时被引导向一个方向流动，有利于使空气进入喷雾段内受喷淋；喷雾段中部有两根 *DN*50 的水平冷水管，每根管上连接三根 *DN*40 的竖管，每根竖管上有六根 *DN*15 的水平支管，支管端部装尼龙或铜做的喷嘴（竖管和水平支管仅在 *A*—*A* 和 *B*—*B* 剖面图中看到一部分投影，因无侧向剖视，故还未能表示出详细装置情况）。本段左部有挡水板，空气在喷雾段中喷淋后带走的微细水滴经过曲折的挡水板之间的狭窄通道时把水滴挡下，使之不被带到后面的管道中去。本段的下部是水池，喷雾后的冷水经过滤网过滤，由吸水管吸出送回到制冷机房的冷水箱贮存备循环使用，而当水池的水面升高到规定水位时，则由左部溢水槽漫出而经溢流管流回到冷水管，仍备循环使用，如果水池的水位过低，则可从浮球阀控制的给水管补给。c.下层的左部叫风机段，是装设通风机用的。标准图中画出的结构，适用于风量为 8000～12000m^3/h、安装 4-72 型 6 号左旋转 A 式传动离心通风机。如用其他型号及其他传动方式的通风机，则安装部位的尺寸应按需要修改。箱体除底面外，各面都有厚 30mm 的泡沫塑料保温层。

最后，再回顾一下这个空气调节箱的工作总情况：新鲜空气从上层中间顶部的新风口进入，转向右面经过过滤器过滤，再经热交换器加热或降温，之后转向下层中间段，转变流动方向进入喷雾段喷淋处理，然后进到风机段，由离心通风机压送到上层左部的中间段，再右转经过加热器（本例未设置）部位而向上方送风口送出，于是经过空气调节箱处理的空气就进入送风管道系统。

(3)某饭店空气调节管道布置图

近年来，一些饭店建筑对客房的空气调节采用风机盘管为末端冷热交换设备，只要用直径较小的水管送入冷水或热水，即可起到降温或升温的作用。另外，在建筑物每层设置（或几层合设）独立的新风管道系统，把采用体积较小的变风量空调箱处理过的空气用小截面管道送入房间作为补充的新风，这样，在建筑内同时就存在用于空气调节的水管和风管两种管道系统，在空调中称为空气-水系统。因此，当一个平面图中不能清晰地表达两种管道系统时，则应分别画成两个平面图。

常用的风机盘管有卧式及立式两种，图 2-80 所示为卧式暗装（一般装在房间顶棚内）前出风型（WF-AQ 型）的构造示意图。在靠近出风口处有一个由盘管和金属翅片组成的热交换器，夏季送入冷水进行降温，冬季送入热水进行升温；有两个小型离心风机，吸入室内的空气通过热交换器进行冷热交换后再送回室内，这就是风机盘管的原理。

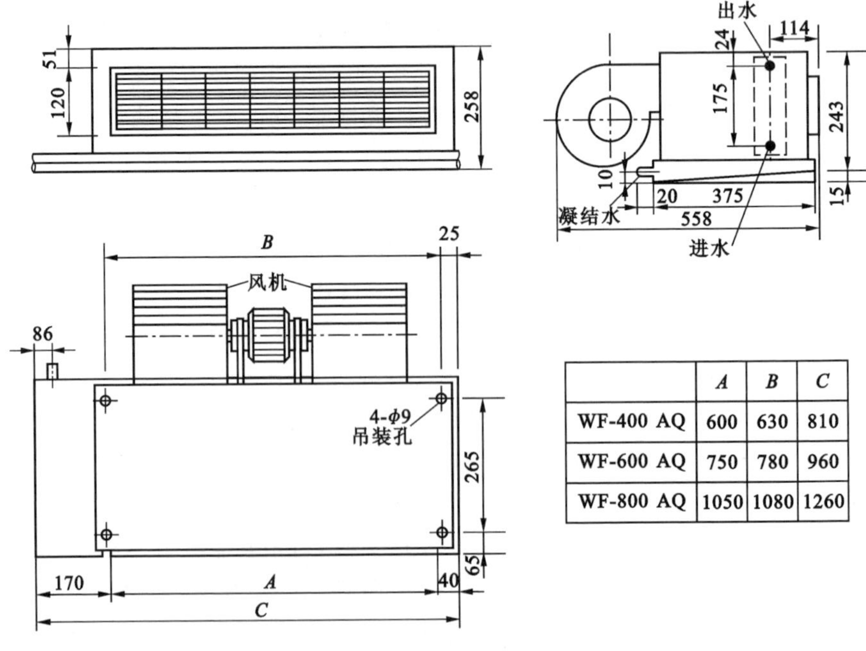

	A	B	C
WF-400 AQ	600	630	810
WF-600 AQ	750	780	960
WF-800 AQ	1050	1080	1260

图 2-80　风机盘管外形图

图 2-82 所示为某饭店顶层客房采用风机盘管作为末端空调设备的新风系统布置图。风机盘管只能使室内空气进行热交换循环作用，故需补充一定量的新鲜空气。本系统的新风进口设在下层一个能使室外空气进入的房间内，是与下层房间的系统共用的，它主要在管道起始处装一个变风量空调器。这个变风量空调箱外形为矩形箱体，进风口处有过滤网，箱内有热交换器和通风机，空气经处理后即送入管道系统。从图 2-99 可见，本层风管系统自建筑左后角的房间接来，风管截面为 1000mm×140mm，到达本层中间走廊口分为二支截面为 500mm×140mm 的干管沿走廊并行装设，后面的一支干管转弯后截面变小为 500mm×120mm。由干管再分出一些截面为 160mm×120mm 的支管把空气送入客房。图 2-81 中房间的风机盘管除前面房间有立式明装外，其余都是卧式暗装，多数装在客房进门走道的顶棚上，并在出口加接一段风管，使空气直接送入房内。有两套较大客房(编号 C 和 D)内各加装了卧式风机盘管一个，加接的风管由干管上部接出，经过一段水平管之后向下弯曲，使出风口朝下，这与其他客房不同。

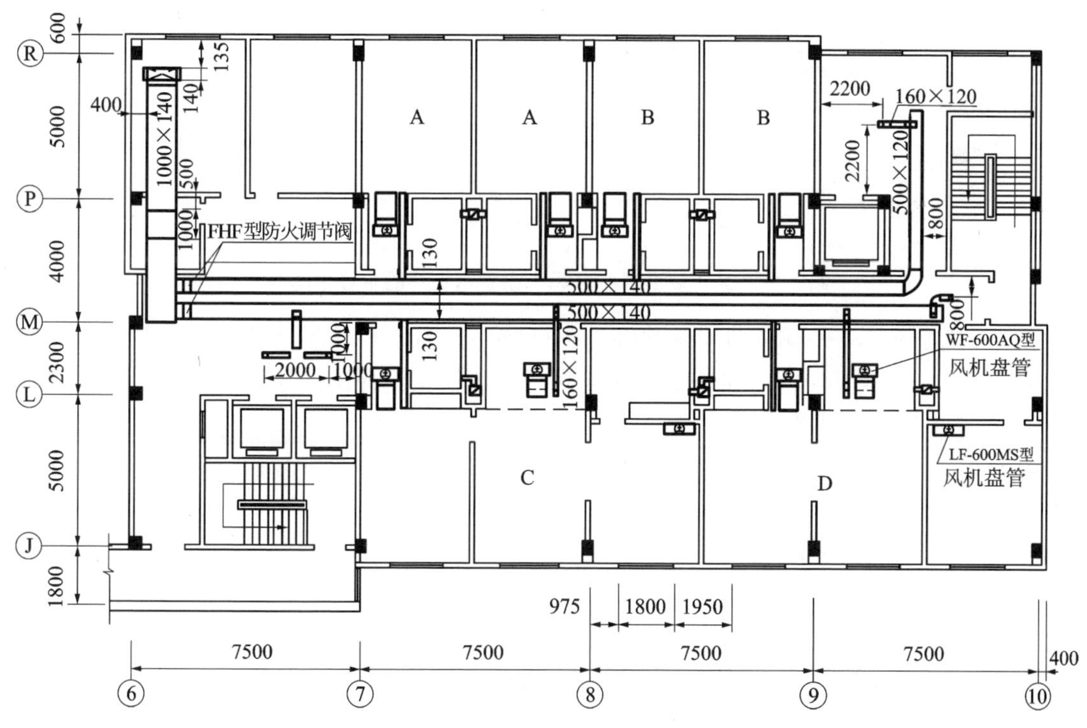

图 2-81　某饭店顶层客房风机盘管新风系统布置平面图

图 2-82 为该顶层客房风机盘管水管系统布置平面图。供水及回水干管都自建筑右后部位楼梯旁专设的垂直管道井中的垂直干管接来，水平供水干管沿走廊装设并分出许多 $DN15$ 的支管向风机盘管供水。由盘管出来的回水用 $DN15$ 的支管接到水平回水干管，再接到垂直干管回流到制冷机房，经冷热处理后再次利用。该层右前面的房间内有一个明装的立式风机盘管，它的供、回水支管的布置较特别，其他各支管与干管的连接情形都是一样的。此外，在 C 号客房中也有一个明装立式风机盘管，它的供、回水是由下一层的水管系统接来的，故图中未画出水管。水平干管的末端装有 PZ-1 型自动排气阀，以便把供、回水管中的气体排出。另外，在盘管的降温过程中，产生由空气中析出的凝结水，先集中到盘管下方的一个水盘内，再由接

在水盘的 $DN15$ 凝结水管接往附近的下水管。若附近无下水道，则专设垂直管道将凝结水接往建筑底层，汇合后通往下水道。

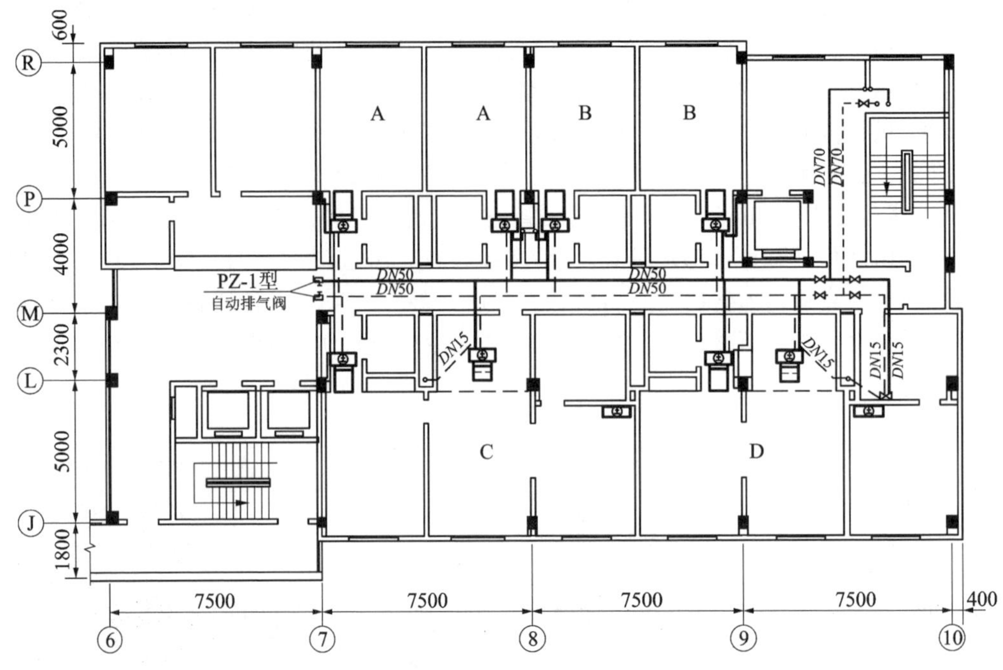

图 2-82　某饭店顶层客房风机盘管水管系统布置平面图

图 2-83 为图 2-81 所示新风系统的轴测图(部分)。为了表示新风进口的情形，加画出原设在下一层的进风口和一段新风总管。装设在送风静压箱下面的变风量空调箱，其型号中的汉语拼音字母 BFP 表示变风量空调箱，X5 表示新风量 $5000m^3/h$，L 表示立式(出风口在上方)，Z 表示进、回水管在箱体左面进出，z 表示过滤网框可从左面抽出。变风量是由三相调压器改变电压而使风机转速改变而达到的。新风管上标注各管道截面，还标出各部位标高，但这些标高是从本层楼面起算的，这样标注较为简单。

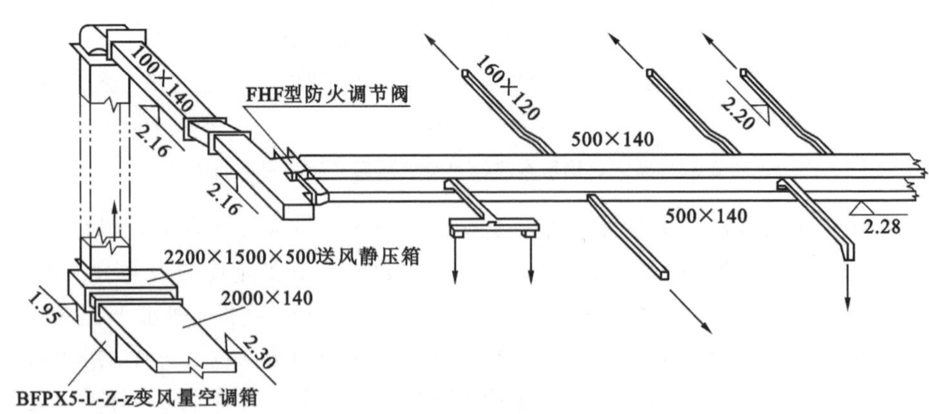

图 2-83　风机盘管新风系统轴测图

图 2-84 为图 2-81 所示水管系统的轴测图(部分)，图中表达了这个水管系统的概貌，看图

可一目了然。

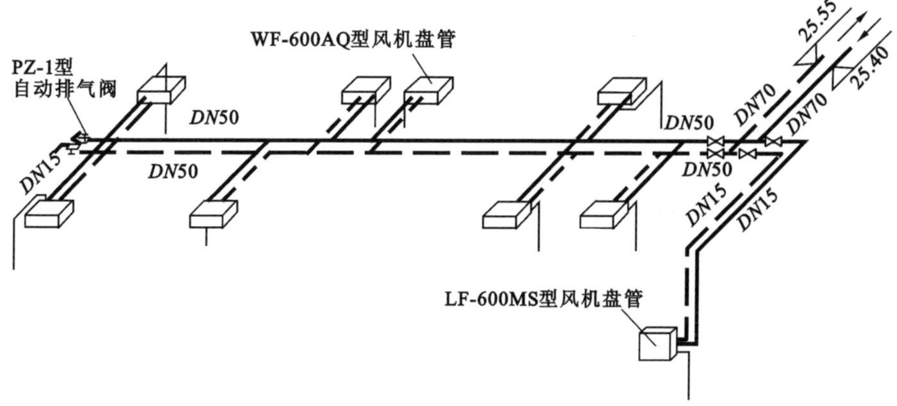

图 2-84　风机盘管水管系统轴测图

任务三练习题

请完成本任务的练习题，习题答案与解析请查看本模块末。

习题 1：通风空调系统中，节点图能够清楚地表示某一部分管道的(　　)，是对平面图及其他施工图不能表达清楚的某点图形的放大。

A. 平面布置位置　　B. 详细结构及尺寸

C. 工作介质　　D. 设备布置

习题 2：供暖系统图中散热器上标注 1.1，表示的是(　　)。

A. 散热器长度为 1.1m　　B. 散热器片数为 11 片

C. 散热器高度为 1.1m　　D. 散热器宽度为 1.1m

习题 3：在建筑通风与空调工程施工图的平面图中风管系统一般以(　　)绘出。

A. 实线　　B. 虚线　　C. 粗线　　D. 双线

习题 4：下列比例不是详图常用的比例为(　　)。

A. 1∶1　　B. 1∶5　　C. 1∶10　　D. 1∶100

习题 5：供暖施工图包括平面图、______、______、设计施工说明和设备材料明细表等。

答案与解析

任务一

1. 答案 D。阀门的作用是开启和关闭水流，膨胀水箱的配管中需要关闭水流的只有排水阀。

2. 答案 B。因为热量有向上移动的特点，要保证楼梯间的热量在垂直方向均匀，散热器尽量布置在底层。

3. 答案 C。因为气体有向上聚集的特点，下供上回式更利于气体的排出。

4. 答案A。

5. 答案A。供暖系统中散热器支管因要及时回流，设计规范规定坡度为0.01。

任务二

1. 答案A。机械排烟管道材料必须采用不燃材料。

2. 答案C。半集中式系统：对室内空气进行处理（加热或冷却、去湿）的设备分设在各个被调节和控制的房间内，而又集中部分处理设备，如冷冻水或热水集中制备或新风进行集中处理等，空气-水系统（eg：风机盘管加新风）属这类系统。

3. 答案B。空气调节系统的组成有：空气处理部分、空气输送部分、空气分配部分和辅助系统部分。空气处理部分是一个包括各种空气处理设备在内的空气处理室，是空气调节系统的核心部分。

4. 答案：温度、湿度、洁净度和空气流速。实现对某一房间或空间内的温度、湿度、洁净度和空气流速等进行调节和控制，并提供足够量的新鲜空气的方法叫作空气调节，简称空调。

5. 答案：蒸气压缩式制冷系统主要由压缩机、冷凝器、节流机构、蒸发器四大设备组成。

任务三

1. 答案B。通风空调系统中，节点图属于细部做法详图，可以看到施工做法。

2. 答案A。供暖系统图中散热器的标注，如果为5以上的整数，一般为片数，如果有小数，一般为长度。

3. 答案D。在建筑通风与空调工程施工图的平面图中，风管系统因有相当宽度，并与水系统区别，一般以双线绘出。

4. 答案D。详图因为需要清楚表达细节做法，常用的比例不可能为1∶100。

5. 答案：供暖施工图包括平面图、系统图、详图、设计施工说明和设备材料明细表等。

模块三　建筑供配电与照明

本模块(建议 12 学时)聚焦于建筑供配电与照明的系统认识(主要为系统功能、系统组成和分类)和相应子系统施工图的识图能力培养,按照系统和任务侧重的不同分为建筑供配电系统、电气照明系统识图基础、建筑防雷接地系统与识图和建筑电气施工图综合识读四个学习任务。

任务一　认识建筑供配电系统

【素质】具备建筑电气领域的节能环保降碳意识。

【知识】了解建筑供配电系统整体、建筑内供配电系统的构成和常见低压电气设备。

【能力】能够分辨建筑供配电网络结构的类型和特征。

1. 整体认识电力系统

(1)电力系统

电力系统是由生产、转换、分配、输送和使用电能的发电厂、变电站、电力线路和用电设备联系在一起组成的统一整体。(**思政 tips:**电力系统是一个整体,是城乡建设系统中的核心,建筑供配电只是末端的使用部分,"西电东输"就是把我国西部生产的电力输往东部地区的超级工程。)图 3-1 为电力系统示意图。

在电力系统中除去发电厂和用电设备以外的部分称为电力网络,简称电网,一个电网由很多变电站和电力线路组成。

电力系统介绍

供配电系统是电力系统的一个重要组成部分,包括电力系统中区域变电站和用户变电站,涉及电力系统电能发、输、配、用的后两个环节,其运行特点、要求与电力系统基本相同。只是由于供配电系统直接面向用电设备及其使用者,因此供用电的安全性尤显重要。供配电系统示意图如图 3-1 中点画线框部分。

电力系统动画

(2)电力系统的电压

① 电力系统的额定电压

额定电压是指能使电气设备长期运行的最经济的电压。(**思政 tips:**最经济不一定表示最省钱,但从更大范围来说,在系统中投入了相同的资源和能源,损耗更少,获得更多的功率,相当于提高了能源的利用率。)各部分电压等级是不同的,众所周知,三相交流系统中,三相视在功率 S 和线电压 U、线电流 I 之间的关系为

$$S = \sqrt{3}UI \tag{3-1}$$

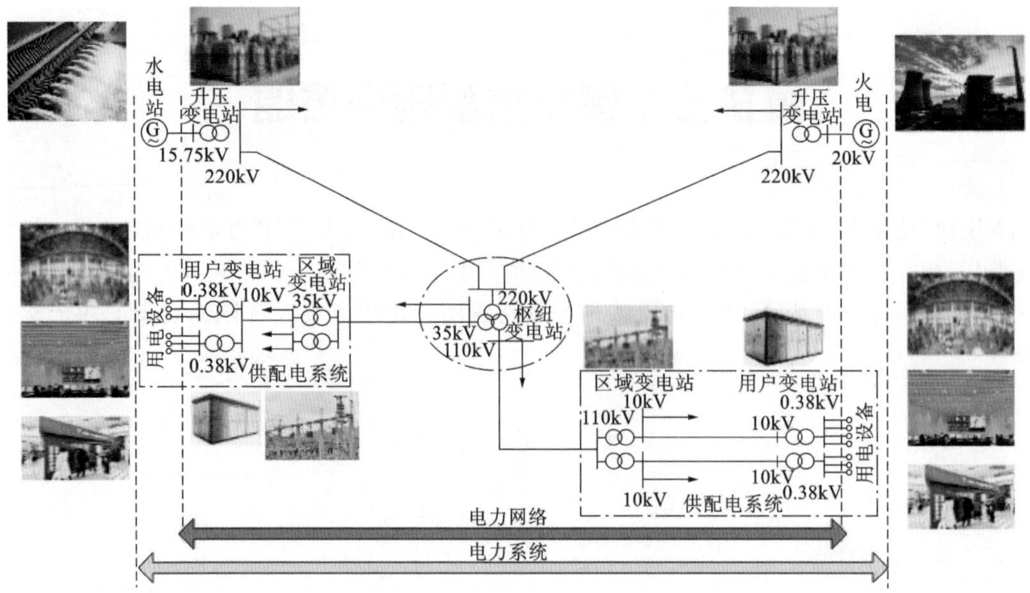

图 3-1　电力系统图

当输送功率一定时，电压越高，电流越小，线路、电气设备等的载流部分所需的截面面积就越小，有色金属投资也就越小；同时由于电流小，传输线路上的功率损耗和电压损失也较小。另外，电压越高，对绝缘的要求则越高，变压器、开关等设备以及线路的绝缘投资也就越大。综合考虑这些因素，对应一定的输送功率和输送距离都有一个最为经济、合理的输电电压。但从设备制造角度考虑，为保证产品生产的标准化和系列化，又不应任意确定线路电压，甚至规定的标准电压等级过多也不利于电力设备制造行业的发展。

我国国家标准《标准电压》(GB/T 156—2017)规定的部分额定电压如表 3-1 所示。

表 3-1　我国规定的电力系统额定电压及平均额定电压(交流)

用电设备额定电压(系统标称电压)/kV	交流发电机额定电压/kV	变压器额定电压/kV		系统平均额定电压/kV
		一次绕组	二次绕组	
0.38/0.22	0.40	0.38/0.22	0.40/0.23	0.40/0.23
0.66/0.38	0.69	0.66/0.38	0.69/0.40	0.69/0.40
3	3.15	3 3.15	3.15 3.3	3.15
6	6.3	6 6.3	6.3 6.6	6.3
10	10.5	10 10.5	10.5 11	10.5
—	13.8 15.75 18	13.8 15.75 18	—	—
20	20	20 21	21 22	21

续表 3-1

用电设备额定电压（系统标称电压）/kV	交流发电机额定电压/kV	变压器额定电压/kV		系统平均额定电压/kV
		一次绕组	二次绕组	
35	—	35	38.5	37
66	—	66	69	69
110	—	110	121	115
220	—	220	242	231
330	—	330	363	347
500	—	500	550	525

在我国，不同地区电网的额定电压系列不同，主要有：330kV/110kV/35kV/10kV 系列，500kV/220kV/110kV/35kV/10kV 系列，500kV/220kV/66kV/10kV 系列等不同电压系列。由于各电网电压标准的不同，给全国联网造成一定的难度。

② 各种电压等级的适用范围

对应一定的输送功率和输送距离有一相对合理的线路电压。表 3-2 中列出了根据运行数据和经验确定的，与各额定电压等级相适应的输送功率和输送距离。

表 3-2　与各额定电压等级相适应的输送功率和输送距离

额定电压/kV	架空线		电　缆	
	输送功率/kW	输送距离/km	输送功率/kW	输送距离/km
0.22	<50	0.15	<100	0.2
0.38	100	0.25	175	0.35
0.66	170	0.4	300	0.6
3	100～1000	3～1	—	—
6	2000	10～3	3000	<8
10	3000	15～5	5000	<10
35	2000～8000	50～20	—	—
66	3500～20000	100～25	—	—
110	10000～30000	150～50	—	—
220	100000～500000	300～200	—	—
330	200000～800000	600～200	—	—
500	1000000～1500000	850～150	—	—

220～750kV 电压一般为输电电压，完成电能的远距离传输功能，称为高压输电网。

110kV 及以下电压一般为配电电压，完成对电能进行降压处理并按一定方式分配至电能用户的功能。其中 35～110kV 配电网为高压配电网，10～35kV 配电网为中压配电网，1kV 以下配电网称为低压配电网。3kV、6kV 是工业企业中压电气设备的供电电压。20kV 电压等级目前还不常用，一般要经论证结果证明用户确实需要时才采用。

(3)电力负荷

这里"负荷"的概念是指用电设备负荷的大小，是指用电设备功率的大小。不同的负荷，重要程度是不同的。重要的负荷对供电可靠性的要求高，反之则低。因此根据对供电可靠性的要求及中断供电在政治、经济上造成的损失或影响的程度进行分级，并针对不同负荷等级确定其对供电电源的要求。

①符合下列条件之一的，为一级负荷。

● 中断供电将造成人身伤亡的负荷。如医院急诊室、监护病房、手术室等处的负荷。

● 中断供电将在政治、经济上造成重大损失的负荷。如由于停电，使重大设备损坏、重大产品报废、用重要原料生产的产品大量报废、国民经济中重点企业的连续生产过程被打乱需要长时间才能恢复等的负荷。

● 中断供电将影响有重大政治、经济意义的用电单位的正常工作的负荷，如重要交通枢纽、重要通信枢纽、重要宾馆、大型体育场馆、经常用于国际活动的大量人员集中的公共场所等用电单位中的重要负荷。

在一级负荷中，当中断供电将发生中毒、爆炸和火灾等情况的负荷，以及特别重要场所的不允许中断供电的负荷，应视为特别重要的负荷。如在工业生产中正常电源中断时处理安全停产所必需的应急照明、通信系统、保证安全停产的自动装置等；民用建筑中大型金融中心的关键电子计算机系统和防盗报警系统、大型国际比赛场馆的记分系统及监控系统等。

一级负荷中有普通一级负荷和特别重要的一级负荷之分。普通一级负荷应由两个电源供电，且当其中一个电源发生故障时，另一个电源不应同时受到损坏。特别重要的一级负荷，除由满足上述条件的两个电源供电外，还应增设应急电源专门对此类负荷供电。

② 符合下列条件之一的，为二级负荷。

● 中断供电将在政治、经济上造成较大损失的负荷。如由于停电，使主要设备损坏、大量产品报废、连续生产过程被打乱需较长时间才能恢复、重点企业大量减产等的负荷。

● 中断供电将影响重要用电单位的正常工作的负荷。如交通枢纽、通信枢纽等用电单位中的重要负荷，以及中断供电将造成大型影剧院、大型商场等较多人员集中的重要的公共场所秩序混乱的负荷。

宜由两回线路供电，当电源来自于同一区域变电站的不同变压器时，即可认为满足要求。在负荷较小或地区供电条件困难时，可由一回 6kV 及以上专用的架空线路或电缆线路供电。当采用架空线时，可为一回架空线供电；当采用电缆线路时，应采用两根电缆组成的线路供电，且每根电缆应能承受 100%的二级负荷。

③ 不属于一、二级负荷者为三级负荷。

在一个工业企业或民用建筑中，并不一定所有用电设备都属于同一等级的负荷，因此在进行系统设计时应根据其负荷级别分别考虑。

三级负荷对电源无特殊要求，一般以单电源供电即可。

(4)中性点运行及接地形式

① 供配电系统中性点运行方式

供配电系统的中性点是指星形联结的变压器或发电机绕组的中间点。所谓系统的中性点运行方式，是指系统中性点与大地的电气联系方式，或简称系统中性点的接地方式。

中性点接地系统，就是中性点直接接地或经小电阻接地的系统，也称大接地电流系统。这种系统中一相接地时，出现了除中性点接地点以外的另一个接地点，构成了短路回路，接地故障相电流很大，为了防止设备损坏，必须迅速切断电源，因而供电可靠性低，易发生停电事故。但这种系统上发生单相接地故障时，由于系统中性点的钳位作用，使非故障相的对地电压不会有明显的上升，因而对系统绝缘是有利的。中性点接地系统的另一个缺点是发生单相接地故障时，很大的单相接地电流产生的磁场会对附近的通信线路产生干扰，即出现一个电磁骚扰发射源。

中性点不接地系统，是指中性点不接地或经过高阻抗（如消弧线圈）接地的系统，也称小接地电流系统。这种系统发生单相接地故障时，只有比较小的导线对地电容电流通过故障点，因而系统仍可继续运行，这对提高供电可靠性是有利的。但这种系统在发生单相接地故障时，系统中性点对地电压会升高到相电压，非故障相对地电压会升高到线电压；若接地点不稳定，产生了间歇性电弧，则过电压会更严重，对绝缘不利。

对于高压输配电网，由于传输功率大且传输距离长，一般都采用 110kV 及以上的电压等级，在这样高的电压等级下绝缘问题比较突出，因此一般都采用中性点接地系统；而在中压系统中，中性点不接地系统发生单相接地故障时产生的过电压对绝缘的威胁不大，因为中压系统的绝缘水平是根据更高的雷电过电压制定的，因此为了提高供电可靠性，中压系统较多地采用了中性点不接地系统。在我国，作为供配电系统主要电压等级的 35kV、10kV、6kV 等中压系统大多是采用中性点不接地系统。

对于 1kV 以下的低压配电系统，中性点运行方式与绝缘的关系已不是主要问题，这时中性点运行方式主要取决于供电可靠性和安全性。因此，1kV 以下的低压配电系统采用中性点接地系统。

② 低压配电系统接地的形式

低压配电系统接地的形式根据电源端与地的关系、电气装置的外露可导电部分与地的关系分为 TN、TT、IT 系统，其中 TN 系统又分为 TN-S、TN-C、TN-C-S 系统。

以拉丁文字作代号形式的意义为：

第一个字母表示电源与地的关系。T 表示电源有一点直接接地；I 表示电源端所有带电部分不接地或有一点通过阻抗接地。第二个字母表示电气装置的外露可导电部分与地的关系。

N 表示电气装置的外露可导电部分与电源端有直接电气连接；T 表示电气装置的外露可导电部分直接接地，此接地点在电气上独立于电源端的接地点。“-”后的字母用来表示中性导体与保护线的组合情况。S 表示整个系统中保护线和中性线是完全分开的，C 表示整个系统中保护线和中性线是合一的，C-S 表示整个系统中有一部分中性线和保护线是合一的，有一部分中性线和保护线是分开的，合一的中性线和保护线（即 PEN 线）至少接有一台电器的外露可导电部分。

a. TN 系统

根据国家标准《供配电系统设计规范》(GB 50052—2009)规定：

TN 电力系统有一点直接接地，电气设施的外露可导电部分用保护线与该点连接。按中性线与保护线的组合情况，TN 系统有以下三种形式：

● TN-S 系统(图 3-2)　整个系统的中性线和保护线是分开的。

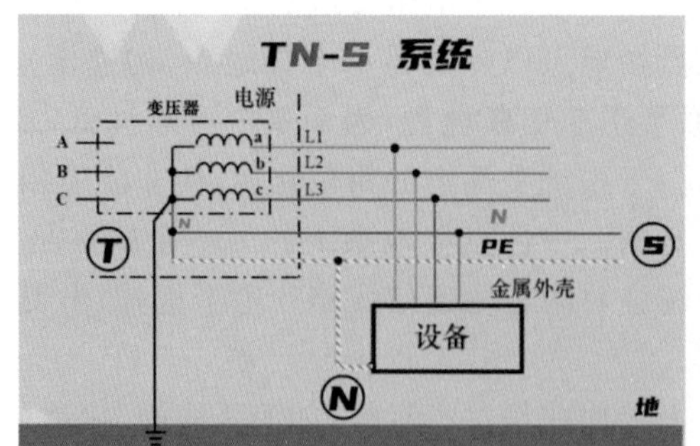

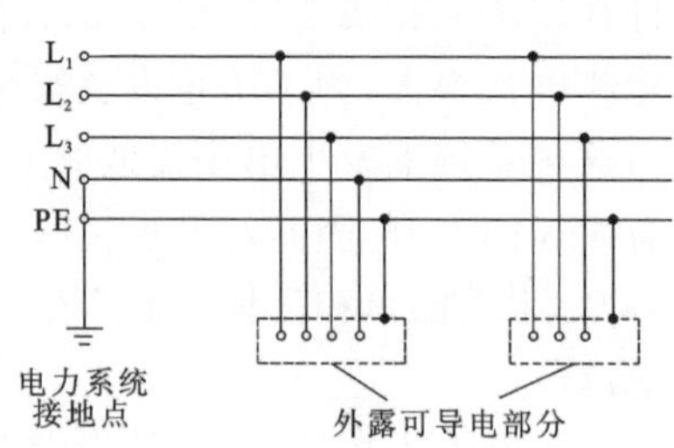

TN-S 系统

图 3-2　TN-S 系统

● TN-C 系统(图 3-3)　整个系统的中性线和保护线是合一的。

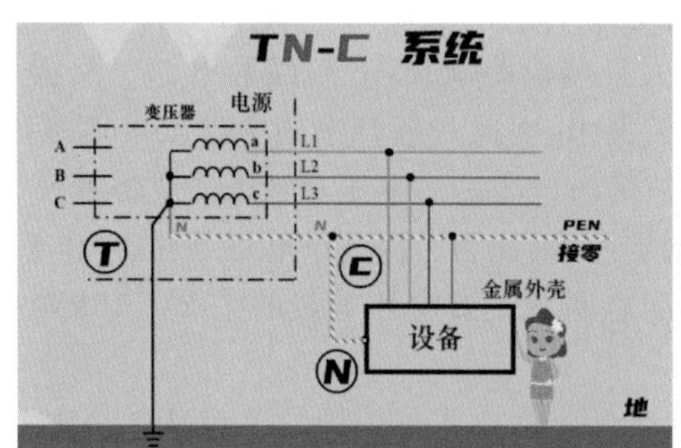

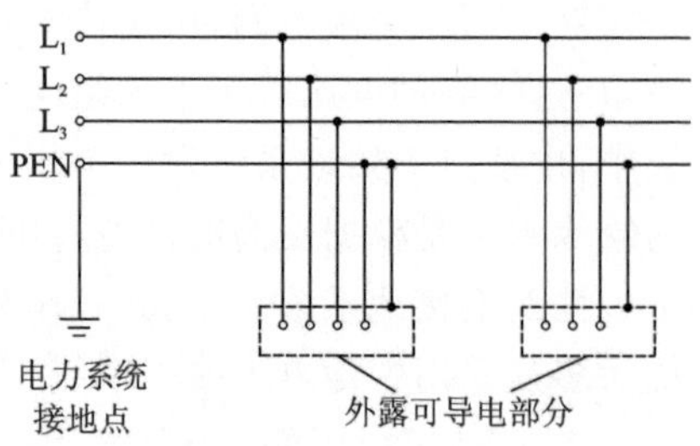

TN-C 系统

图 3-3　TN-C 系统

● TN-C-S 系统(图 3-4)　系统中有一部分中性线和保护线是合一的。

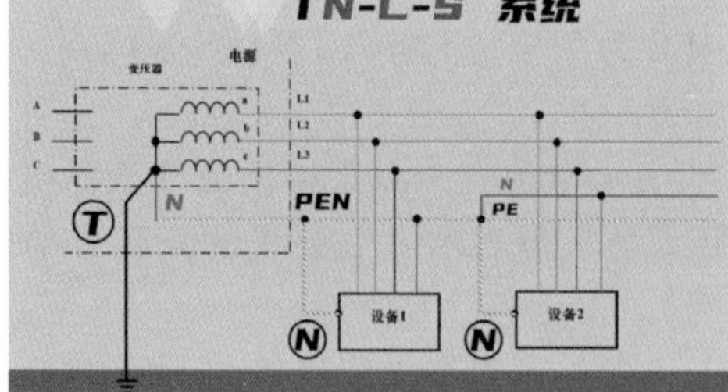

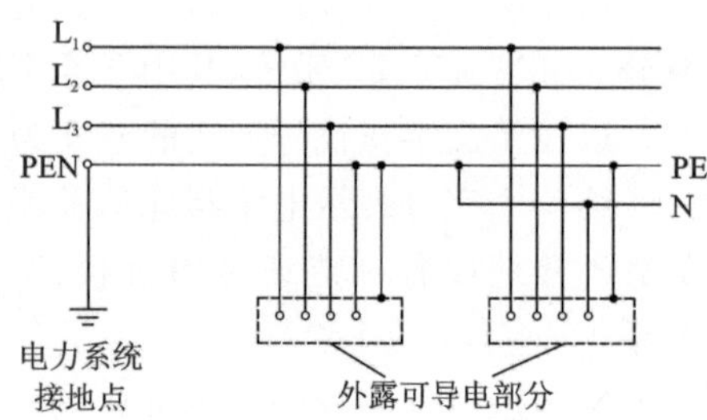

TN-C-S 系统

图 3-4　TN-C-S 系统

b. TT 系统

TT 系统有一个直接接地点,电气设施的外露可导电部分接至电气上与电力系统的接地点无关的接地极,见图 3-5。

c. IT 系统

IT 系统的带电部分与大地间不直接连接,而电气设施的外露可导电部分则是接地的(图 3-6)。

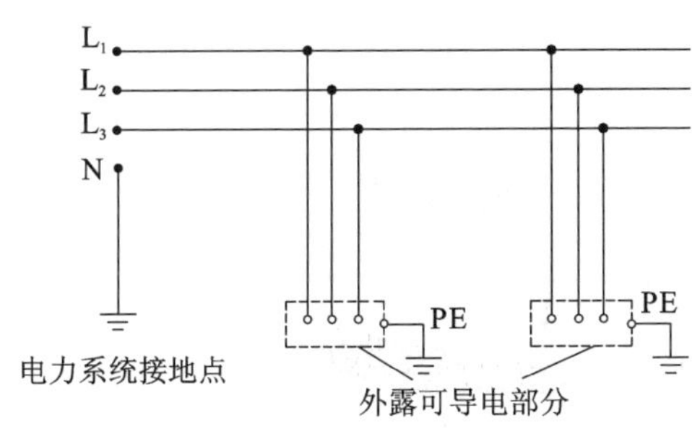

图 3-5　TT 系统

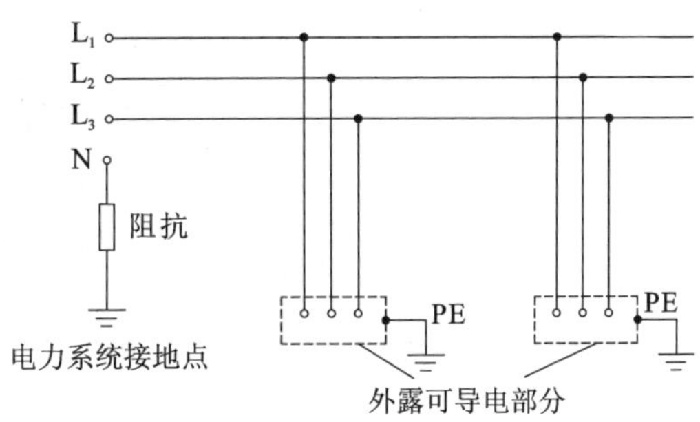

图 3-6　IT 系统

2. 熟悉常见低压电气设备

电气设备

(1)开关电器

开关电器是构成供配电系统的重要元件。供配电系统中开关电器按所在电压等级可分为高压开关、中压开关和低压开关。这里只介绍低压开关电器。

① 低压断路器

低压断路器又叫低压自动空气开关,是低压系统中既能分合负荷电流也能分断短路电流的开关电器。低压断路器通常是按其结构形式分类的,可分为框架式、塑壳式和小型模块式。其操作方法有人力操作、电动操作和储能操作。主触头极数有单极、2 极、3 极和 4 极。

图 3-7 所示为低压断路器的工作原理示意图。低压断路器由三个基本部分组成。

● 主触头和灭弧系统　这一部分是执行电路通断的主要部件。

● 脱扣器　脱扣器是实施保护功能的主要元件,由不同功能的脱扣器可以组合成不同性能的低压断路器。

● 自由脱扣机构和操作机构　这一部分是联系以上两部分的中间传递部件。自由脱扣机构是一套连杆机构,当主触头闭合后,自由脱扣机构将主触头锁在合闸位置上。如果系统中发生故障,自由脱扣机构就在有关脱扣器的操纵下动作,使锁扣脱开。

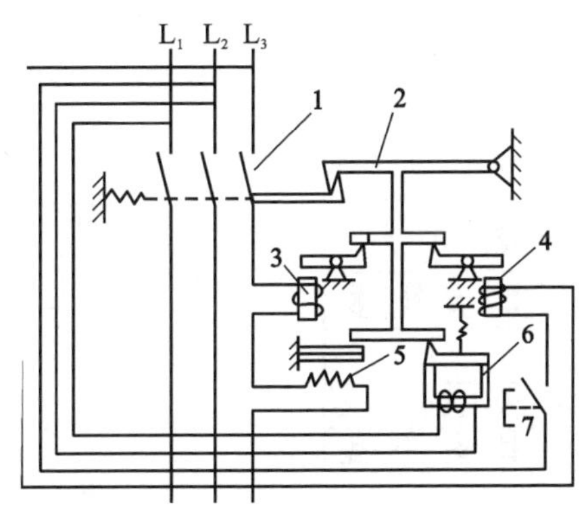

图 3-7　低压断路器的工作原理示意图

1—主触头;2—自由脱扣机构;3—过流脱扣机构;4—分励脱扣器;5—热脱扣器;6—欠电压脱扣器;7—开关

常用低压断路器有以下三种:

● 万能式断路器一般具有一个有绝缘衬垫的钢制框架,所有部件均安装在这个框架内,所以又称为框架式断路器。其外形结构如图 3-8 所示。

● 塑料外壳式断路器的主要特征是有一个采用聚酯绝缘材料模压而成的外壳,所有部件都装在这个封闭型外壳中。其外形结构如图 3-9 所示。

● 模数化小型断路器属于配电网的终端电器,是组成终端组合电器的主要部件之一。终端电器是指装于线路末端的电器,对有关系统和用电设备进行分合控制和保护。模数化小型断路器外形结构如图 3-10 所示。

② 低压隔离开关

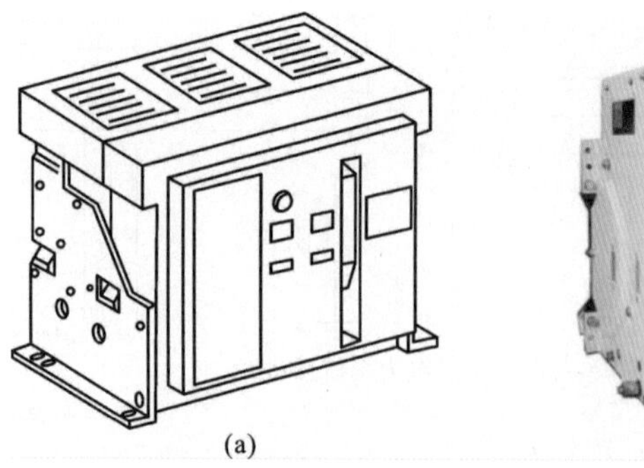

(a)

(b)

图 3-8　万能式断路器的外形结构和实物图

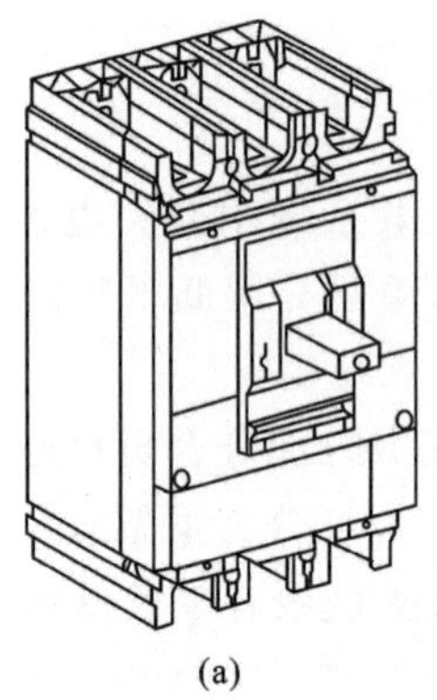

(a)

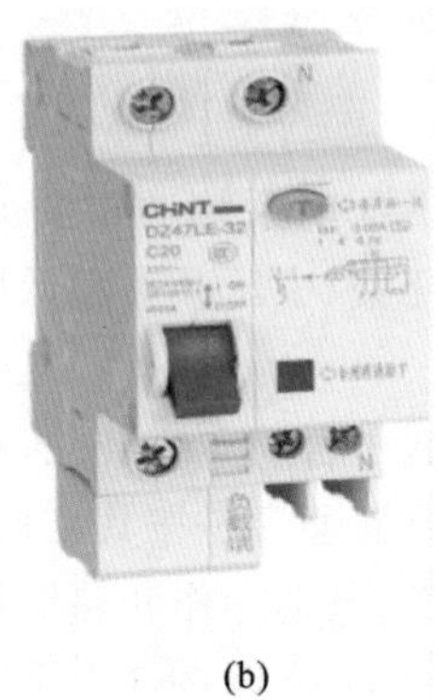

(b)

图 3-9　塑料外壳式断路器的外形结构和实物图

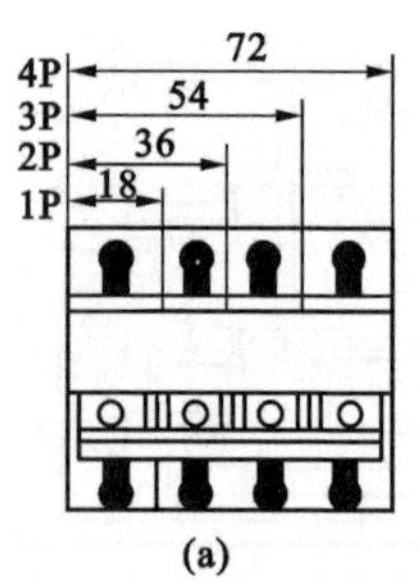

(a)

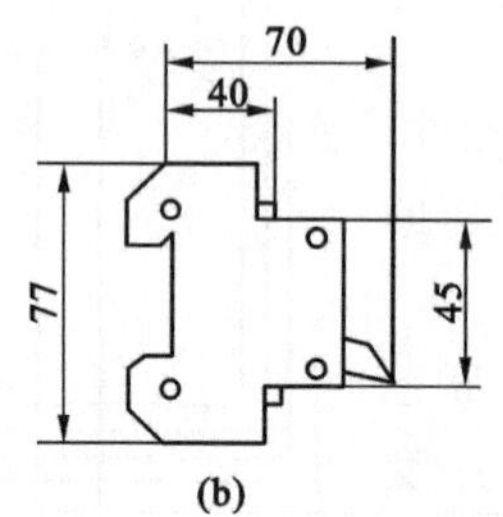

(b)

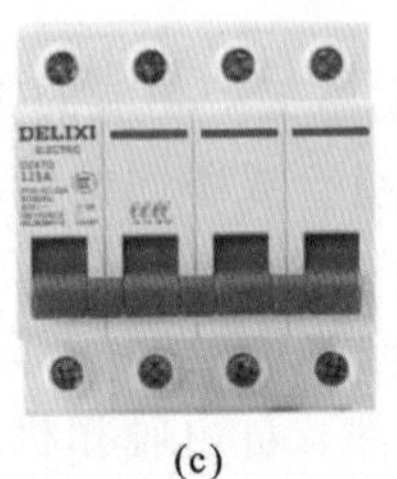

(c)

(d)

图 3-10　模数化小型断路器的外形结构和实物图

(a)结构图正面;(b)结构图侧面;(c)实物图正面;(d)实物图侧面

在断开位置能符合规定的隔离功能要求的开关电器称为低压隔离器。在断开位置能满足隔离器要求的开关称为低压隔离开关,又称低压刀开关。低压隔离开关是一种结构简单、应用十分广泛的手动电器,主要供无载通断电路用,即在不分断负载电流或分断时各极两触头间不会出现明显电压差的条件下接通或分断电路用。有时也可用来通断较小工作电流,作为照明设备和小型电动机作不频繁操作的电源开关用。

③ 负荷开关

负荷开关有 HH 系列封闭式负荷开关和 HK 系列开启式负荷开关,如图 3-11 所示。负荷开关具有灭弧装置,可以通断正常的负荷电流。HH 系列封闭式负荷开关又称铁壳开关,一般是三极,常用型号有 HH3、HH4 系列。它是刀开关和熔断器的组合产品,由铁壳、熔断器、闸刀、夹座和操作机构等组成。HK 系列开启式负荷开关，也称胶盖瓷底闸刀开关。这种开关全部导电零件都安装在一块瓷底板上，开关与熔丝组合，设有专门的灭弧装置，附有胶木盖把相间带电裸露体隔开。

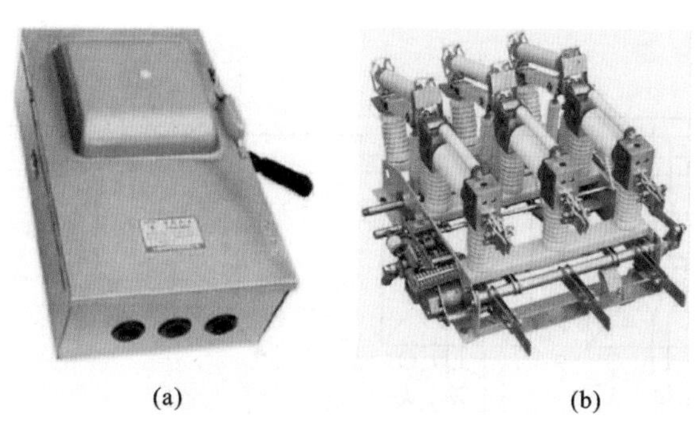

(a)　　(b)

图 3-11　负荷开关实物图

(a)HH 系列封闭负荷开关；(b)HK 系列开启式负荷开关

④剩余电流保护装置及开关

剩余电流保护装置又称为漏电保护装置，是对电气回路的不平衡电流进行检测而发出信号的装置，见图 3-12。当回路中有电流泄漏且达到一定值时，剩余电流保护装置可向断路器发出跳闸信号，切断电路，以避免触电事故的发生或因泄漏电流造成火灾事故的发生。其动作原理如图 3-13 所示。

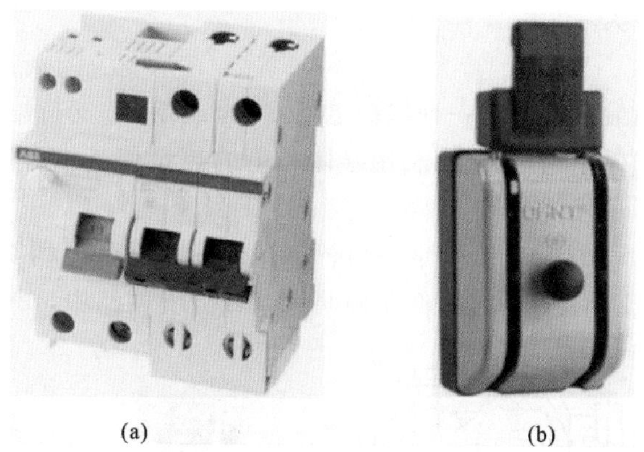

(a)　　(b)

图 3-12　剩余电流保护装置及开关实物图

(a)断路器实物图；(b)闸刀开关实物图

剩余电流保护装置必须与断路器或负荷开关配合使用。若将剩余电流保护装置与断路器合成为一个电器，则称为剩余电流断路器；若将剩余电流保护装置与负荷开关合成为一个电器，则称为剩余电流开关。

开关电器的选择原则具有共通性，即不仅要保证开关电器正常时的可靠工作，还应保证系统故障时能承受短时的故障电流的作用，同时尚应满足不同的开关电器对电路分断能力的要求，因此，开关电器的选择应符合下列基本条件：

● 满足正常工作条件：满足工作电压要求（开关电器额定电压应等于系统的标称电压，开关电器最高工作电压应大于或等于装设处系统的最高工作电压）、满足工作电流要求（开关电器额定电流大于或等于装设处的计算电流）、满足工作环境要求（选择电气设备时，应考虑其适合运行环境条件要求，如温度、风速、湿度、污秽、海拔、地震烈度等）。

●满足短路故障时的动、热稳定条件。

●满足开关电器分断能力的要求。

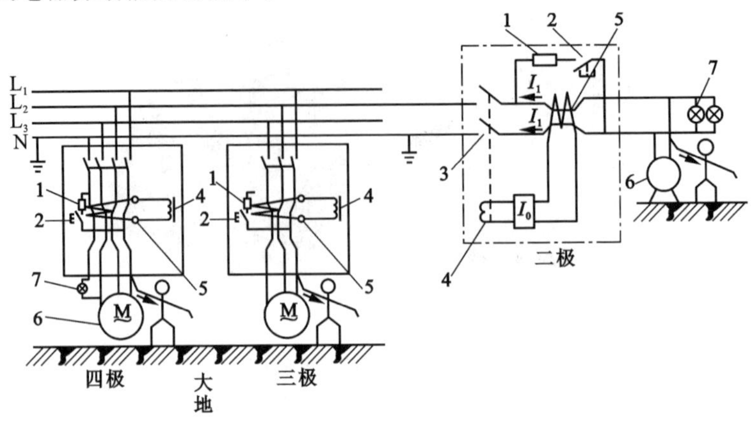

图 3-13 剩余电流保护装置动作原理图

1—试验电阻；2—试验按钮；3—断路器；4—漏电脱扣器；5—零序电流互感器；6—电动机；7—电灯负载

开关电器分断能力用极限分断能力和额定分断能力两个参数来表达。极限分断能力是指在该条件下开关分断后，不考虑开关电器继续承载额定电流，即不考虑其是否还能正常使用；额定分断能力是指在该条件下开关分断后，开关电器还能继续承载额定电流正常运行，并能反复分断该条件的电路多次。

（2）熔断器

熔断器是最简单和最早使用的一种保护电器，由金属熔体、支持熔体的触头和外壳组成。当导体中通过负荷电流或短路电流时，利用导体产生的热量使其本身熔断，从而将电路切断。常用低压熔断器有以下几种：

① 瓷插式熔断器　如图 3-14 所示，这种熔断器一般用于民用交流电 50Hz，额定电压 380V 或 220V，额定电流小于 200A 的低压照明线路或分支回路中，作短路或过电流保护用。

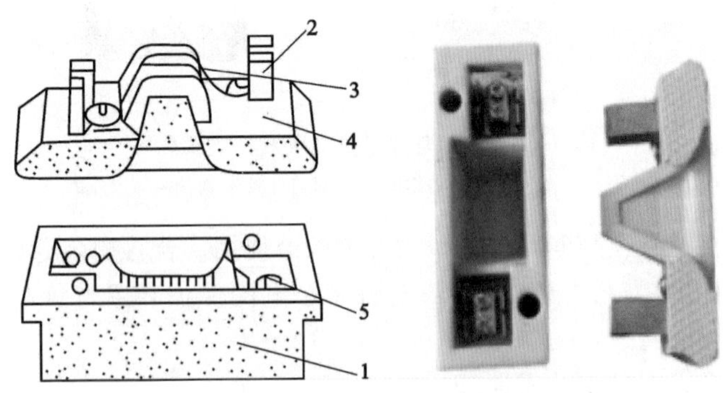

图 3-14 瓷插式熔断器和实物图

1—瓷底座；2—动触头；3—熔体；4—瓷插件；5—静触头

② 螺旋式熔断器　如图 3-15 所示，一般用于电气设备的控制系统中作短路和过电流保护。其熔体支持部分是一个瓷管，内有石英砂和熔体，熔体两端焊在瓷管两端的导电金属端盖上，其上端盖中有一个染有红漆的熔断指示器。当熔体熔断时，熔断指示器弹出脱落。

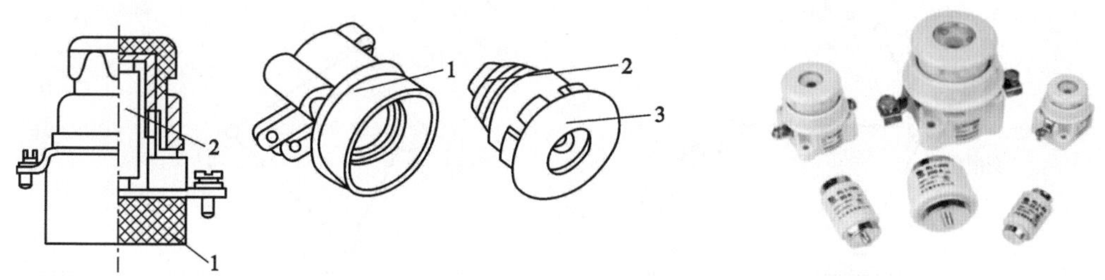

图 3-15　螺旋式熔断器

1—瓷座；2—熔体；3—瓷帽

③ 有填料高分断熔断器　如图 3-16 所示，有填料高分断熔断器广泛应用于各种低压电气线路和设备中作为短路和过电流保护。它具有较高的分断电流(120kA)的能力，额定电流也可达 1250A。其熔体是采用紫铜箔冲制的网状多根并联形式的熔片，中间部位有锡桥，装配时将熔片围成笼状，以充分发挥填料与熔体接触的作用，这样既可均匀分布电弧能量而提高分断能力，又可使管体受热比较均匀而不易使其断裂。

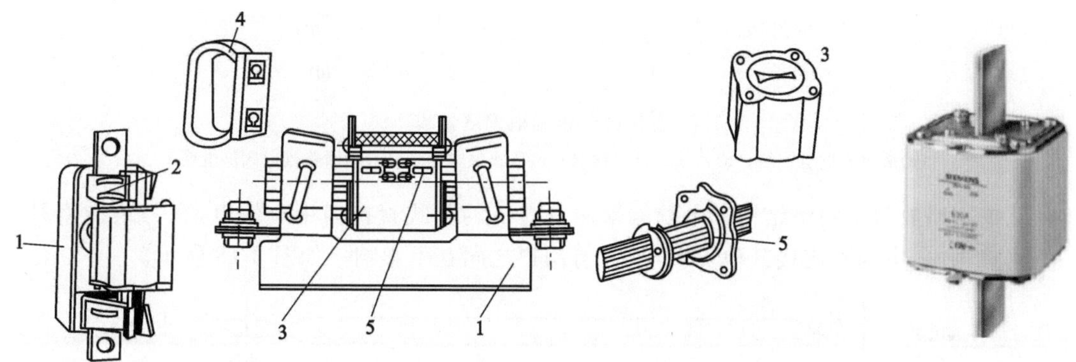

图 3-16　有填料高分断熔断器

1—瓷底座；2—弹簧片；3—管体；4—绝缘手柄；5—熔体

3. 了解建筑供配电系统的网络结构

(1)供配电网络的概念

建筑供配电系统的作用是对建筑物提供所需电能并进行分配。其中，我们将由变、配电站(电源)向用户端(负荷)输送和分配电能所采用的网络形式称为供配电网络。供配电网络由电力线路将变电站、配电站与用户或用电设备连接起来，构成网络体系。由于其连接形式多样，可构成不同的供配电网络结构，如图 3-17 所示。不同的网络结构对供电的可靠性将产生不同的影响。

电子系统、配电系统、负荷的分类

(2)供配电网络结构

根据不同的连接方式，供配电网络主要分为放射式、树干式和环式等几种形式。

① 放射式网络结构

这种结构的特点是任意一引出线故障时，对其余引出线没有影响，供配电可靠性高，适用于一级负荷、大容量设备、潮湿或有腐蚀性介质存在的场所以及危险环境的配电。放射式网络结构又分为单回路放射式、双回路放射式和带公共备用线放射式。

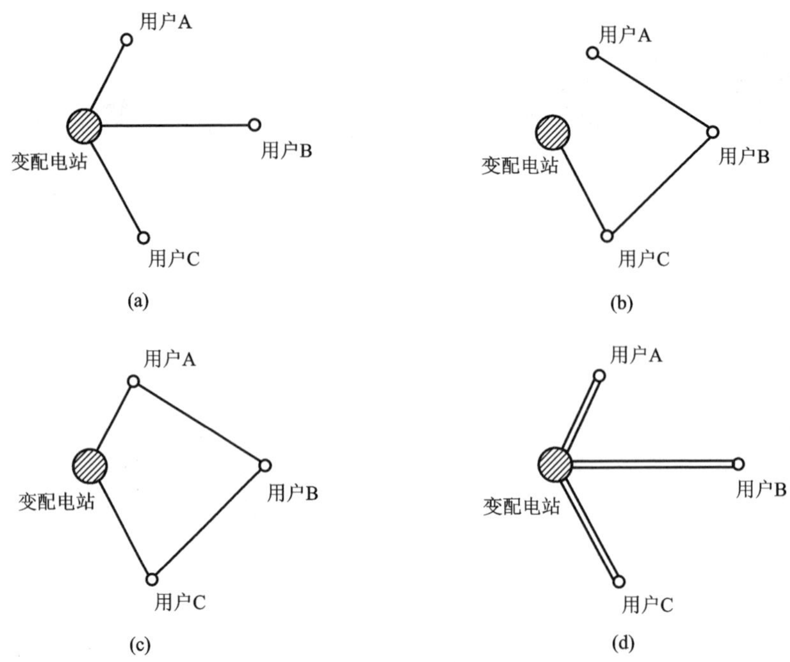

图 3-17　供配电网络结构

(a)放射式供电网络；(b)干线式供电网络；(c)环式供电网络；(d)双回路放射式供电网络

a. 单回路放射式网络结构。电源端采用一对一的方式直接向用户供电，每一条线路只向一个用户供电，中间不连接其他负荷，用户与用户之间互不影响。如图 3-18 所示。

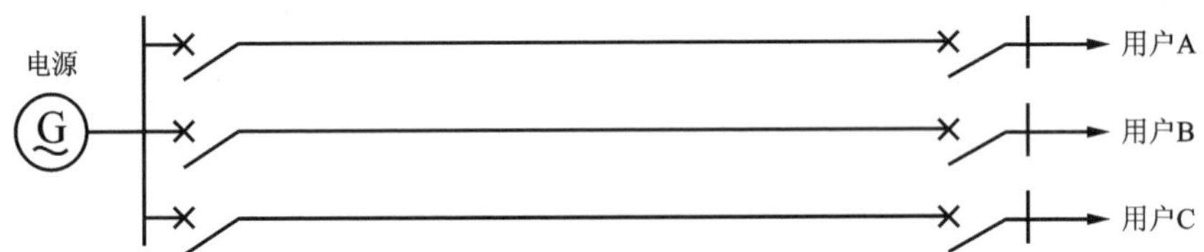

图 3-18　单回路放射式网络结构

其特点是供电可靠性高，任意一回路发生故障不影响其他回路供电，操作方便，易于实现保护和自动化。但是对线路的消耗较大，投资较高。

b. 双回路放射式网络结构。每一用户均由两个放射式回路供电，从而保证了供电回路发生故障时不影响对用户的供电。电源端可采用不同电源，保证电源和线路同时得以备用。但这种供电方式投资成本太高，仅适用于对供电可靠性要求很高的用户。如图 3-19 所示。

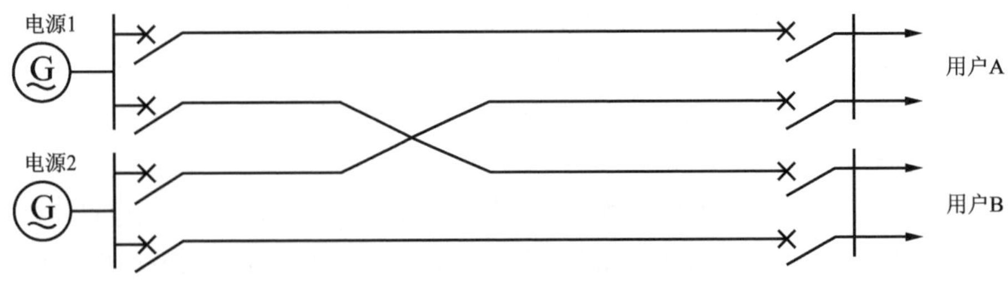

图 3-19　双回路放射式网络结构

c.带公共备用线的放射式网络结构。电源端除了采取一对一的方式使用独立的线路向用户供电外，还采用了公共备用线，任何一个供电线路发生故障或停电检修时，用户端均可切换到公共备用线上，保证继续供电，提高可靠性。如图 10-20 所示。

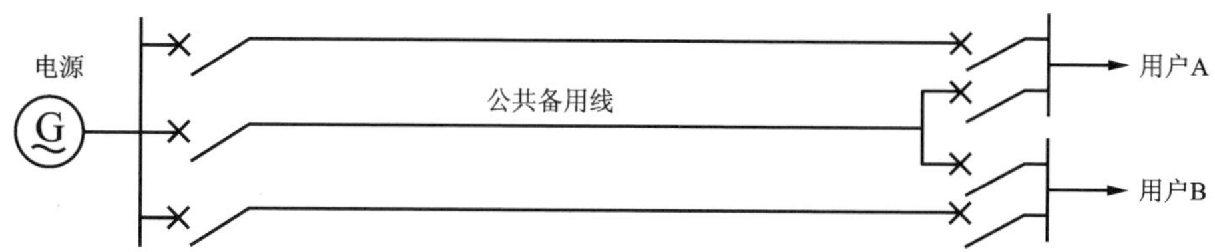

图 3-20　带公共备用线的放射式网络结构

② 树干式网络结构

树干式网络结构的特点是开关设备及线路有色金属消耗量小，但是一旦干线发生故障，停电范围较大，供电可靠性较低，适用于非重要用电设备且便于线路敷设的场所。树干式网络结构分为单回路树干式和双回路树干式两种形式。

a.单回路树干式网络结构。这种网络结构的优点是电源出线回路数较少，节约一次性投资。但可靠性较差，配电干线发生故障或检修时，所有用户都将停电，一般只能向三级负荷供电。如图 3-21 所示。

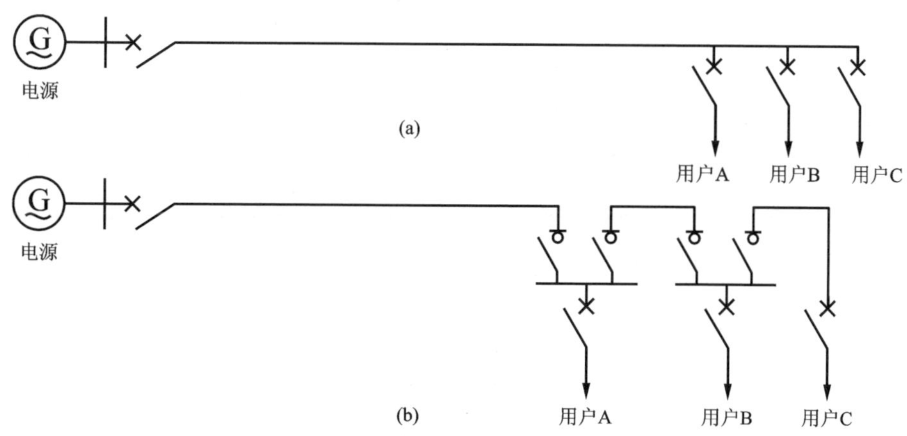

图 3-21　单回路树干式网络结构

(a)接线方式 1；(b)接线方式 2

b.双回路树干式网络结构。双回路树干式供电结构的特点是每一个用户都由两条干线同时供电，采用双回路的供电方式实现电源和线路的两种备用，供电的可靠性较高，适合对用电可靠性要求高的用户。这种网络结构在中、低压系统中被广泛采用，如图 3-22 所示。

由于树干式网络结构有着供电可靠性低的缺点，所以一般不单独使用，而往往采用放射式与树干式混合配电，以减少树干式配电的停电范围，如图 3-23、图 3-24 所示。

③ 环式网络结构

环式网络结构一般用于中压系统或高压系统，分为单环式网络结构和双环式网络结构。

a.单环式网络结构如图 3-24 所示，这种供电网络结构的特点是正常运行时开环运行，以避免故障影响的范围扩大和便于实现保护动作的选择性，开环点一般位于功率分点。这种结

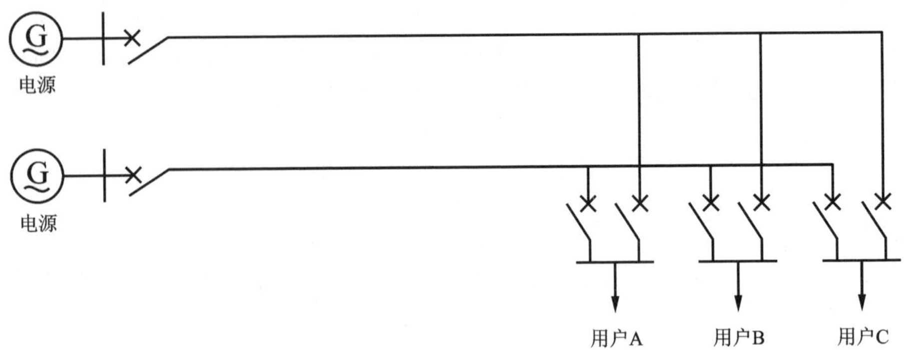

图 3-22　双回路树干式网络结构

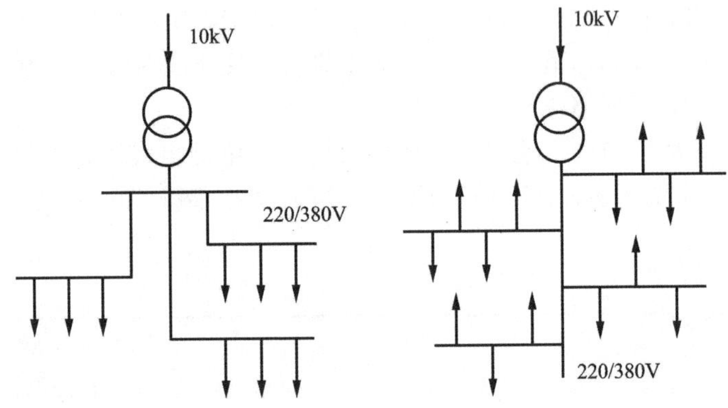

图 3-23　低压母线放射式配电的树干式网络结构和低压变压器式干线组的树干式网络结构

构的用电可靠性较高，网络中任何一段线路发生故障或检修时均不会造成停电，可向一、二级负荷供电。但该网络结构的缺点是环式网络中的所有线路都必须能承担环网中的全部负荷，因此线路投资较高。

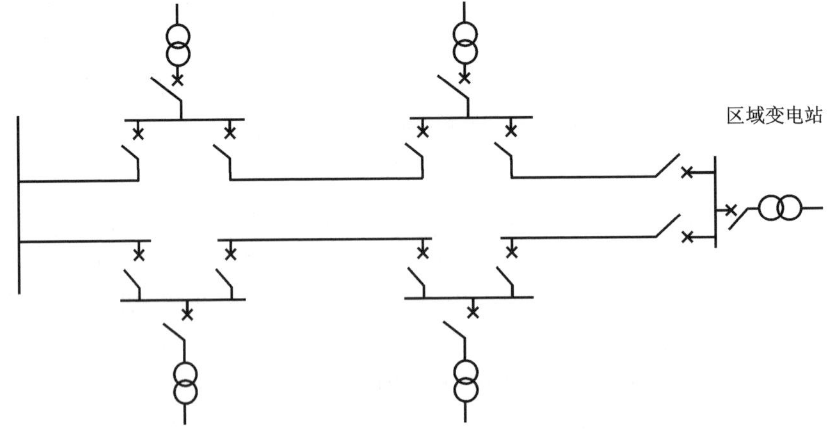

图 3-24　单环式网络结构

b. 双环式网络结构如图 3-25 所示，网络由两个环网组成，每一用户都可以从任意一个环网中取得电源，可靠性很高。

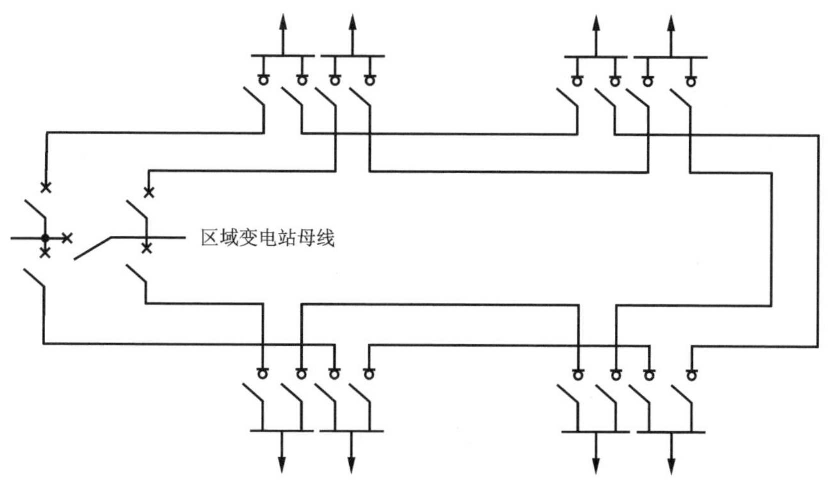

图 3-25　双环式网络结构

(3)供配电网络结构

① 中压系统。常见的网络结构形式为环式结构、放射式结构和树干式结构。

● 对于城市非重要用户及郊区,由于对供电可靠性要求不高,可采用树干式结构。

● 对于负荷密度大且供电要求高的用户,可采用双电源双回路树干式、放射式或环式结构。

● 对于负荷密度大且供电要求较高的用户,可采用双电源单环式结构。

● 对于提供双电源有困难,用户对供电的可靠性要求又较高的场所,可采用放射式结构。

② 低压系统。常见的网络结构形式有放射式结构和树干式结构。

● 对于单台设备容量较大或较重要场所,一般采用放射式结构。

● 对于非重要用电设备,用电性质相近,又便于线路敷设时,一般可采用树干式结构。

● 对于重要用电设备,可采用双电源双回路树干式结构或双电源双回路放射式结构。

任务一练习题

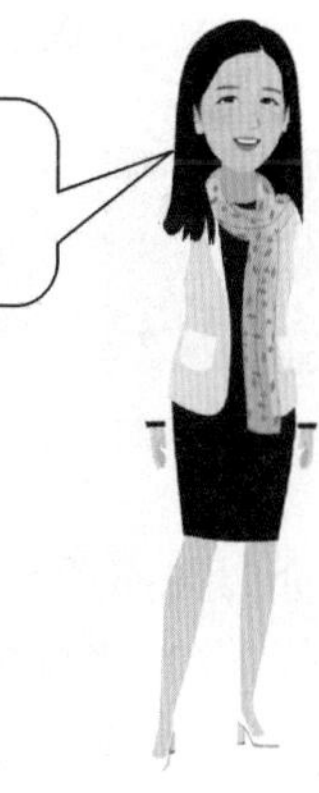

习题 1:下列建筑电气基本概念中包括范围最大的是(　　)。

A. 电力系统　　B. 电力网络

C. 供配电系统　　D. 供配电网络

习题 2:下列关于负荷分级,说法正确的是(　　)。

A. 由于某医院手术室中断供电后仅造成 1 名病患死亡,故属于二级负荷

B. 由于某体育馆承担亚运会场馆比赛,中断供电后仅造成监控系统和计分系统损坏,故属于二级负荷

C. 由于某仓库突发中断供电并引起仓库内的物品发生爆炸,但并没有造成人员伤亡,故属于二级负荷

D. 凡不属于一、二级负荷者均为三级负荷

习题 3:下列说法错误的是(　　)。

A. 一级负荷中有普通一级负荷和特别重要的一级负荷之分

B. 普通一级负荷由两个电源供电，且一个损坏时，另一个不受影响

C. 二级负荷宜由两回路供电，特殊情况下应增设应急电源专门供电

D. 三级负荷对电源没有特殊要求，一般以单电源供电即可

习题 4：人们俗称的“地线”实际上是(　　)。

A. 零线　　B. 相线　　C. 保护线　　D. 以上都不是

习题 5：隔离开关和断路器配合使用时的操作顺序(　　)。

A. 先合隔离开关后合断路器，先断隔离开关后断断路器

B. 先合隔离开关后合断路器，先断断路器后断隔离开关

C. 先合断路器后合隔离开关，先断隔离开关后断断路器

D. 先合断路器后合隔离开关，先断断路器后断隔离开关

习题 6：(　　)电力系统有一点直接接地，装置的“外露可导电部分”用保护线与该点连接。

A. TT　　B. TN　　C. IT　　D. TC

习题 7：根据不同的连接方式，供配电网络主要有________、________和________几种形式，其中可靠性最低的是________。

任务二　电气照明系统识图基础

【素质】具备建筑电气照明领域的节能、炫光(光污染)控制、图纸规范意识。

【知识】了解建筑电气照明系统，如光通量、照度、亮度等概念；了解灯具、开关等照明设备；了解相关照明标准。

【能力】能够进行建筑电气照明系统的识读。

1. 了解照明的基本概念和照明设备

照明系统

当自然光线缺少(如夜晚)或不足时，电气照明为人们提供了进行视觉工作的必需的环境，它是应用光学、电学、建筑学和生理卫生学等的综合科学技术。光学是照明的基础。光是一种电磁波，可见光的波长一般为 330～780nm($1nm=10^{-9}m$)。不同波长的光给人的颜色感觉不同，例如，波长 380～400nm 为紫色，波长 700～780nm 为红色等。按波长长短依次排列称为光源的光谱。下面主要介绍与照明质量有关的几个基本概念。

(1)光学的基本物理量

① 光通量

光源在单位时间内向周围空间辐射并引起视觉的能量，称为光通量，用符号 Φ 表示，单位为流明(lm)。

每消耗 1W 功率所发出的光通量，称为发光效率，简称光效。这是评价各种光源的一个重要数据。

② 照度

物体的照度不仅与它表面上的光通量有关，而且与它本身表面积的大小有关，即在单位面积上接收到的光通量称为照度，用符号 E 表示，单位为勒克斯(lx)。

③ 发光强度

单位立体角内的光通量称为发光强度，用符号 I 表示，单位为坎德拉(cd)。发光强度是表示光源发光强弱程度的物理量。

④ 亮度

发光体在给定方向上单位投影面积上发射的发光强度称为亮度，用符号 L 表示，单位为坎/米^2(cd/m^2)。除了以上几个光学基本量外，影响视觉的还有被照空间物体的表面反射系数。当光通量照射到物体被照面后，一部分被反射，一部分被吸收，一部分透过被照面的介质。被物体反射的光通量与射向物体的光通量之比称为反射系数或反射率。物体的反射系数与被照面的颜色与光洁度有关。

(2)照明的分类

① 按照明范围大小分类

● 一般照明　整个场所或某个特定区域照度基本均匀的照明。对于工作位置密度很大而对光照方向无特殊要求，或受条件限制不适宜装设局部照明装置的场所，可以只采用一般照明。例如办公室、体育馆和教室等。

● 局部照明　只局限于工作部位的特殊需要而设置的固定或移动的照明，这些部位对高照度和照射方向有一定要求。

● 混合照明　一般照明与局部照明共同组成的照明。对于照度要求较高，工作位置密度不大，或对照射方向有特殊要求的场所，宜采用混合照明。例如金属机械加工机床、精密电子电工器件加工安装工作桌和办公室的办公桌等。

② 按照明功能分类

● 正常照明　在正常情况下使用的室内外照明称为正常照明。它一般可以单独使用，也可与应急照明同时使用，但控制线路必须分开。

● 应急照明　在正常照明因故障熄灭后，供事故情况下继续工作或安全疏散通行的照明。

● 值班照明　在非工作时间内供值班人员使用的照明。在非三班制生产的重要车间和仓库、商场等场所，通常设置值班照明。值班照明可利用正常照明中能够单独控制的一部分，或利用应急照明的一部分或全部作为值班照明。

● 警卫照明　用于警卫地区周围的照明。警卫照明应尽量与区域照明合用。

● 障碍照明　装设在建筑物或构筑物上作为障碍标志用的照明。为了保证夜航的安全，在飞机场周围较高的建筑物上，在船舶航行的航道两侧的建筑物上，应按民航和交通部门的有关规定装设障碍照明。障碍灯应为红色，有条件的宜采用闪光照明，并且接入应急电源回路。

(3)常用的照明电光源

照明电光源可以按工作原理、结构特点等进行分类。根据其由电能转换光能的工作原理不同，大致可分为热辐射光源和气体放电光源两大类。热辐射光源是利用物体通电加热而辐射发光的原理制成的，如白炽灯、卤钨灯等。气体放电光源是利用气体放电时发光的原理制成的，如荧光灯、荧光高压汞灯、高压钠灯、霓虹灯、氙灯和金属卤化物灯等。

① 白炽灯

白炽灯是目前应用最广泛的电光源之一。它的结构如图 3-26 所示，由灯头、灯丝和玻璃外壳组成。灯头有螺纹口和插口两种形式，可拧进灯座中。对于螺口灯泡的灯座，相线应接在灯座中心接点上，零线接到螺纹口端接点上。灯丝由钨丝制成，当电流通过时加热钨丝，使其达到白炽状态而发光。一般 40W 以下的小功率灯泡内部抽成真空，60W 以上的大功率灯泡先抽真空，再充以氩气等惰性气体，以减少钨丝发热时的蒸发损耗，提高其使用寿命。

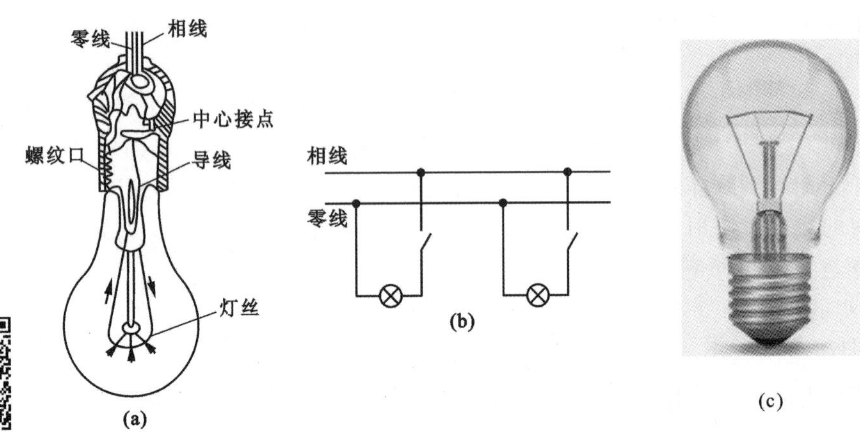

灯具的分类与布置

图 3-26 白炽灯构造和实物图

(a)白炽灯构造；(b)接线；(c)白炽灯实物图

白炽灯构造简单，价格便宜，使用方便。在交流电场合使用时白炽灯的光线波动不大，如能选配合适的灯具使用对保护眼睛较有利。除普通白炽灯泡外，玻璃外壳可以制成各种形状，也可以是透明或磨砂的，或者涂白色、彩色涂料，或者镀一层反光铝膜制成反射型照明灯泡。由于各种用途形式的现代灯具出现，白炽灯仍得到广泛采用。它的主要缺点是发光效率低。（**思政 tips**：只有 2%～3%的电能转换为可见光，其余都以热辐射形式损失了，这对于建筑照明的节能不利。）

② 荧光灯

荧光灯又称日光灯，是气体放电光源。它由灯管、镇流器和启辉器三部分组成。

灯管由灯头、灯丝和玻璃管壳组成，其结构如图 3-27 所示。灯管两端分别装有一组灯丝与灯脚相连。灯管内抽成真空，再充以少量惰性气体氩和微量的汞。玻璃管壳内壁涂有荧光物质，改变荧光粉成分可以获得不同的可见光光谱。目前荧光灯有日光色、冷白色、暖白色以及各种彩色等光色。灯管外形有直管形、U 形、圆形、平板形和紧凑型（双曲形、H 形、双 D 形和双 X 形）。

荧光灯的工作原理为：接通电源后，在电源电压的作用下，启辉器产生辉光放电，其动触片受热膨胀，与静触点接触形成通路，电流通过并加热灯丝发射电子。但这时辉光放电停止，动触片冷却恢复原来形状，在使触点断开的瞬间，电路突然切断，镇流器产生较高的自感电动势，当接线正确时，电动势与电源电压叠加，在灯管两端形成高电压。在高电压作用下，灯丝通电、加热和发射电子流，电子撞击汞原子，使其电离而放电。放电过程中发射出的紫外线又激发灯管内壁的荧光粉，从而发出可见光。

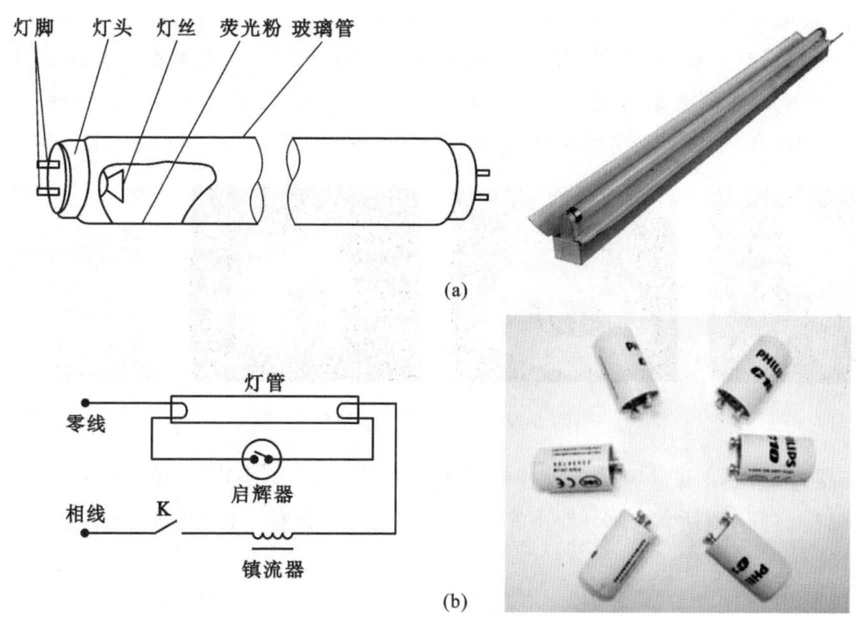

图 3-27　荧光灯与实物图

(a)灯管结构;(b)接线圈

荧光灯发光效率高、使用寿命长(一般为 2000～3000h)。(**思政 tips**:普通白炽灯的使用寿命大约为 1000h,荧光灯的使用寿命对于节约能源消耗,有利于建筑电气照明系统减少碳排放总量。)因此广泛地用于室内照明。其额定电压为 220V,额定功率有 8W、12W、20W、30W 和 40W 等规格。但荧光灯不宜频繁启动,否则会缩短寿命。荧光灯工作受环境温度影响大,最适宜的温度为 18～25℃。荧光灯发光会随交流电源的变化而做周期性明暗闪动,称为频闪效应,因此不适合在具有转动机器设备的机械加工车间等场合照明。消除频闪效应可用双荧光灯照明,其中一个灯管的电路中接有移相电容器;或者使用三荧光灯照明,分别接入星形联结的三相电路中工作。

由于镇流器是电感元件,因此电路的功率因数较低($\cos\theta=0.4\sim0.6$)。为了提高电路的功率因数,可以并接一个电容器。例如常用的 20W 荧光灯可以并接 0.5μF 的电容器,40W 荧光灯可以并接 4.75μF 的电容器。

近年来研制生产和推广使用的节能型荧光灯交流电子镇流器能提高功率因数($\cos\theta=0.95$以上)和延长配套荧光灯管的使用寿命,还具有频率转换电路,将荧光灯管的工作频率由 50Hz 提高到 25kHz,消除了荧光灯频闪效应对视觉的影响。在高频状态下镇流器在 160～250V 范围内能正常启动荧光灯,这一优点对电压偏低地区尤为适用。它还具有过电压保护功能,当电源电压大于 300V 时,可自动断开电源。

③ LED 灯(图 3-28)

LED 是英文 Light Emitting Diode(发光二极管)的缩写,它的基本结构是一块电致发光的半导体材料芯片,用银胶或白胶固化到支架上,然后用银线或金线连接芯片和电路板,然后四周用环氧树脂密封,起到保护内部芯线的作用,最后安装外壳,所以 LED 灯的抗震性能好。在电能消耗中,照明用电占发电总量的比例:发达国家是 19%,我国是 10%。(**思政 tips**:随着经济的发展，我国的照明用电大量提高，绿色节能照明的应用越来越受到重视，开发和推广节能灯具成为迫在眉睫的任务，LED照明就是在这样的形势下发展起来的。LED灯使用寿命长达50000～10000h，光源衰减可达5%～6%，光源腔体温度低于65℃，二氧化碳排放量少，无紫外光辐射污染，在节能减碳领域的优势明显。）

图3-28　LED灯的各种形式

以下场所宜选用配用感应式自动控制的发光二极管灯（LED）：旅馆、居住建筑及其他公共建筑的走廊、楼梯间、厕所等场所；地下车库的行车道、停车位；无人长时间逗留，只进行检查、巡视和短时操作等的工作的场所。

（4）灯具分类及其选择

① 灯具的分类

a. 按结构分

● 开启型　光源裸露在外，灯具是敞口的或无灯罩的。

● 闭合型　透光罩将光源包围起来的照明器。但透光罩内外空气能自由流通，尘埃易进入罩内，照明器的效率主要取决于透光罩的透射比。

● 封闭型　透光罩固定处加以封闭，使尘埃不易进入罩内，但当内外气压不同时空气仍能流通。

● 密闭型　透光罩固定处加以密封，与外界可靠地隔离，内外空气不能流通。根据用途又分为防水防潮型和防水防尘型，适用于浴室、厨房、潮湿或有水蒸气的车间、仓库及隧道、露天堆场等场所。

● 防爆安全型　这种照明器适用于在不正常情况下可能发生爆炸危险的场所。其功能主要使周围环境中的爆炸性气体进不了照明器内，可避免照明器正常工作中产生的火花而引起爆炸。

● 隔爆型　这种照明器适用于在正常情况下可能发生爆炸的场所。其结构特别坚实，即使发生爆炸，也不易破裂。

● 防腐型　这种照明器适用于含有腐蚀性气体的场所。灯具外壳用耐腐蚀材料制成，且密封性好，腐蚀性气体不能进入照明器内部。

b. 按安装方式分

● 吸顶式　照明器吸附在顶棚上，适用于顶棚比较光洁且房间不高的建筑内。这种安装方式常有一个较亮的顶棚，但易产生眩光，光通利用率不高。

● 嵌入式　照明器的大部分或全部嵌入顶棚内，只露出发光面。适用于低矮的房间。一般来说，顶棚较暗，照明效率不高。若顶棚反射比较高，则可以改善照明效果。

● 悬吊式　照明器挂吊在顶棚上。根据挂吊的材料不同可分为线吊式、链吊式和管吊式。这种照明器离工作面近，常用于建筑物内的一般照明。

● 壁式　照明器吸附在墙壁上。壁灯不能作为一般照明的主要照明器，只能作为辅助照明，富有装饰效果。由于安装高度较低，易成为眩光源，故多采用小功率光源。

● 枝形组合型　照明器由多枝形灯具组合成一定图案，俗称花灯。一般为吊式或吸顶式，以装饰照明为主。大型花灯灯饰常用于大型建筑大厅内，小型花灯也可用于宾馆、会议厅等。

● 嵌墙型　照明器的大部分或全部嵌入墙内或底板面上，只露出很小的发光面。这种照明器常作为地灯，用于室内作起夜灯用，或作为走廊和楼梯的深夜照明灯，以避免影响他人的夜间休息。

● 台式　主要供局部照明用，如放置在办公桌、工作台上等。

● 庭院式　主要用于公园、宾馆花园等场所，与园林建筑结合，无论是白天或晚上都具有艺术效果。

● 立式　立灯又称落地灯，常用于局部照明，摆设在沙发和茶几附近。

● 道路、广场式　主要用于广场和道路照明。

另外还有建筑化照明，即将光源隐藏在建筑结构或装饰内，并与之组合成一体。通常有发光顶棚、光带、光梁、光柱、光檐等。

c. 按配光分类

根据照明器上射光通量和下射光通量占照明器输出光通量的比例进行分类，又称为 CIE 配光分类。

● 直接型　上射光通量占 0～10%，下射光通量占 100%～90%。灯具由反光良好的非透明材料制成，如搪瓷、抛光铝或铝合金板和镀银镜面。直接型照明器的效率较高，但因上射光通量几乎没有，故顶棚很暗，与明亮的灯容易形成强烈的对比，又因光线方向性强，易产生较重的阴影。

● 半直接型　上射光通量占 10%～40%，下射光通量占 90%～60%。这种照明器的灯具常用半透明材料制成，下方为敞口形，它能将较多的光线直接照射到工作面，又可使空间环境得到适当的亮度，改善了房间内的亮度比。

● 直接间接型（漫射型）　上射光通量占 40%～60%，下射光通量占 60%～40%。上射光通量和下射光通量基本相等的照明器即为直接间接型。照明器向四周均匀透光的形式称为漫射型，它是直接间接型的一个特例，乳白玻璃球形照明器属于典型的漫射型。这类照明器采用漫射材料制成封闭式的灯罩，造型美观，光线均匀柔和，但是光损失较多，光通量利用率较低。

● 半间接型　上射光通量占 60%～90%，下射光通量占 40%～10%。半间接型的灯具上半部分用透明材料或敞口形式，下半部分用漫射材料制成。由于上射光通量的增加，增强了室内散射光的照明效果，使光线更加均匀柔和。在使用过程中，灯具上部很容易积灰，照明器效率较低。

● 间接型　上射光通量占 90%～100%，下射光通量占 10%～0。这类照明器光线几乎全部经顶棚反射到工作面，因此能很大程度地减弱阴影和眩光，光线极其均匀柔和。但用这种照明器照明时，缺乏立体感，且光损失很大，极不经济，常用于剧场、美术馆和医院。若与其他形式的照明器混合使用，可在一定程度上扬长避短。

d. 按配光的宽窄分

这种分类方法是根据照明器的允许距高比值来分，也叫按距高比分类。

● 特深照配光型　光通量和最大发光强度值集中在 0″～15″的狭小立体角内。

● 深照配光型　光通量和最大发光强度值集中在 0″～30″的狭小立体角内。

●配照配光型　又称余弦配光型，发光强度 $I\theta$ 与角度 θ 的关系符合余弦规律

$$I\theta = I_0 \cos\theta$$

式中 I_0 是灯具正下方 $\theta = 0''$ 时的发光强度最大值。

●漫射配光型　又称均匀配光型。光线在各个方向上发光强度基本相同。

●广照配光型　光线的最大发光强度分布在较大角度上，可在较广的面积上形成均匀的照度。

此外，还可以按照外壳的防护等级(IP)来分类。照明器按照用途可分为以功能为主的灯具、以装饰为主的灯具和专业用灯；还可以按触电保护等级分类，也可按饰面材料的可燃与不可燃性等要求来分类。随着电光源工业的发展，新的高效节能灯具的出现，对各种照明场所、照明原理的深入研究，新的作业场所的出现，以及新技术和新工艺的使用，新型灯具不断涌现，给灯具工业的发展提供了有利的条件。

② 灯具的选择

照明电光源(灯泡或灯管)、固定安装用的灯座、控制光通量分面的灯罩及调节装置等构成了完整的电气照明器具，通常称为灯具。灯具的结构应满足制造、安装及维修方便，外形美观和适用工作场所的照明要求。各种常用照明电光源适用范围如下：

●白炽灯　应用在照度和光色要求不高、频繁开关的室内外照明。除普通照明灯泡外，还有 6～36V 的低压灯泡以及用作机电设备局部安全照明的携带式照明。

● LED 灯　光效高，光色好，节能性好，适用面广，属于新型光源。

●卤钨灯　光效高，光色好，适合大面积、高空间场所照明。

●荧光灯　光效高，光色好，适用于需要照度高、区别色彩的室内场所，例如教室、办公室和轻工车间。但不适合有转动机械的场所照明。

(5)灯具的眩光

(**思政 tips**：*当照明电光源的亮度过大或与人眼的距离过近时，刺目的光线使人的眼睛难以忍受，使人发生晕眩及危害视力的现象称为眩光。眩光可能使人看不见其他东西，失去了照明的作用；也可能对可见度没有影响，但人却感到很不舒服。*)因此，在建筑电气照明设计时，必须注意限制眩光。为限制直接眩光的作用，室内照明器的悬挂高度应符合表 3-3 中的规定。

表 3-3　照明器距地面最低高度的规定

光源种类	照明器形式	保护角 α	灯泡功率/W	最低悬挂高度/m
白炽灯	有反射罩	0°～30°	≤60	2
			100～150	2.5
			200～300	3.5
			≥500	4
	有乳白玻璃漫反射罩	—	≤100	2
			150～200	2.5
			200～300	3
卤钨灯	有反射罩	30°～60°	≤500	6
			1000～2000	7

续表 3-3

光源种类	照明器形式	保护角 α	灯泡功率/W	最低悬挂高度/m
低压荧光灯	有反射罩	0°～10°	＜40	2
			＞40	3
	无反射罩	—	≥40	2
高压荧光灯	有反射罩	10°～30°	≤125	3.5
			250	5
			≥400	6

(6)照明标准

照明的目的就是要满足人们的视觉要求。为了满足这种视觉要求，各国均制定了符合本国国情的照明标准，或以推荐照度的形式作为照明设计或评价的依据。根据我国《建筑照明设计标准》(GB 50034—2013)，常见建筑的照明标准如表 3-4 至表 3-6 所示。

表 3-4　住宅建筑照明标准值

房间或场所		参考平面及其高度	照度标准值/lx	*Ra*
起居室	一般活动	0.75m 水平面	100	80
	书写、阅读		300*	
卧室	一般活动	0.75m 水平面	75	80
	床头、阅读		150*	
餐厅		0.75m 餐桌面	150	80
厨房	一般活动	0.75m 水平面	100	80
	操作台	台面	150*	
卫生间		0.75m 水平面	100	80
电梯前厅		地面	75	60
过道、楼梯间		地面	50	60
车　库		地面	30	60

注： * 指混合照明照度。

表 3-5　办公建筑照明标准值

房间或场所	参考平面及其高度	照度标准值/lx	*UGR*	U_0	*Ra*
普通办公室	0.75m 水平面	300	19	0.60	80
高档办公室	0.75m 水平面	500	19	0.60	80
会议室	0.75m 水平面	300	19	0.60	80
视频会议室	0.75m 水平面	750	19	0.60	80
接待室、前台	0.75m 水平面	200	—	0.40	80
营业厅	0.75m 水平面	300	22	0.40	80

续表 3-5

房间或场所	参考平面及其高度	照度标准值/lx	UGR	U_0	Ra
设计室	实际工作面	500	19	0.60	80
文件整理、复印、发行室	0.75m 水平面	300	—	0.40	80
资料、档案存放室	0.75m 水平面	200	—	0.40	80

注:此表适用于所有类型建筑的办公室和类似用途场所的照明。

表 3-6 商店建筑照明标准值

房间或场所	参考平面及其高度	照度标准值/lx	UGR	U_0	Ra
一般商店营业厅	0.75m 水平面	300	22	0.60	80
一般室内商业街	地面	200	22	0.60	80
高档商店营业厅	0.75m 水平面	500	22	0.60	80
高档室内商业街	地面	300	22	0.60	80
一般超市营业厅	0.75m 水平面	300	22	0.60	80
高档超市营业厅	0.75m 水平面	500	22	0.60	80
仓储式超市	0.75m 水平面	300	22	0.60	80
专卖店营业厅	0.75m 水平面	300	22	0.60	80
农贸市场	0.75m 水平面	200	25	0.40	80
收款台	台 面	500*	—	0.60	80

注:* 指混合照明照度。

照明场所应以用户为单位计量和考核照明用电量。一般场所不应选用卤钨灯,对商场、博物馆显色要求高的重点照明可采用卤钨灯。一般照明不应采用荧光高压汞灯。一般照明在满足照度均匀度条件下,宜选择单灯功率较大、光效较高的光源。

2. 照明灯具及配电线路的施工图标注

在电气施工图中,设计人员通常在系统图、平面布置图等图纸上用数字、符号对电气设备的安装位置、安装方式、管线的敷设部位、敷设方式、导线的数量、型号、规格等信息进行标注,其中最为常见的是照明灯具的标注与配电线路的标注。下面介绍这两种常见的标注以及配电箱与开关及熔断器的标注。

(1)照明灯具的标注

灯具的标注是在灯具旁按灯具标注规定标注灯具数量、型号、灯具中的光源数量和容量、悬挂高度和安装方式。灯具光源按发光原理分为热辐射光源(如白炽灯和卤钨灯)和气体放电光源(荧光灯、高压汞灯、金属卤化物灯)。常用光源的类型、型号见表 3-7。

照明灯具的标注格式为:

$$a—b\frac{c\times d\times L}{e}f$$

其中 a——灯具的数量;

b——灯具的型号或编号;

c——每盏照明灯具的灯泡数；

d——每个灯泡(或灯管)的功率；

L——光源的种类(常省略不标)；

e——灯具的安装高度(室内地坪到灯具灯泡中心的垂直距离)；

f——灯具的安装方式代号。

灯具的标注

灯具安装方式代号见表 3-8。

表 3-7　光源的类型及型号

类型	型号	含义	类型	型号	含义
热辐射光源	PZ	普通照明灯泡	气体放电光源	GCY	荧光高压汞灯泡
	JZ	局部照明灯泡		GYZ	自镇流荧光高压汞灯泡
	JG	聚光灯泡		DDG	日光色管形镝灯
	LZG	管形卤钨灯		NTY	钠铊铟灯
	LHW	红外线卤钨灯管		YH	环形荧光灯
	YZ	直管型荧光灯		HG	高压钠灯泡
	YU	U 形荧光灯管		ND	低压钠灯泡
	YZS	三基色荧光灯管		NHO、ND1、ND、WN	氖气辉光灯泡

表 3-8　灯具安装方式代号

代号	含义	代号	含义
CP	吊线式	WR	墙壁内安装
Ch	链吊式	T	台上安装
P	管吊式	SP	支架上安装
S	吸顶或直附式	W	壁装式
R	嵌入式	CL	柱上安装
CR	顶棚内	JM	座装

例如：5—YZ40 $\frac{2\times40}{2.5}$Ch 表示 5 盏 YZ40 直管型荧光灯，每盏灯具中装设 2 只功率为 40W 的灯管，灯具的安装高度为 2.5m，灯具采用链吊式安装方式。如果灯具为吸顶安装，那么安装高度可用“—”号表示。在同一房间内的多盏相同型号、相同安装方式和相同安装高度的灯具，可以标注一处。

例如：20—YU60 $\frac{1\times60}{3}$CP 表示 20 盏 YU60 型 U 形荧光灯，每盏灯具中装设 1 只功率为 60W 的 U 形灯管，灯具采用线吊安装，安装高度为 3m。

(2)配电线路的标注

配电线路的标注用以表示线路的敷设方式及敷设部位，采用英文字母表示。配电线路的标注格式为：

$$a—b(c\times d)e—f$$

其中　a——线路编号或线路用途的符号(可省略)；

b——导线型号；

c——导线根数；

d——导线截面；

e——保护管管径；

f——线路敷设方式和敷设部位。

线路敷设方式及敷设部位见表 3-9。

表 3-9 线路敷设方式、部位代号

	代号	含义		代号	含义
敷设方式	E	明敷	敷设方式	PR	用塑料线槽敷设
	C	暗敷		SR	用金属线槽敷设
	SR	沿钢索敷设		PL	用瓷夹板敷设
	CT	用电缆桥架(或托盘)敷设	敷设部位	B	沿屋架或屋架下沿
	K	用瓷瓶或瓷珠敷设		CL	沿柱
	PCL	用塑料卡敷设		W	沿墙
	SC	用水煤气管敷设		C	沿天棚
	TC	用电线管敷设		F	沿地板
	PC	用硬塑料管敷设		AC	在不能进人的吊顶内敷设
	EPC	用半硬塑料管敷设		ACE	在能进人的吊顶内敷设
	CP	用蛇皮管(金属软管)敷设			

例如：BV(3×50＋1×25)SC50—FC 表示线路是铜芯塑料绝缘导线，三根 $50mm^2$，一根 $25mm^2$，穿管径为 50mm 的钢管沿地面暗敷。

又如：BLV(3×60＋2×35)SC70—WC 表示线路为铝芯塑料绝缘导线，三根 $60mm^2$，两根 $35mm^2$，穿管径为 70mm 的钢管沿墙暗敷。

(3)照明配电箱的标注

对于照明配电箱的标注，应在照明平面图中的照明配电箱图形符号旁边标注其编号或型号。如果配电箱为非标产品，则只标注编号即可。以 XX(R)M 系列照明配电箱为例，其型号含义为：

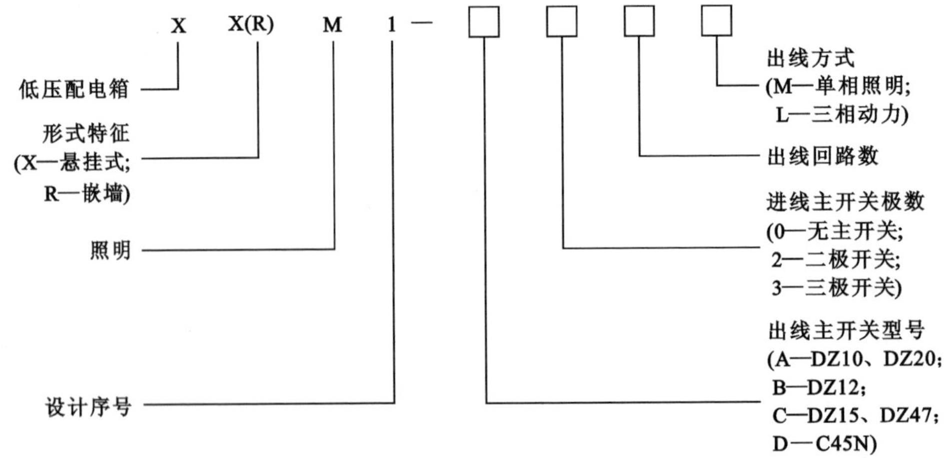

例如：型号为 XRM1—A312M 的配电箱，表示该照明配电箱为嵌墙安装，箱内装设一个型

号为 DZ20 的进线主开关，单相照明出线开关 12 个。

(4)开关及熔断器的标注

开关及熔断器的表示，也为图形符号加文字标注，其文字标注格式一般为 $a\,\dfrac{b}{c/i}$ 或 $a—b—c/i$。若需要标注引入线的规格时，则标注为

$$a\,\frac{b—c/i}{d(e\times f)—g}$$

其中　a——设备编号；

b——设备型号；

c——额定电流，A；

i——整定电流，A；

d——导线型号；

e——导线根数；

f——导线截面面积，mm^2；

g——导线敷设方式。

例如：标注 $Q_2\,\dfrac{HH_3—100/3}{100/80}$ 表示编号为 2 号的开关设备，型号为 HH_3—100/3 的三极铁壳开关，额定电流为 100A，开关内熔断器所配熔体额定电流为 80A。

又如：标注 Q_3DZ10—100/3—100/60，表示编号为 3 号的开关设备，其型号为 DZ10—100/3，即装置式三极低压空气断路器，其额定电流为 100A，脱扣器整定电流为 60A。

3. 接地体的装设基础

(1)自然接地体的利用

在设计和装设接地装置时，首先应充分利用自然接地体，以节约投资。如果实地测量所利用的自然接地体电阻已能满足要求，而且这些自然接地体又满足热稳定条件，可不必再装设人工接地装置。

可作为自然接地体的物件包括与大地有可靠连接的建筑物的钢结构和钢筋、行车的钢轨、埋地的金属管道及埋地敷设的不少于 2 根的电缆金属外皮等。对于变配电所来说，可利用其建筑物钢筋混凝土基础作为自然接地体。

利用自然接地体时，一定要保证良好的电气连接，在建(构)筑物结构的结合处，除已焊接者外，凡用螺栓连接或其他连接的，都要采用跨接焊接，而且跨接线不得小于规定值。

(2)人工接地体的装设

人工接地体有垂直埋设和水平埋设两种基本结构形式，如图 3-29 所示。人工接地体一般采用钢管、圆钢、角钢或扁钢等安装和埋入地下，但不应埋设在垃圾堆、炉渣和强烈腐蚀性土壤处。

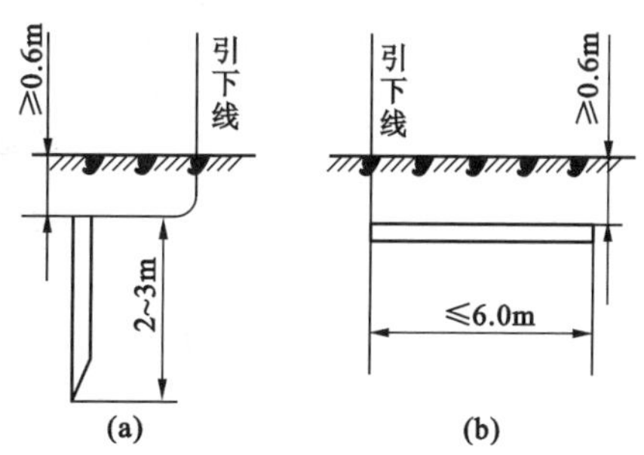

图 3-29　人工接地体

(a)垂直埋设的棒形接地体；

(b)水平埋设的带形接地体

最常用的垂直接地体为直径 50mm、长 2.5m 的钢管，这是最为经济合理的。如果采用的钢管直径小于

50mm，则因钢管的机械强度较小，易弯曲，不适于采用机械方法打入土中；若采用直径大于50mm 的钢管，则耗材增大，且流散电阻减小甚微，很不合算(例如钢管直径由 50mm 增大到125mm 时，流散电阻仅减小 15%)。如果采用的钢管长度小于 2.5m 时，流散电阻增加很多；如果长度大于 2.5m 时，则既难以打入土中，且流散电阻减小也不显著。为了减少外界温度变化对流散电阻的影响，埋入地下的接地体，其顶面埋设深度不宜小于 0.6m。

任务二练习题

请完成本任务的练习题，习题答案与解析请查看本模块末。

习题 1：下列光源中能瞬时启动的光源为(　　)。

A. 荧光灯　　B. 氙灯

C. 白炽灯　　D. 高压钠灯

习题 2：以下电光源中对保护眼睛较有利的是(　　)。

A. 白炽灯　　B. 荧光灯　　C. 氙灯　　D. 高压钠灯

习题 3：灯具安装方式代号 CP 表示(　　)。

A. 吊线式　　B. 链吊式　　C. 管吊式　　D. 吊式

习题 4：请解读 $10\text{—YZ60}\dfrac{1\times60}{3}\text{R}$ 的照明灯具的施工要求。

习题 5：请谈谈对以下照明配电箱系统图的认识。

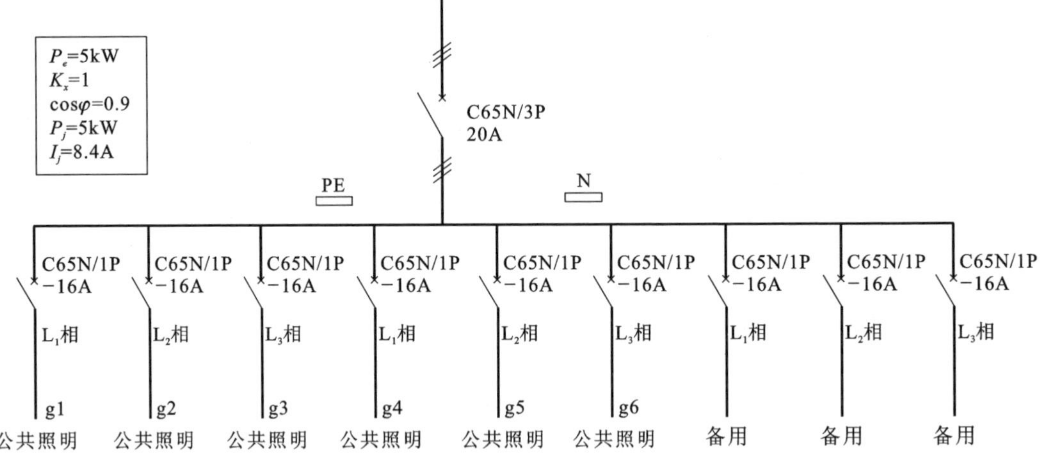

2GAL1配电箱系统图(共1台)
参考尺寸:500×600×120
明装，距地1.5m

任务三　建筑防雷接地系统与识图

【素质】具备建筑电气领域的安全用电、不同工种间的团队合作意识，具有图纸和资料规

范意识。

【知识】了解直接触电和间接触电防护的概念及防护措施、用电安全的基本要求。

【能力】能够进行建筑防雷和接地施工图的识读，能够实现安全用电。

1. 建筑防雷接地概念

防雷接地分为两个概念，一是防雷，防止因雷击而造成损害；二是静电接地，防止静电产生危害。工厂防雷为整体结构防雷，就是主厂房防雷，主要基础打接地极、接地带，形成一个接地网，接地电阻小于 10Ω。再与主厂房的钢筋或钢构的主体连接。水泥混凝土屋顶接避雷带或避雷针，墙外地面还得留有接地测试点，钢构应用镀锌扁铁件直接引到屋顶。

供电系统接地分为保护接地和工作点接地，保护接地是带电设备外壳接地。工作点接地指零线接地，接地网做法与避雷接地方式一样，接地电阻小于 4Ω。如达不到要求，则应加接地极，条件不好的，应加电解物及(或)更换土壤。工作接地和保护接地在配电室独立引出，系统可并为一个。工作方式，如地线和零线分开，也可合二为一引到用电系统(或设备)。接地系统须重复接地，也有独立分开的方式，TN-S 系统。零地不能再合二为一，如图 3-30 所示。

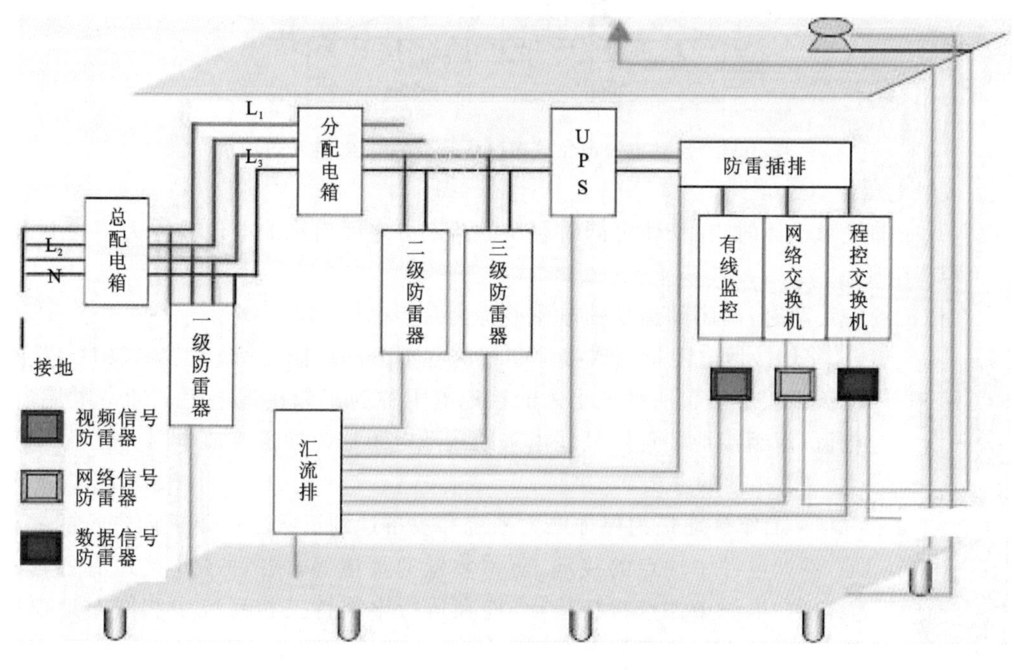

图 3-30　建筑电气防雷系统示意图

1)接地的概念

① 接地

电气设备的任何部分与土壤间做良好的电气连接，称为接地。

② 接地体或接地极

直接与土壤接触的金属导体称为接地体或接地极。接地体可分为人工接地体和自然接地体。人工接地体是指专门为接地而装设的接地体；自然接地体是指兼作接地体用的直接与大地接触的各种金属构件、金属管道及建筑物的钢筋混凝土基础等。

③ 接地线

连接于电气设备接地部分与接地体间的金属导线称为接地线。

④ 接地装置

接地体和接地线组成的总体称为接地装置。

⑤ 接地装置的散流场

当由于某种原因有电流流入接地体时，电流就通过接地体向大地做半球形散开，这一电流称为接地电流，接地电流流散的范围称为散流场。接地装置的对地电压与接地电流之比为接地电阻。实验表明，离接地体越远，土壤导电面积越大，电阻就越小。在距2.5m长的单根接地体20m处，导电半球形面积可达2500m²，土壤散流电阻已小到可以忽略，也就是这里的电位已趋近于零，可以认为远离接地体20m以外的地方电位为零，称为电气上的“地”或“大地”，如图3-31所示。

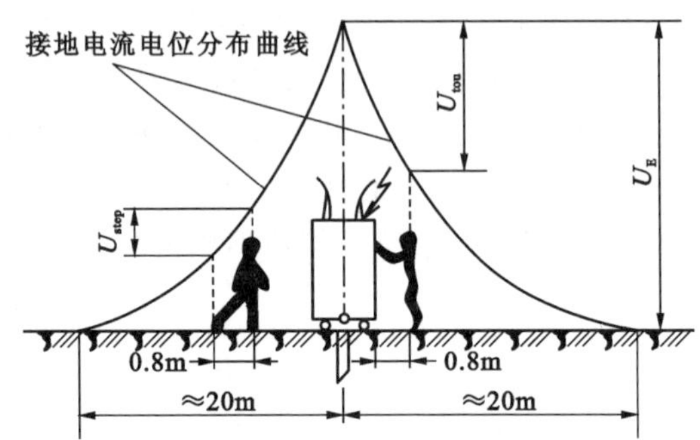

图3-31　接地电流电位分布曲线及接触电压、跨步电压

⑥ 接触电压

电气设备的绝缘损坏时，在身体可同时触及的两部分之间出现的电位差称为接触电压。

⑦ 跨步电压

人在散流场中走动时，两脚间出现的电位差称为跨步电压。

跨步电压

保护接地与保护接零

⑧ 接地电阻指构成接地装置的各部分的电阻之和。工频(50Hz)接地电流流经接地装置所呈现出来的接地电阻称为工频接地电阻。冲击电流(如雷电流)流经接地装置所呈现出来的接地电阻称为冲击接地电阻。

⑨ 接地的分类

● 工作接地是为保证电力系统和设备达到正常工作要求而进行的一种接地，例如电源中性点的接地、防雷装置的接地等。各种工作接地有各自的功能，例如电源中性点直接接地，能在运行中维持三相系统中相线对地电压不变；而电源中性点经消弧线圈接地，能在单相接地时消除接地点的断续电弧，防止系统出现过电压。至于防雷装置的接地，其功能更是显而易见的，不进行接地就无法对地泄放雷电流，从而无法实现防雷的要求。

● 保护接地是为保障人身安全、防止间接触电而将设备的外露可导电部分接地。保护接地的形式有两种：设备的外露可导电部分经各自的接地线(PE线)直接接地，如在TT和IT系统中的接地。设备的外露可导电部分经公共的PE线(在TN-S系统中)或经PEN线(在TN-C系统中)接地，这种接地我国习惯称为保护接零。必须注意：同一低压系统中，不能有的采取保护接地，有的又采取保护接零，否则当采取保护接地的设备发生单相接地故障时，采取保护接零的设备外露可导电部分将带上危险的电压。

●重复接地。在 TN 系统中，为确保公共 PE 线或 PEN 线安全可靠，除在中性点进行工作接地外，还应在 PE 线或 PEN 线的下列地方进行再一次接地，称为重复接地，如架空线路终端及沿线每 1km 处。电缆和架空线引入车间或大型建筑物处。

2）建筑物的防雷分类

建筑物应根据其重要性、使用性质、发生雷电事故的可能性和后果，按防雷要求分为三类，《建筑物防雷设计规范》中明确如下：

① 在可能发生对地闪击的地区，遇下列情况之一时，应划为第一类防雷建筑物：

●凡制造、使用或贮存火炸药及其制品的危险建筑物，因电火花而引起爆炸、爆轰，会造成巨大破坏和人身伤亡者。

●具有 0 区或 20 区爆炸危险场所的建筑物。

●具有 1 区或 21 区爆炸危险场所的建筑物，因电火花而引起爆炸，会造成巨大破坏和人身伤亡者。

② 在可能发生对地闪击的地区，遇下列情况之一时，应划为第二类防雷建筑物：

●国家级重点文物保护的建筑物。

●国家级的会堂、办公建筑物、大型展览和博览建筑物、大型火车站和飞机场、国宾馆，国家级档案馆、大型城市的重要给水水泵房等特别重要的建筑物。

●国家级计算中心、国际通信枢纽等对国民经济有重要意义的建筑物。

●国家特级和甲级大型体育馆。

●制造、使用或贮存火炸药及其制品的危险建筑物，且电火花不易引起爆炸或不致造成巨大破坏和人身伤亡者。

●具有 1 区或 21 区爆炸危险场所的建筑物，且电火花不易引起爆炸或不致造成巨大破坏和人身伤亡者。

●具有 2 区或 22 区爆炸危险场所的建筑物。

●有爆炸危险的露天钢质封闭气罐。

●预计雷击次数大于 0.05 次/a 的部、省级办公建筑物和其他重要或人员密集的公共建筑物以及火灾危险场所。

●预计雷击次数大于 0.25 次/a 的住宅、办公楼等一般性民用建筑物或一般性工业建筑物。

③ 在可能发生对地闪击的地区，遇下列情况之一时，应划为第三类防雷建筑物：

●省级重点文物保护的建筑物及省级档案馆。

●预计雷击次数大于或等于 0.01 次/a 且小于或等于 0.05 次/a 的部、省级办公建筑物和其他重要或人员密集的公共建筑物，以及火灾危险场所。

●预计雷击次数大于或等于 0.05 次/a 且小于或等于 0.25 次/a 的住宅、办公楼等一般性民用建筑物或一般性工业建筑物。

●在平均雷暴日大于 15d/a 的地区，高度在 15m 及以上的烟囱、水塔等孤立的高耸建筑物；在平均雷暴日小于或等于 15d/a 的地区，高度在 20m 及以上的烟囱、水塔等孤立的高耸建筑物。

3）雷电的危害方式与预防

① 直击雷

指闪击直接击于建筑物、其他物体、大地或外部防雷装置上，产生电效应、热效应和机械力者。直击雷一般采用由接闪器、引下线、接地装置组成的外部防雷装置防雷。

② 闪电感应

闪电感应包括闪电静电感应和闪电电磁感应。闪电静电感应是指由于雷云的作用，使附近导体上感应出与雷云符号相反的电荷，雷云主放电时，先导通道中的电荷迅速中和，在导体上的感应电荷得到释放，如没有就近泄入地中就会产生很高的电位。闪电电磁感应是指由于雷电流迅速变化，在其周围空间产生瞬变的强电磁场，使附近导体上感应出很高的电动势。闪电感应的防止办法是将屋顶金属的感应电荷通过引下线、接地装置泄入大地。

③ 闪电电涌侵入

闪电击于防雷装置或线路上以及由闪电静电感应或雷击电磁脉冲引发表现为过电压、过电流的瞬态波称为闪电电涌。由于雷电对架空线路、电缆线路或金属管道的作用，雷电波（即闪电电涌）可能沿着这些管线侵入屋内，危及人身安全或损坏设备。因此，对其防护问题，应予以相当重视。一般在线路进入建筑物处安装电涌保护器进行防护。

④ 雷击电磁脉冲

指雷电流经电阻、电感、电容耦合产生的电磁效应，包含闪电电涌和辐射电磁场。它是一种干扰源，绝大多数是通过连接导体的干扰，如雷电流或部分雷电流、被雷电击中的装置的电位升高以及电磁辐射干扰。防雷击电磁脉冲措施有屏蔽、接地和等电位连接、设置电源保护器等。

⑤ 雷电反击

雷击直击雷防护装置时，雷电流经接闪器，沿引下线流入接地装置的过程中，由于各部分阻抗的作用，接闪器、引下线、接地装置上将产生不同的较高对地电位，若被保护物与其间距不够时，会发生直击雷防护装置对被保护物的放电现象，称为“反击”。雷电“反击”的防止措施有两种：一是使被保护物与直击雷防护装置保持一定的安全距离；二是将分开的诸金属物体直接用连接导体或经电涌保护器连接到防雷装置上以减小雷电流引发的电位差，即防雷等电位连接。

4）防雷建筑物的防雷措施

各类防雷建筑物应设防直击雷的外部防雷装置并应采取防闪电电涌侵入的措施。

建筑防雷

（1）第一类防雷建筑物的防雷措施

防直击雷的措施，即设外部防雷装置应符合下列要求：

① 应装设独立接闪杆或架空接闪线或网。架空接闪网的网格尺寸不应大于 5m×5m 或 6m×4m。

②排放爆炸危险气体、蒸气或粉尘的放散管、呼吸阀、排风管等的管口外的以下空间应处于接闪器的保护范围内。当有管帽时应按表 3-10 的规定确定；当无管帽时，应为管口上方半径 5m 的半球体；接闪器与雷闪的接触点应设在上述空间之外。

表 3-10 有管帽的管口外处于接闪器保护范围内的空间

装置内的压力与周围空气压力的压力差/kPa	排放物对比于空气	管帽以上的垂直距离/m	距管口处的水平距离/m
＜5	重于空气	1	2
5～25	重于空气	2.5	5
≤25	轻于空气	2.5	5
＞25	重于或轻于空气	5	5

注：相对密度小于或等于 0.75 的爆炸性气体规定为轻于空气的气体；相对密度大于 0.75 的爆炸性气体规定为重于空气的气体。

③ 排放爆炸危险气体、蒸气或粉尘的放散管、呼吸阀、排风管等，当其排放物达不到爆炸浓度、长期点火燃烧、一排放就点火燃烧时，以及发生事故时排放物才达到爆炸浓度的通风管、安全阀，接闪器的保护范围可仅保护到管帽，无管帽时可仅保护到管口。

④ 独立接闪杆的杆塔、架空接闪线的端部和架空接闪网的每根支柱处应至少设一根引下线。对用金属制成或有焊接、绑扎连接钢筋网的杆塔、支柱，宜利用金属塔或钢筋网作为引下线。

⑤ 建筑物内的设备、管道、构架、电缆金属外皮、钢屋架、钢窗等较大金属物和凸出屋面的放散管、风管等金属物，均应接到防雷电感应的接地装置上。金属屋面周边每隔 18～24m 应采用引下线接地一次。现场浇灌或用预制构件组成的钢筋混凝土屋面，其钢筋网的交叉点应绑扎或焊接，并应每隔 18～24m 采用引下线接地一次。

⑥ 平行敷设的管道、构架和电缆金属外皮等长金属物，其净距小于 100mm 时应采用金属线跨接，跨接点的间距不应大于 30m；交叉净距小于 100mm 时，其交叉处也应跨接。当长金属物的弯头、阀门、法兰盘等连接处的过渡电阻大于 0.03Ω 时，连接处应用金属线跨接。对有不少于 5 根螺栓连接的法兰盘，在非腐蚀环境下，可不跨接。

⑦ 防闪电感应的接地装置应与电气和电子系统的接地装置共用，其工频接地电阻不宜大于 10Ω。防闪电感应的接地装置与独立接闪杆、架空接闪线或架空接闪网的接地装置之间的间距应符合要求。当屋内设有等电位连接的接地干线时，其与防闪电感应接地装置的连接不应少于两处。

⑧ 室外低压配电线路宜全线采用电缆直接埋地敷设，在入户处应将电缆的金属外皮、钢管接到等电位连接带或防闪电感应的接地装置上。当全线采用电缆有困难时，可采用钢筋混凝土杆和铁横担的架空线，并应使用一段金属铠装电缆或护套电缆穿钢管直接埋地引入，架空线与建筑物的距离不应小于 15m 在入户处的总配电箱内装设电涌保护器。

(2) 第二类防雷建筑物的防雷措施

第二类防雷建筑物外部防雷的措施，宜采用装设在建筑物上的接闪网、接闪带或接闪杆，也可采用由接闪网、接闪带或接闪杆混合组成的接闪器，接闪器之间应互相连接。

① 排放爆炸危险气体、蒸气或粉尘的放散管、呼吸阀、排风管等管道应符合第一类防雷建筑物防直击雷措施的规定。其防雷保护应符合下列要求：金属物体可不装接闪器，但应和屋面防雷装置相连；在屋面接闪器保护范围之外的非金属物体应装接闪器，并和屋面防雷装置相连。

② 专设引下线不应少于 2 根，并应沿建筑物四周和内庭院四周均匀对称布置，其间距沿周长计算不宜大于 18m。当建筑物的跨度较大，无法在跨距中间设引下线，应在跨距两端设引下线并减小其他引下线的间距，专设引下线的平均间距不应大于 18m。

③ 外部防雷装置的接地应和防闪电感应器、内部防雷装置、电气和电子系统等接地共用接地装置，并应与引入的金属管线做等电位连接。外部防雷装置的专设接地装置宜围绕建筑物敷设成环形接地体。

④ 利用建筑物的钢筋作为防雷装置时应符合下列规定：建筑物宜利用钢筋混凝土屋顶、梁、柱、基础内的钢筋作为引下线。第二类防雷建筑物中规定的建筑物，当其女儿墙以内的屋顶钢筋网以上的防水和混凝土层允许不保护时，宜利用屋顶钢筋网作为接闪器；若这些建筑物周围很少有人停留时，宜利用女儿墙压顶板内或檐口内的钢筋作为接闪器。

⑤ 构件内有箍筋连接的钢筋或呈网状的钢筋，其箍筋与钢筋、钢筋与钢筋应采用土建施

工的绑扎法、螺丝扣、对焊或搭焊连接。单根钢筋、圆钢或外引预埋连接板、线与构件内钢筋应焊接或采用螺栓紧固的卡夹器连接。构件之间必须连接成电气通路。

(3) 第三类防雷建筑物的防雷措施

① 第三类防雷建筑物外部防雷的措施宜采用装设在建筑物上的接闪网、接闪带或接闪杆，或由其混合组成的接闪器。接闪网、接闪带应沿屋角、屋脊、屋檐和檐角等易受雷击的部位敷设，并应在整个屋面组成不大于 20m×20m 或 24m×16m 的网格；当建筑物高度超过 60m 时，首先应沿屋顶周边敷设接闪带，接闪带应设在外墙外表面或屋檐边垂直面上或其外。接闪器之间应互相连接。

② 凸出屋面的物体的保护措施与第二类防雷建筑物相同。

③ 专设引下线不应少于 2 根，并应沿建筑物四周和内庭院四周均匀对称布置，其间距沿周长计算不宜大于 25m。当建筑物的跨度较大，无法在跨距中间设引下线，应在跨距两端设引下线并减小其他引下线的间距，专设引下线的平均间距不应大于 25m。

④ 防雷装置的接地应与电气和电子系统等接地共用接地装置，并应与引入的金属管线做等电位连接。外部防雷装置的专设接地装置宜围绕建筑物敷设成环形接地体。

2. 安全用电

(1)电气安全的有关概念

人体触电可分两种情况：一种是雷击和高压触电，较大的电流通过人体所产生的热效应、化学效应和机械效应，将使人的机体遭受严重的电灼伤、组织炭化坏死及其他难以恢复的永久性伤害；另一种是低压触电，在数十至数百毫安电流作用下，使人的机体产生病理生理性反应。轻的触电有针刺痛感，或出现痉挛、血压升高、心律不齐以致昏迷等暂时性的功能失常；重则可引起呼吸停止、心搏骤停、心室纤维性颤动等危及生命的伤害。

① 安全电流

安全电流，也就是人体触电后最大的摆脱电流。安全电流值，各国规定并不完全一致。我国规定为 30mA(50Hz 交流)，按触电时间不超过 1s(即 1000ms)，因此安全电流值为 30mA · s。通过人体电流不超过 30mA · s 时，对人机体不会有损伤，不会引起心室纤维性颤动和器质损伤。如果通过人体电流达到 50mA · s，对人就有致命危险，而达到 100mA · s 时，一般会致人死亡。100mA · s，即为致命电流。

② 安全电压与人体电阻

安全电压，就是不致使人直接致死或致残的电压，我国国家标准规定的安全电压等级见《特低电压(ELV)限值》(GB/T 3805—2008)。从电气安全的角度来说，安全电压与人体电阻有关。人体电阻由体内电阻和皮肤电阻两部分组成。体内电阻约为 500Ω，与接触电压无关。皮肤电阻随皮肤表面的干湿洁污状态及接触电压而变。从人身安全的角度考虑，人体电阻一般取下限值 1700Ω(平均值为 2000Ω)。由于安全电流取 30mA，因此人体允许持续接触的安全电压为：

$$U_{Saf}=30\text{mA}\times1700\Omega\sim50\text{V}$$

50V(50Hz 交流有效值)称为一般正常环境条件允许持续接触的“安全特低电压”。

(2)直接触电和间接触电防护

根据人体触电的情况将触电防护分为直接触电防护和间接触电防护两类。直接触电防护指对直接接触正常带电部分的防护。

直接接触防护应选用以下一种或几种措施：绝缘屏护，即对带电导体加隔离栅栏或加保护罩等；安全距离；限制放电能量 24V 及以下安全特低电压；用漏电保护器作补充保护。

间接触电防护指对故障时带危险电压而正常时不带电的外露可导电部分（如金属外壳、框架等）的防护。间接接触防护应选用以下一种或几种措施：双重绝缘结构；安全特低电压；电气隔离；不接地的局部等电位连接；不导电场所自动断开电源；电工用个体防护用品；保护接地（与其他防护措施配合使用）。

（3）用电安全的基本要求

①（**思政 tips：** *用电单位应对使用者进行用电安全教育和培训，使其掌握用电安全的基本知识和触电急救知识。*）用电单位的自备发电装置应采取与供电电网隔离的措施，不得擅自并入电网。

② 用电单位和个人应掌握所使用的电气装置的额定容量、保护方式和要求，保护装置的整定值和保护元件的规格。不得擅自更改电气装置或延长电气线路；不得擅自增大电气装置的额定容量；不得任意改动保护装置的整定值和保护元件的规格。

③ 电气装置在使用前，应确认其已经国家指定的检验机构检验合格或认可，符合相应环境要求和使用等级要求。电气装置在使用前，应认真阅读产品使用说明书，了解使用可能出现的危险以及相应的预防措施，并按产品使用说明书的要求正确使用。任何电气装置都不应超负荷运行或带故障使用。用电设备在暂停或停止使用、发生故障或遇突然停电时均应及时切断电源，必要时应采取相应技术措施。

④ 当保护装置动作或熔断器的熔体熔断后，应先查明原因、排除故障，并确认电气装置已恢复正常后才能重新接通电源、继续使用。更换熔体时不应任意改变熔断器的熔体规格或用其他导线代替。

⑤ 用电设备和电气线路的周围应留有足够的安全通道和工作空间。露天使用的用电设备、配电装置应采取防雨、防雪、防雾和防尘的措施。电气装置附近不应堆放易燃、易爆和腐蚀性物品。禁止在架空线上放置或悬挂物品。当发生电气火灾时，应立即断开电源，并采用专用的消防器材进行灭火。

⑥ 使用的电气线路须具有足够的绝缘强度、机械强度和导电能力并应定期检查。禁止使用绝缘老化或失去绝缘性能的电气线路。移动使用的配电箱（板）应采用完整的、带保护线的多股铜芯橡皮护套软电缆或护套软线作电源线，同时应装设漏电保护器。软电缆或软线中的绿/黄双色线在任何情况下只能用作保护线。禁止将暖气管、煤气管、自来水管道作为保护线使用。禁止利用大地作工作中性线。（**思政 tips：** *当电气装置的绝缘或外壳损坏，可能导致人体触及带电部分时，应立即停止使用，并及时修复或更换。当发生人身触电事故时，应立即断开电源，使触电人员与带电部分脱离，并立即进行急救。在切断电源之前禁止其他人员直接接触触电人员。*）

⑦ 插头与插座应按规定正确接线，插座的保护接地极在任何情况下都必须单独与保护线可靠连接。严禁在插头（座）内将保护接地极与工作中性线连接在一起。在插拔插头时人体不得接触导电极，不应对电源线施加拉力。浴室、蒸汽房、游泳池等潮湿场所内不应使用可移动的插座。在儿童活动的场所，不应使用低位置插座，否则应采取防护措施。在使用移动式的Ⅰ类设备时，应先确认其金属外壳或构架已可靠接地，使用带保护接地极的插座，同时宜装设漏电保护器，禁止使用无保护线插头插座。

⑧ 正常使用时会产生飞溅的火花、灼热的飞屑或外壳表面温度较高的用电设备，应远离易燃物质或采取相应的密闭、隔离措施。手提式和局部照明灯具应选用安全电压或双重绝缘结构。在使用螺口灯头时，灯头螺纹端应接至电源的工作中性线。电炉、电熨斗等电热器具应选用专用的连接器，应放置在隔热底座上。

⑨ 临时用电应经有关主管部门审查批准，并有专人负责管理，限期拆除。

(4)防雷接地分项工程的施工验收资料

防雷接地是电气施工分部工程的其中一个分项工程，施工完成后的验收资料包括以下6个，从施工图纸和审核、施工材料和设备、检验批质量验收等三个方面进行验收。

① 竣工图；

② 材料材质证明书和镀锌质量证明书；

③ 材料设备报验记录；

④ 图纸会审及设计变更记录；

⑤ 接闪器工程检验批质量记录；

⑥ 避雷引下线安装工程检验批质量验收记录。

3. 建筑防雷接地系统识图

防雷接地是为了泄掉雷电电流，而对建筑物、电气设备和设施采取的保护措施，对建筑物、电气设备和设施的安全使用是十分必要的。建筑物的防雷接地系列，一般分为避雷针和避雷线两种方式。电力系统的接地一般与防雷接地系统分别进行安装和使用，以免造成雷电对电气设备的损害。对于高层建筑，除屋顶防雷(图3-32)外，还有防侧雷击的避雷带以及接地装置等，通常是将楼顶的避雷针、避雷线与建筑物的主钢筋焊接为一体，再与地面上的接地体相连接，构成建筑物的防雷装置，即自然接地体与人工接地体相结合，以达到最好的防雷效果。

图3-32 屋顶避雷线

防雷装置引下线利用大楼结构外侧主钢筋(不少于两根)，钢筋自身上下连接点采用搭接焊，且其上端应与房顶避雷装置、下端应与地网、中间应与各均压带焊接，大楼的总电阻应不大于1Ω。

建筑物的防雷接地平面图通常表示出该建筑防雷接地系统的构成情况及安装要求，一般由屋顶防雷平面图、基础接地平面图等组成。防雷接地分为三个部分：接闪器、引下线、接地体(接地极)。看建筑防雷图就主要看接闪器由什么构成、引下线由什么构成、接地体由什么构成，看三者之间的连接是否可靠，是否满足连续电气贯通；最后看是否采用热浸镀锌(防腐要求)，接地电阻是否满足接地要求，是否采取其他改善措施。图3-33所示为基础接地剖面图。

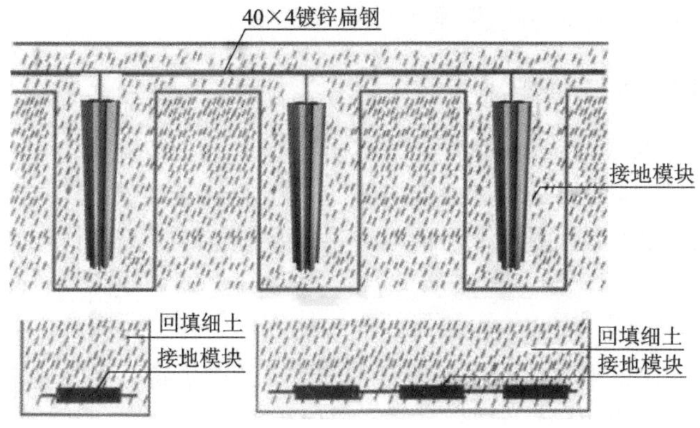

图 3-33　基础接地剖面图

任务三练习题

请完成本任务的练习题，习题答案与解析请查看本模块末。

习题 1：建筑物的防雷分为（　　）类。

A. 一　　B. 二

C. 三　　D. 四

习题 2：直击雷防雷装置由________、________和________组成，其中哪个部件看不见？

习题 3：下列最具有致命危险的触电伤害是（　　）。

A. 电击　　B. 电灼伤　　C. 电烙印　　D. 皮肤金属化

习题 4：下列关于触电伤害，说法错误的是（　　）。

A. 100mA 左右的电流流经人体，就能使人休克或死亡

B. 人体的电阻可高达 40～100kΩ

C. 50mA 及以上的电流，人只能一触即离，否则就会危及生命

D. 36V 及以下电压是安全电压，在任何时刻都不会危及生命

习题 5：大楼的接地系统，可利用桩基和基础结构中的钢筋周围共用接地体，并要求接地的电阻小于（　　）Ω。

A. 0.5　　B. 1　　C. 4　　D. 10

习题 6："等电位连接网络的主要任务是消除建筑物上及建筑物内所有设备间的危险的电位差并减小建筑内部的磁场强度。"该说法是否正确？

任务四　建筑电气施工图综合识读

学习目标

【素质】具备建筑电气领域的图纸规范意识、具备施工图新技术(BIM)适应能力。

【知识】熟悉建筑电气施工图的组成、各系统(供配电、照明、防雷接地系统)施工图阅读方法。

【能力】能够进行简单建筑供配电施工图综合识读。

1. 电气施工图的组成及阅读方法

电气施工图的特点

(1)电气施工图的特点

电气施工图是编制建筑电气工程预算和施工方案,并指导安装施工的重要依据。电气施工图所涉及的内容往往根据建筑物不同的功能而有所不同,主要有建筑供配电、动力与照明、防雷与接地、建筑弱电等方面,用以表达不同的电气设计内容。电气工程图具有以下特点:

① 建筑电气工程图大多是采用统一的图形符号并加注文字符号绘制而成的。

② 电气线路都必须构成闭合回路。

③ 线路中的各种设备、元件都是通过导线连接成为一个整体的。导线可长可短,能够比较方便地跨越较远的空间距离,所以电气工程图有时就不像机械工程图或建筑工程图那样直观和集中,可能出现电气设备和其控制设备不在一张图纸上的情况。

④ 建筑电气工程施工是与主体工程(土建工程)及其他安装工程(给排水、供热通风、通信线路、消防系统等)施工相互配合进行的,所以要求建筑电气工程图与建筑结构图及其他安装工程图不能发生冲突。因此,在进行建筑电气工程图识读时应阅读相应的土建工程图及其他安装工程图,以了解相互间的配合关系。

⑤ 建筑电气工程图对于设备的安装方法、质量要求以及使用维修方面的技术要求等往往不能完全反映出来,所以在阅读图纸时有关安装方法、技术要求等问题,要参照相关图集和规范。

(2)电气施工图的组成

电气施工图根据其表现形式和内容的不同可分为以下类型:

① 图纸目录与设计说明

包括图纸内容、数量、工程概况、设计依据以及图中未能表达清楚的各有关事项。如供电电源的来源、供电方式、电压等级、线路敷设方式、防雷接地、设备安装高度及安装方式、工程主要技术数据、施工注意事项等。

② 主要材料设备表

包括工程中所使用的各种设备和材料的名称、型号、规格、数量等,它是编制购置设备、材料计划的重要依据之一。

③ 系统图

如变配电工程的供配电系统图、照明工程的照明系统图、电缆电视系统图等。系统图反映了系统的基本组成、主要电气设备、元件之间的连接情况以及它们的规格、型号、参数等。

④ 平面布置图

平面布置图是电气施工图中的重要图纸之一,如变、配电所电气设备安装平面图、照明平面图、防雷接地平面图等,用来表示电气设备的编号、名称、型号及安装位置、线路的起始点、敷设部位、敷设方式及所用导线型号、规格、根数、管径大小等。通过阅读系统图,了解系统基本组成之后,就可以依据平面图编制工程预算和施工方案,然后组织施工。

⑤ 控制原理图

包括系统中各所用电气设备的电气控制原理,用以指导电气设备的安装和控制系统的调试运行工作。

⑥ 安装接线图

包括电气设备的布置与接线，应与控制原理图对照阅读，进行系统的配线和调校。

⑦ 安装大样图(详图)

安装大样图是详细表示电气设备安装方法的图纸，对安装部件的各部位注有具体图形和详细尺寸，是进行安装施工和编制工程材料计划时的重要参考。

(3)电气施工图的阅读方法

为了全面识读电气施工图，以对整个电气工程有一个完整的了解，更好地指导施工，必须掌握正确的阅读方法。

① 熟悉电气图例符号，弄清图例、符号所代表的内容。常用的电气工程图例及文字符号可参见国家颁布的《电气图形符号标准》。

针对一套电气施工图，一般应先按以下顺序阅读，然后再对某部分内容进行重点识读。

- 看标题栏及图纸目录　了解工程名称、项目内容、设计日期及图纸内容、数量等。
- 看设计说明　了解工程概况、设计依据等，了解图纸中未能表达清楚的各有关事项。
- 看设备材料表　了解工程中所使用的设备、材料的型号、规格和数量。
- 看系统图　了解系统基本组成，主要电气设备、元件之间的连接关系以及它们的规格、型号、参数等，掌握该系统的组成概况。
- 看平面布置图　如照明平面图、防雷接地平面图等。了解电气设备的规格、型号、数量及线路的起始点、敷设部位、敷设方式和导线根数等。平面图的阅读可按照以下顺序进行：电源进线→总配电箱→干线→支线→分配电箱→电气设备。
- 看控制原理图　了解系统中电气设备的电气自动控制原理，以指导设备安装调试工作。
- 看安装接线图　了解电气设备的布置与接线。
- 看安装大样图　了解电气设备的具体安装方法、安装部件的具体尺寸等。

② 抓住电气施工图要点进行识读

在识图时，应抓住要点进行识读，如：在明确负荷等级的基础上，了解供电电源的来源、引入方式及路数；了解电源的进户方式是由室外低压架空引入还是电缆直埋引入；明确各配电回路的相序、路径、管线敷设部位、敷设方式以及导线的型号和根数；明确电气设备、器件的平面安装位置。

③ 结合土建施工图进行阅读

电气施工与土建施工结合得非常紧密，施工中常常涉及各工种之间的配合问题。电气施工平面图只反映了电气设备的平面布置情况，结合土建施工图的阅读还可以了解电气设备的立体布设情况。

④ 熟悉施工顺序，便于阅读电气施工图。如识读配电系统图、照明与插座平面图时，就应首先了解室内配线的施工顺序。根据电气施工图确定设备安装位置、导线敷设方式、敷设路径及导线穿墙或楼板的位置；结合土建施工进行各种预埋件、线管、接线盒、保护管的预埋；装设绝缘支持物、线夹等，敷设导线；安装灯具、开关、插座及电气设备；进行导线绝缘测试、检查及通电试验；工程验收。

⑤ 识读时，施工图中各图纸应协调配合阅读

对于具体工程来说，为说明配电关系时需要有配电系统图；为说明电气设备、器件的具体安装位置时需要有平面布置图；为说明设备工作原理时需要有控制原理图；为表示元件连接关

系时需要有安装接线图；为说明设备、材料的特性、参数时需要有设备材料表等。这些图纸各自的用途不同，但相互之间是有联系并协调一致的。在识读时应根据需要，将各图纸结合起来识读，以达到对整个工程或分部项目全面了解的目的。

(4)建筑电气 BIM

族作为 Revit 中最基本的元素，是构成项目的基础。(**思政 tips**：Revit 系列软件中自带的电气族按照美国标准制作，不满足目前国内的电气制图标准，并且族库内的族式样过少，难以支撑项目。因此在正式开始项目之前，要根据项目的需求制作所要使用的电气族文件。)电气设备、电气桥架、电管、导线、标注等都是不同类型的族，电气族在二维平面图上既要满足国标的制图标准，在三维模型上又要符合事物的实际样貌，还需赋予尺寸、性能、负荷类型、光源参数等一系列属性参数。电气专业的族，类型数量比较庞大，同时族所带属性参数的设置也关系到后续的电气计算、系统创建以及模型效果的渲染(例如空间的灯光效果)，因此在建筑电气 BIM 的制作(图 3-34、图 3-35)需耗费设计人员大量的时间和精力。

名称	二维	三维	名称	二维	三维
应急疏散指示标志		出口 EXIT	暗装单联单控开关	C	
安全出口标志	E	安全出口 EXIT	二三孔安全插座		
单管格栅荧光灯			信息插座	TD	TD
带火警电话插孔的火灾自动报警按钮			感烟探测器		

强电漫游

图 3-34　电气族的二维及三维图片

图 3-35　BIM 模型电源进线和桥架

2. 建筑电气综合识图练习

电气识图：设计说明、图纸目录、图例

(1)设计说明

以下为某住宅楼工程的建筑电气(强电部分)施工图,通过设计说明了解工程概况、设计依据等,了解图纸中未能表达清楚的各有关事项。

电气设计说明（一）

一、工程概况

1. 本项目名称为某住宅楼工程。

2. 本工程为砖混结构，总建筑面积5302.2m^2。

3. 本工程室内外高差为0.65m，建筑总高20.55m，层高均为3.0m，主体部分层数为六层，均为住宅，住宅户型D6户型共1个单元（共14户，其中跃层4户）。

4. 本建筑物相对标高±0.000与所对应的绝对标高为505.548。

5. 本工程耐火等级为二级，屋面防水等级三级，抗震设防烈度为7度，主体结构合理使用年限50年。

二、主要设计依据

1. 甲方提供的项目设计任务委托书以及相关设计要求。

2. 经甲方认可的本工程建筑设计方案，建筑专业提供的建筑图及要求。

3. 主要设计规范

工程建设标准强制性条文《房屋建筑部分——电气专业》；

《民用建筑电气设计规范》（JGJ 16—2008）；

《住宅设计规范》（GB 50096—1999）（2003年版）；

《供配电系统设计规范》（GB 50052—2009）；

《有线电视系统工程技术规范》（GB 50200—94）；

《建筑照明设计标准》（GB 50034—2004）；

《建筑物防雷设计规范》（GB 50057—94）（2000年版）；

《低压配电设计规范》（GB 50054—95）；

《综合布线系统工程设计规范》（GB 50311—2007）。

三、设计范围

本设计包括照明及供电系统，防雷及接地系统，电视、电话、网络及门禁对讲系统等。

四、照明及供电系统

1. 本工程属于三类民用建筑，负荷按三级设计。

2. 供电电源

本工程从室外配电箱引来一路220V/380V电源YJLV—0.6/1kV—4×70—SC100—FC到楼梯间总配电箱AL0，见系统图、平面图。楼梯间照明、弱电箱电源等公共用电由单元配电箱供电。

用户配电箱AL1、AL2的总开关选用具有短路、过负荷和过、欠电压保护的断路器。

设计单位		建设单位			
		工程名称			
设计		图　名		图　别	电　施
制图		电气设计说明（一）		版本号	第1版
校对				图　号	1/23
审核				日　期	

电气设计说明（二）

3. 计费

采用集中表箱，即每户电度表集中设在单元配电箱中。

4. 照明设计只确定了光源的功率和光通量，照明器由建设单位自定。在平面图上，导线的默认根数为3，即未标注的为3根。

五、防雷及接地系统

1. 本工程防雷接地、重复接地共用同一接地体，其做法为利用地圈梁等基础钢筋等做接地体，要求沿建筑物四周形成闭合的电气通路，同时整个防雷接地系统也必须焊接成闭合的电气通路。基础施工完毕后做接地电阻测试，要求$R \leqslant 1\Omega$，如达不到要求，按《接地装置安装》(03D501—4)增加人工接地体。

2. 在建筑物四角柱内引下线上、离柱0.5m处设接地电阻测试盒，共2个，做法详见03D501—4（P38页）。

3. 等电位联结

在进电源处（一层楼梯间，单元配电箱AL0旁）设总等电位联结箱MEB，在卫生间设局部等电位联结箱LEB，见平面图。施工按国家标准图集02D501—2。

六、电视、电话、网络及门禁对讲系统

电视、电话、网络及门禁对讲等弱电系统以预埋线管为原则，系统的具体实施由专业公司完成。闭路电视系统，每个单元设两个箱子，一层设放大器箱，三层设分配分支器箱。干线用SYWV—75—9—SC20—FC引入一层放大器箱，再由一层放大器箱到三层分配分支器箱。每户由三层分配分支器箱引两路支线SYWV—75—5—PC16—FC/WC，见单元电视系统图。

网络及电话系统，在一层楼梯间设网络及电话接线箱，电话HYA15×（2×0.5）—SC32—FC及2芯网络光纤—SC15—FC均引入此箱。再由此箱分别引一根超五类4对双绞线到每一户，见单元网络、电话系统图。

电视系统放大器箱，网络、电话系统总箱TOP等弱电箱的电源均由单元总配电箱提供，在单元总配电箱系统图中绘出，在平面图中未绘出。

超五类4对双绞线1根穿PC16，2根穿PC20，3、4根穿PC25，5、6根穿PC32，7～10根穿PC40。

SYWV—75—5电视线1根穿PC16，2、3根穿PC25，4、5根穿PC32，6、7、8根穿PC40。

七、其他未尽事宜应严格按照国家现行相关规范、标准及规程进行施工。

设计单位		建设单位			
		工程名称			
设计		图　名		图　别	电　施
制图		电气设计说明（二）		版本号	第1版
校对				图　号	2/23
审核				日　期	

(2)图纸目录

通过图纸目录可以了解工程名称、项目内容、设计日期及图纸内容、数量等。

图纸目录

图号	图名	图别	图幅
1/23	电气设计说明（一）	电施	A2
2/23	电气设计说明（二）	电施	A2
3/23	图纸目录	电施	A2
4/23	图例及主要材料表	电施	A2
5/23	单元配电干线系统图	电施	A2
6/23	单元配电箱AL0系统图	电施	A2
7/23	用户配电箱AL2系统图	电施	A2
8/23	用户配电箱AL1系统图	电施	A2
9/23	底层照明平面图	电施	A2
10/23	标准层照明平面图	电施	A2
11/23	六层照明平面图	电施	A2
12/23	跃层照明平面图	电施	A2
13/23	底层插座平面图	电施	A2
14/23	标准层插座平面图	电施	A2
15/23	六层插座平面图	电施	A2
16/23	跃层插座平面图	电施	A2
17/23	屋面防雷平面图	电施	A2
18/23	单元电视系统图	电施	A2
19/23	单元网络、电话系统图	电施	A2
20/23	底层弱电平面图	电施	A2
21/23	标准层弱电平面图	电施	A2
22/23	六层弱电平面图	电施	A2
23/23	跃层弱电平面图	电施	A2

设计单位		建设单位			
		工程名称			
设计		图名		图别	电施
制图		图纸目录		版本号	第1版
校对				图号	3/23
审核				日期	

(3)图例及主要材料表

了解工程中所使用的设备、材料的型号、规格和数量。

图例及主要材料表

图例符号	名称	规格及型号	安装方式	单位	数量
	单元配电箱	AL0	明设	个	3
	用户配电箱	AL1、AL2	H=1.50m，暗设	个	42
⊗	节能灯	1×18W 1×1250 lm	吸顶	盏	108
⊗	节能灯	1×36W 1×2975 lm	吸顶	盏	90
⊗	节能灯	2×36W 2×2975 lm	吸顶	盏	204
⊗	节能灯	3×36W 3×2975 lm	吸顶	盏	12
⊗	节能灯	4×36W 4×2975 lm	吸顶	盏	42
⊛	节能型防水防尘灯	卫生间1×18W 1×1250 lm	吸顶	盏	84
○	节能灯	1×18W 1×1250 lm	吸顶	盏	21
	壁灯（屋面为防水型）	1×18W 1×1250 lm	H=2.00m	盏	18
	暗装单极翘板开关	250V 10A	H=1.30m，暗设	个	312
	暗装双极翘板开关(防水型)	250V 10A	H=1.30m，暗设	个	96
	暗装三极翘板开关	250V 10A	H=1.30m，暗设	个	42
	声光控延时开关	250V 10A	H=1.30m，暗设	个	21
	暗装双控开关	250V 10A	H=1.30m，暗设	个	24
	普通五孔插座	250V 10A	H=0.30m，暗设	个	456
	窗式空调插座	250V 10A	H=2.20m，暗设	个	144
	柜式空调插座	250V 15A	H=0.30m，暗设	个	42
	防溅水性厨卫插座（带开关）	250V 10A	H=1.50m，暗设	个	162
	防溅水性抽油烟机插座	250V 10A	H=2.20m，暗设	个	42
	防溅水性洗衣机插座（带开关）	250V 10A	H=1.50m，暗设	个	42
	电冰箱、空调插座	250V 10A	H=1.50m，暗设	个	42
LEB	局部等电位联结箱		H=0.30m，暗设	个	42
WEB	总等电位联结箱		明设	个	3
	电视放大器箱、分支分配器箱		H=1.50m，暗设	个	6
	网络、电话系统总箱	TOP	H=1.50m，暗设	个	3
	对讲主机			个	3
	门禁对讲户内分机		H=1.50m，暗设	个	42
TO	网络插座		H=0.30m，暗设	个	42
TP	电话插座		H=0.30m，暗设	个	84
TV	电视插座		H=0.30m，暗设	个	84
	电力电缆	YJLV—4×70	穿钢管	m	详图
	聚氯乙烯绝缘电线	BV—10mm^2	穿塑料管	m	详图
	聚氯乙烯绝缘电线	BV—4mm^2	穿塑料管	m	详图
	聚氯乙烯绝缘电线	BV—2.5mm^2	穿塑料管	m	详图
	电话电缆	HYA15×(2×0.5)	穿钢管	m	详图
	超五类4对对绞线		穿塑料管	m	详图
	2芯网络光纤		穿钢管	m	详图
	同轴电缆	SYWV—75—9	穿钢管	m	详图
	同轴电缆	SYWV—75—5	穿塑料管	m	详图

设计单位		建设单位			
		工程名称			
设计		图　名		图　别	电　施
制图		图例及主要材料表		版本号	第1版
校对				图　号	4/23
审核				日　期	

(4)供电及照明系统

通过系统图可以了解系统基本组成,主要电气设备、元件之间的连接关系以及它们的规格、型号、参数等,掌握该系统的组成概况。

电气识图:
系统图

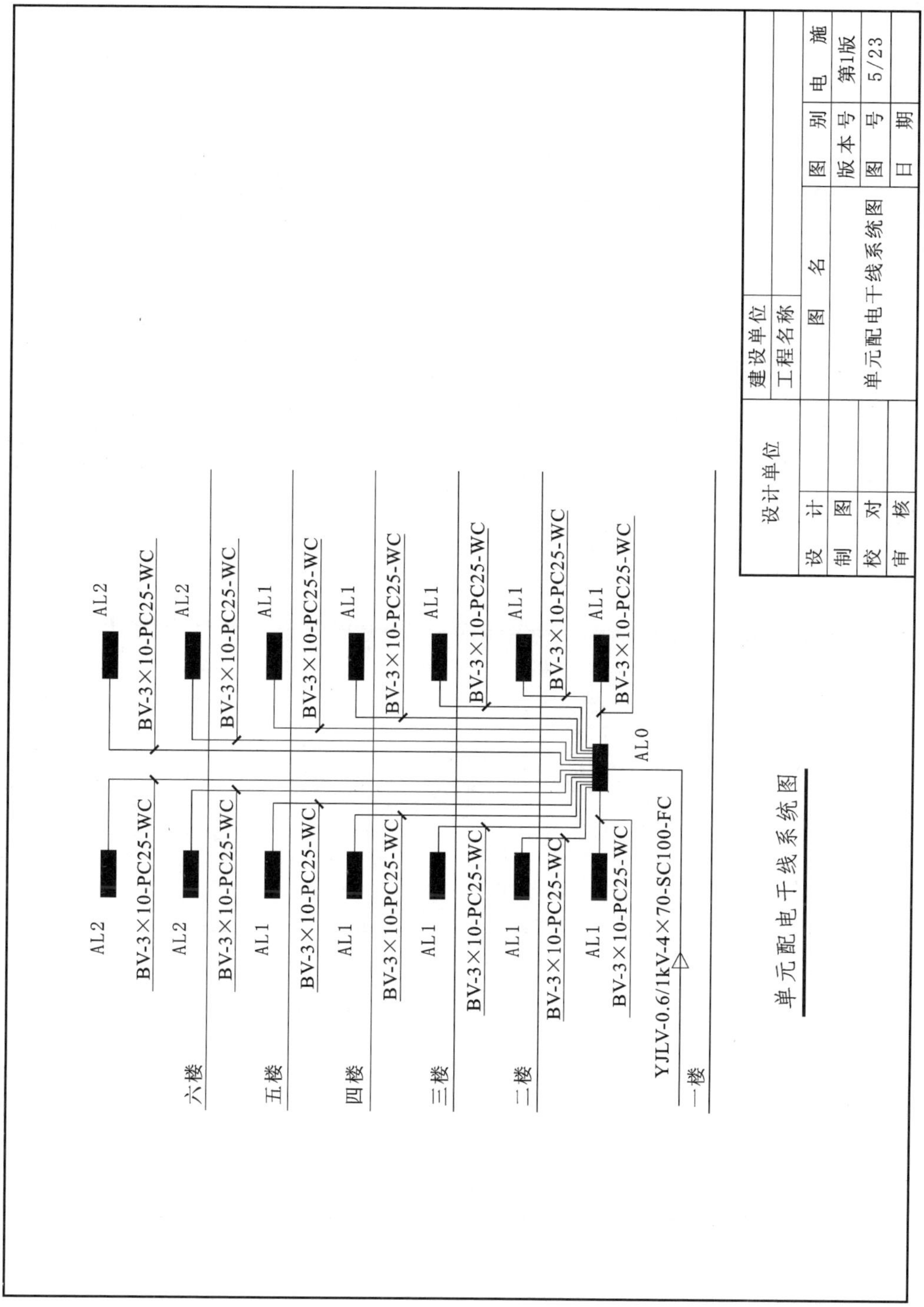

建设单位		图别	电施
工程名称		版本号	第1版
图名	单元配电干线系统图	图号	5/23
		日期	

设计单位	
设计	
制图	
校对	
审核	

六楼　AL2　BV-3×10-PC25-WC　AL2　BV-3×10-PC25-WC
五楼　AL2　BV-3×10-PC25-WC　AL2　BV-3×10-PC25-WC
四楼　AL1　BV-3×10-PC25-WC　AL1　BV-3×10-PC25-WC
三楼　AL1　BV-3×10-PC25-WC　AL1　BV-3×10-PC25-WC
二楼　AL1　BV-3×10-PC25-WC　AL1　BV-3×10-PC25-WC
一楼　AL1　BV-3×10-PC25-WC　AL1　BV-3×10-PC25-WC
AL0
YJLV-0.6/1kV-4×70-SC100-FC

单元配电干线系统图

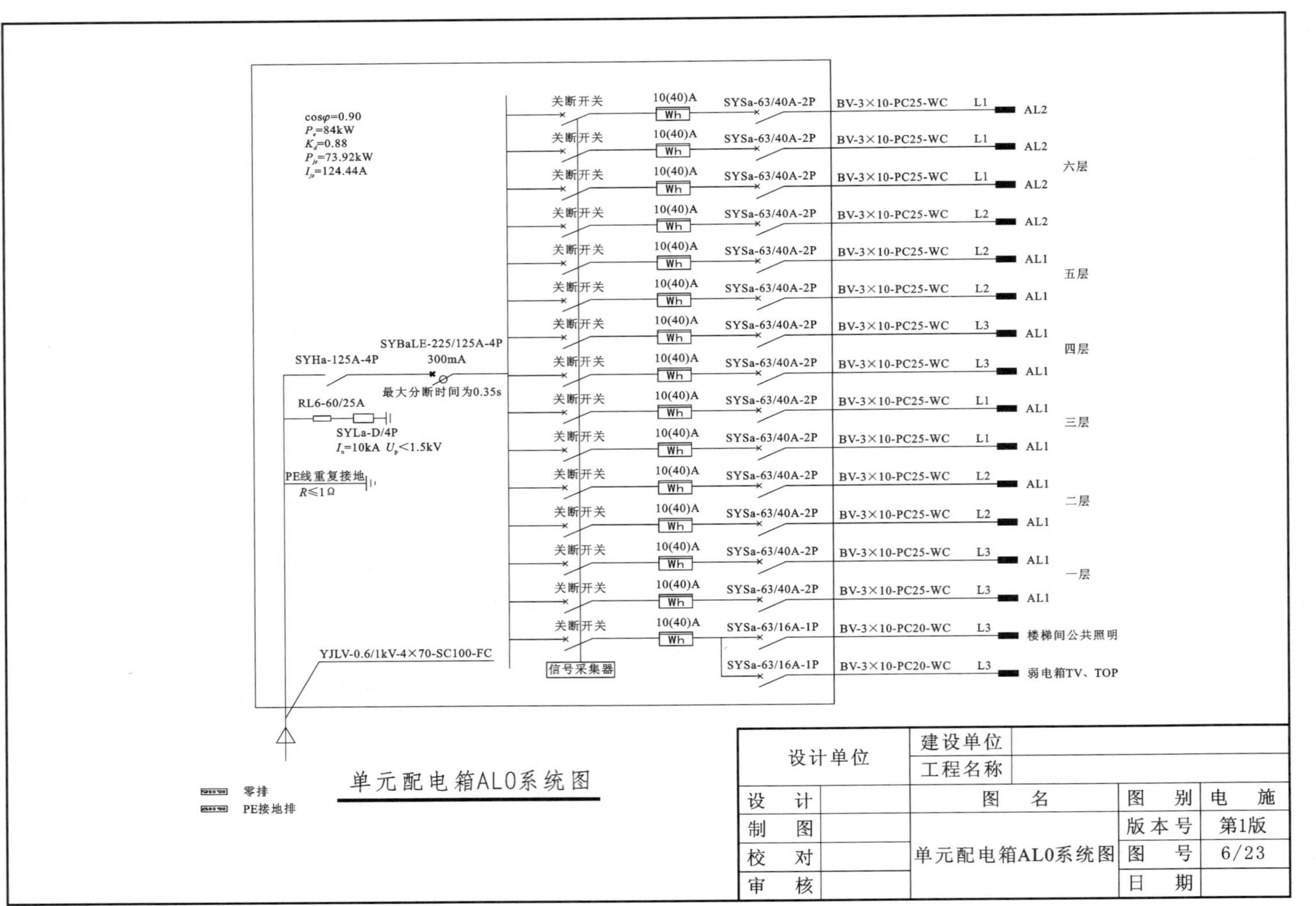

cosφ=0.90
P_e=84kW
K_d=0.88
P_{js}=73.92kW
I_{js}=124.44A
SYHa-125A-4P
SYBaLE-225/125A-4P
300mA
最大分断时间为0.35s
RL6-60/25A
SYLa-D/4P
I_n=10kA U_p<1.5kV
PE线重复接地
R≤1Ω
YJLV-0.6/1kV-4×70-SC100-FC
关断开关
10(40)A
Wh
SYSa-63/40A-2P
SYSa-63/16A-1P
BV-3×10-PC25-WC
BV-3×10-PC20-WC
L1
L2
L3
AL2
AL1
六层
五层
四层
三层
二层
一层
楼梯间公共照明
弱电箱TV、TOP
信号采集器
零排
PE接地排
单元配电箱AL0系统图
设计单位
建设单位
工程名称
设计
制图
校对
审核
图名
单元配电箱AL0系统图
图别
电施
版本号
第1版
图号
6/23
日期

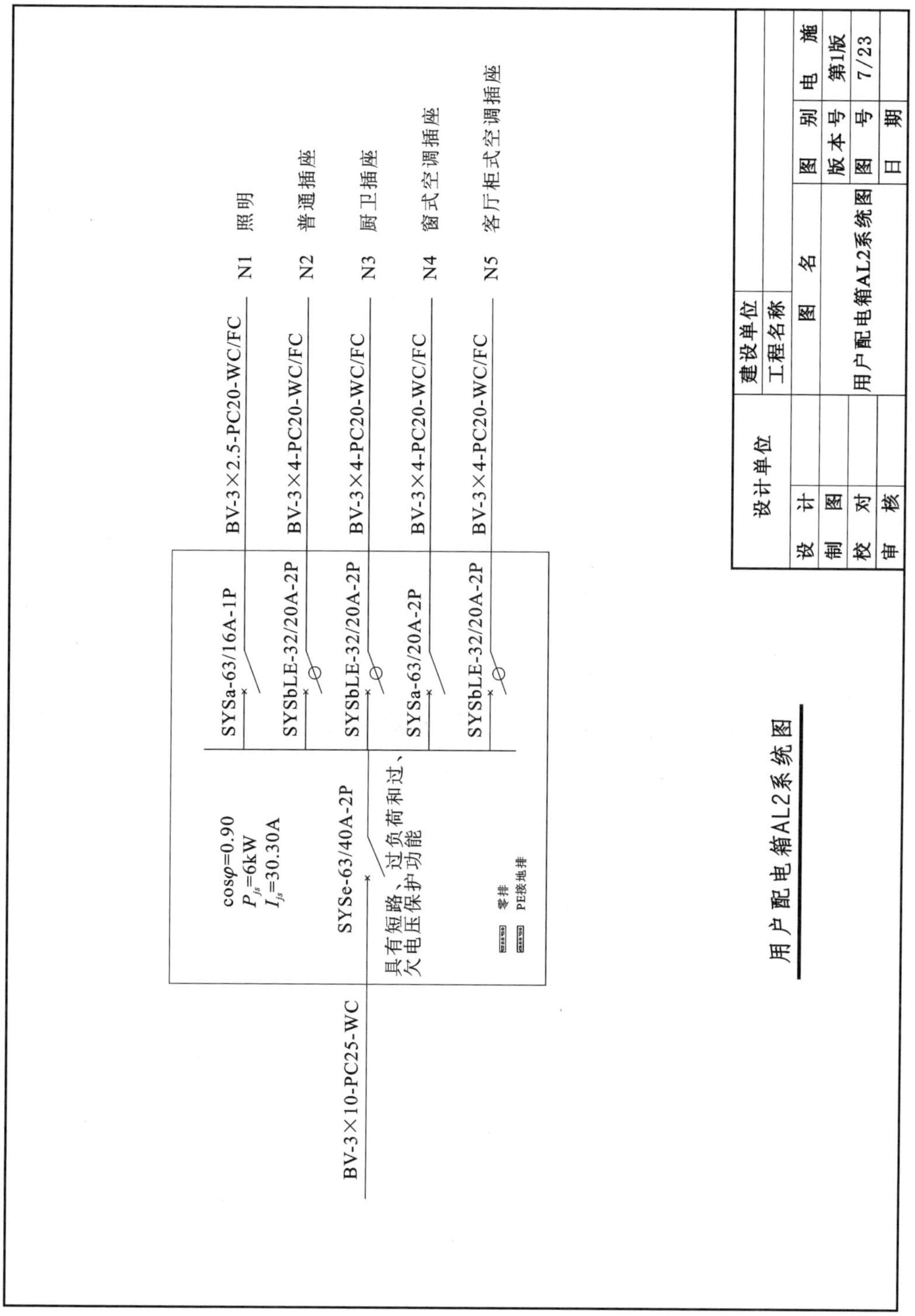

BV-3×10-PC25-WC

SYSe-63/40A-2P

具有短路、过负荷和过、欠电压保护功能

$\cos\varphi=0.90$
$P_{js}=6kW$
$I_{js}=30.30A$

零排
PE接地排

SYSa-63/16A-1P　BV-3×2.5-PC20-WC/FC　N1　照明
SYSbLE-32/20A-2P　BV-3×4-PC20-WC/FC　N2　普通插座
SYSbLE-32/20A-2P　BV-3×4-PC20-WC/FC　N3　厨卫插座
SYSa-63/20A-2P　BV-3×4-PC20-WC/FC　N4　窗式空调插座
SYSbLE-32/20A-2P　BV-3×4-PC20-WC/FC　N5　客厅柜式空调插座

用户配电箱AL2系统图

设计单位		建设单位			
		工程名称			
设　计		图　名		图　别	电　施
制　图		用户配电箱AL2系统图		版本号	第1版
校　对				图　号	7/23
审　核				日　期	

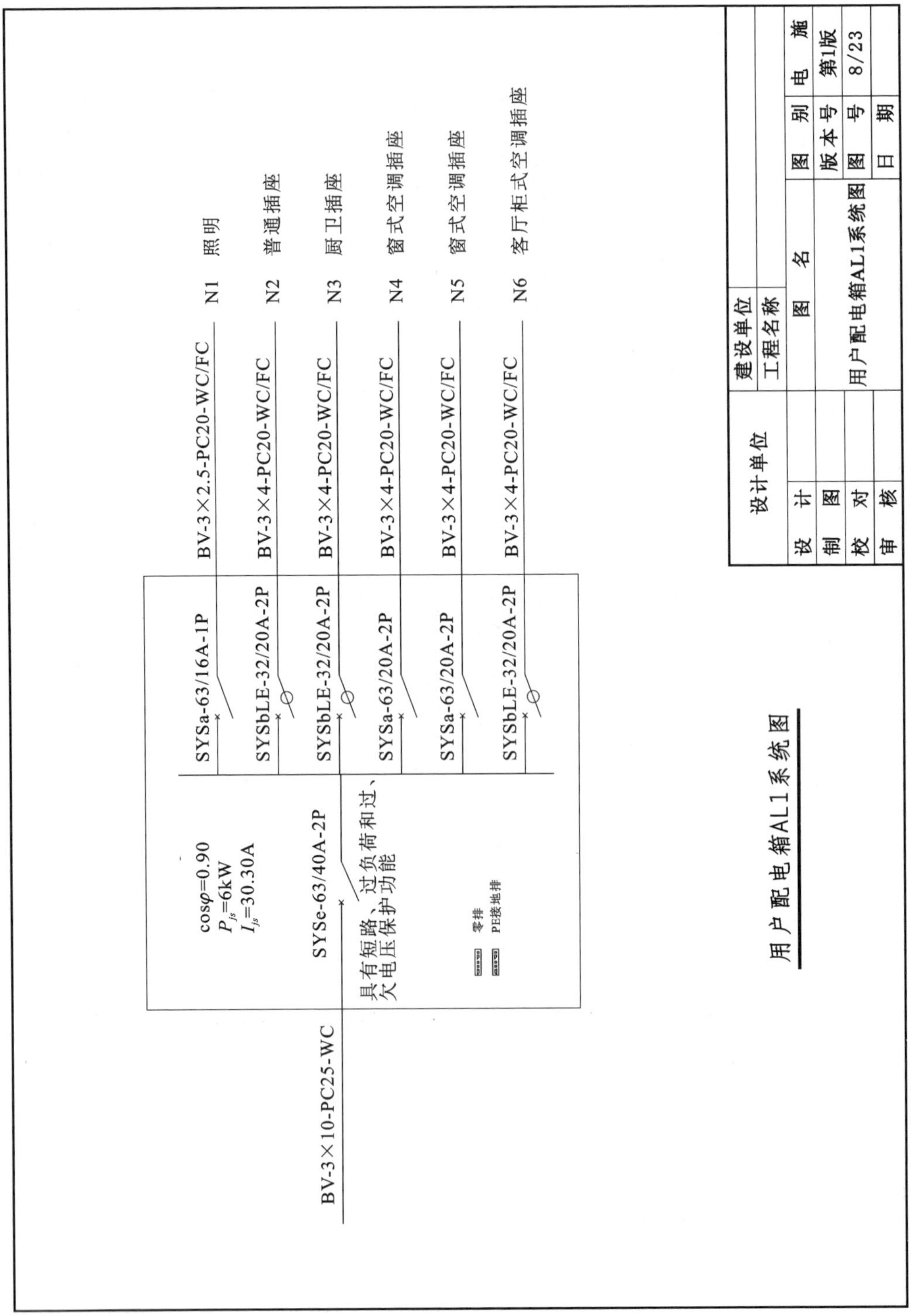

BV-3×10-PC25-WC

SYSe-63/40A-2P

具有短路、过负荷和过、欠电压保护功能

$\cos\varphi=0.90$
$P_{js}=6kW$
$I_{js}=30.30A$

零排
PE接地排

断路器	线路	回路	用途
SYSa-63/16A-1P	BV-3×2.5-PC20-WC/FC	N1	照明
SYSbLE-32/20A-2P	BV-3×4-PC20-WC/FC	N2	普通插座
SYSbLE-32/20A-2P	BV-3×4-PC20-WC/FC	N3	厨卫插座
SYSa-63/20A-2P	BV-3×4-PC20-WC/FC	N4	窗式空调插座
SYSa-63/20A-2P	BV-3×4-PC20-WC/FC	N5	窗式空调插座
SYSbLE-32/20A-2P	BV-3×4-PC20-WC/FC	N6	客厅柜式空调插座

用户配电箱AL1系统图

设计单位		建设单位			
		工程名称			
设　计		图　名		图　别	电　施
制　图		用户配电箱AL1系统图		版本号	第1版
校　对				图　号	8/23
审　核				日　期	

(5)平面图

平面图如照明平面图、插座平面图等。了解电气设备的规格、型号、数量及线路的起始点、敷设部位、敷设方式和导线根数等。平面图的阅读可按照以下顺序进行:电源进线—总配电箱干线—支线—分配电箱—电气设备。

电气识图:照明平面图

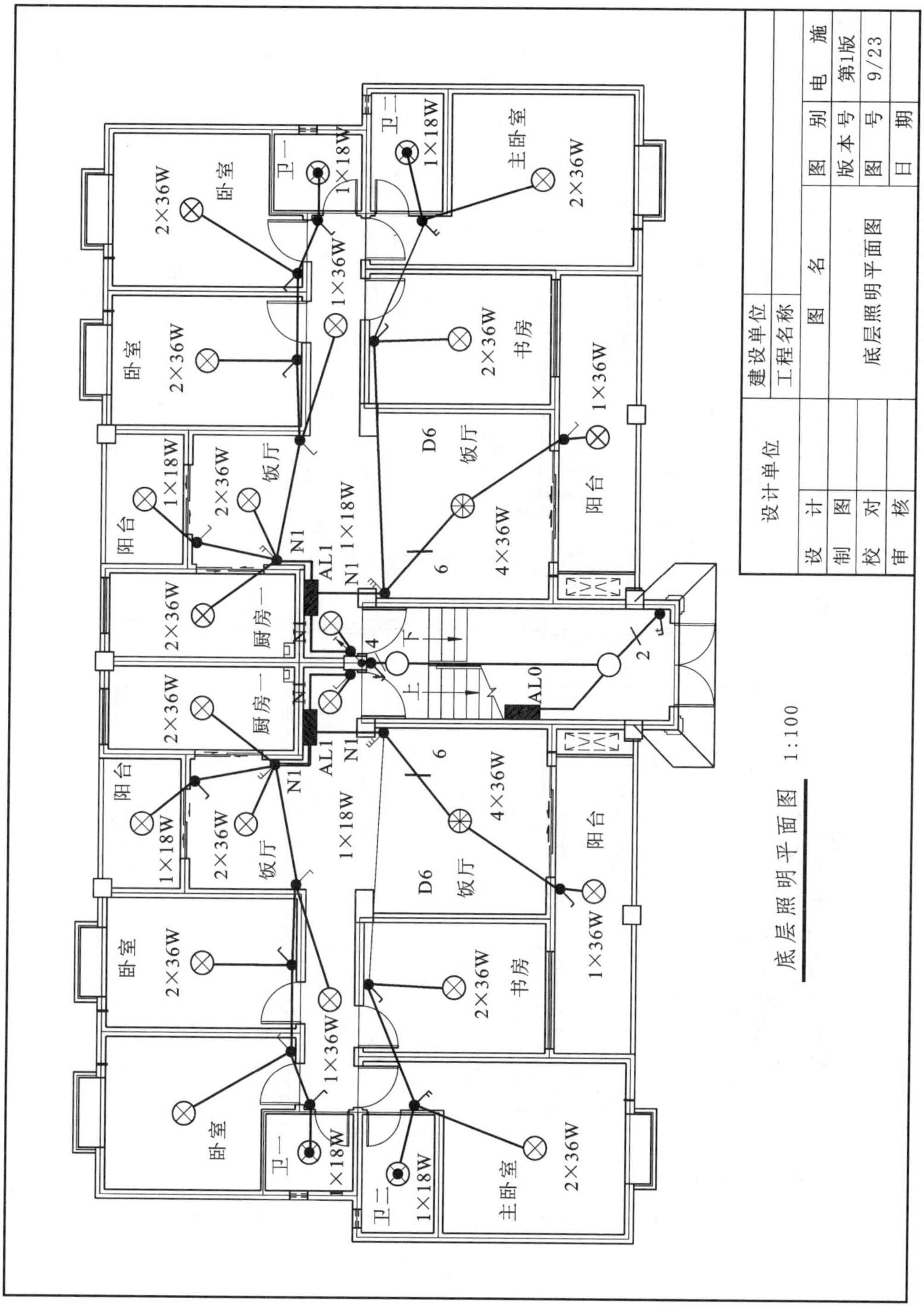

设计单位		建设单位	
		工程名称	
设计		图名	底层照明平面图
制图		图别	电施
校对		版本号	第1版
审核		图号	9/23
		日期	

底层照明平面图　1:100

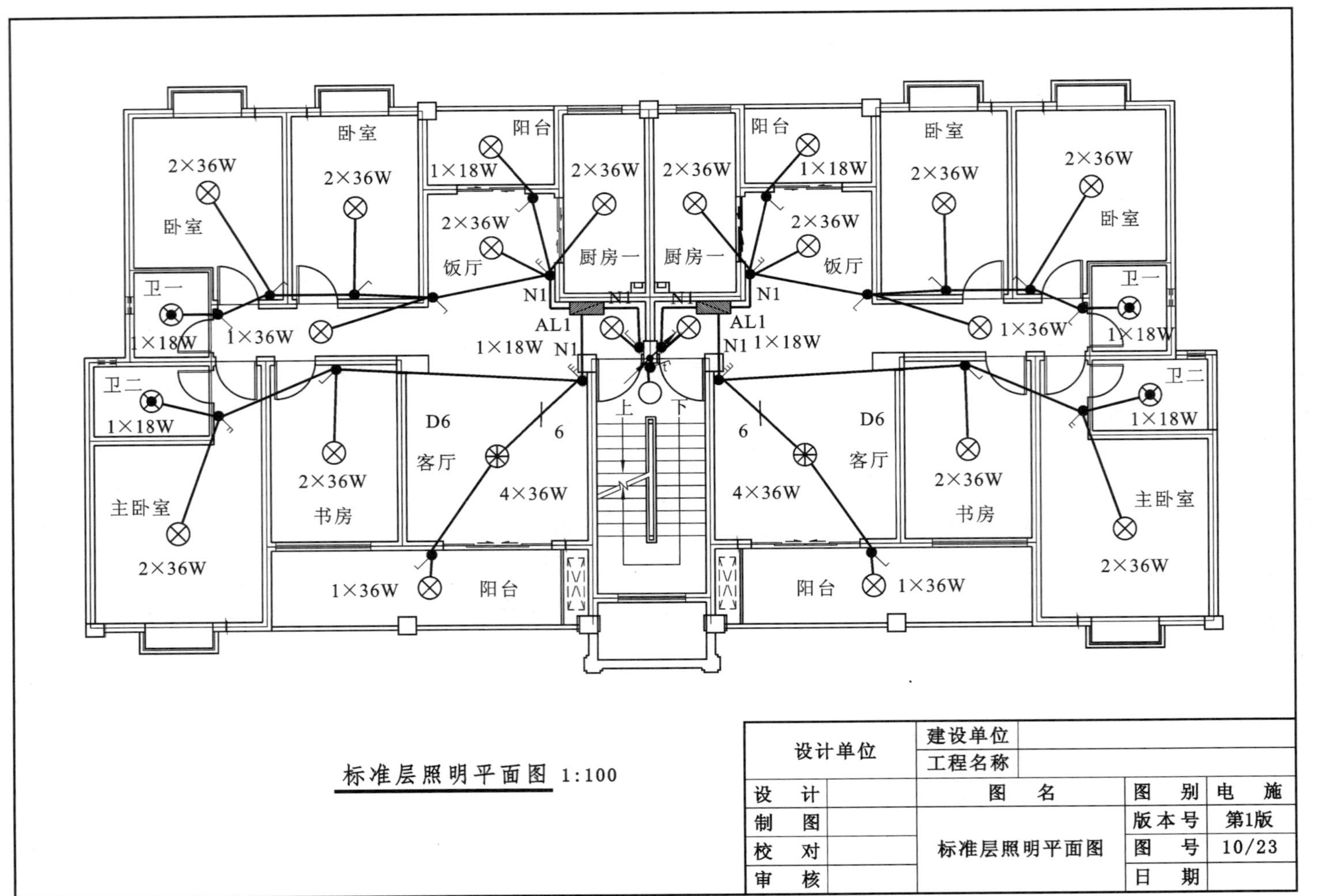

设计单位		建设单位		
		工程名称		
设计		图名	图别	电施
制图		标准层照明平面图	版本号	第1版
校对			图号	10/23
审核			日期	

标准层照明平面图 1:100

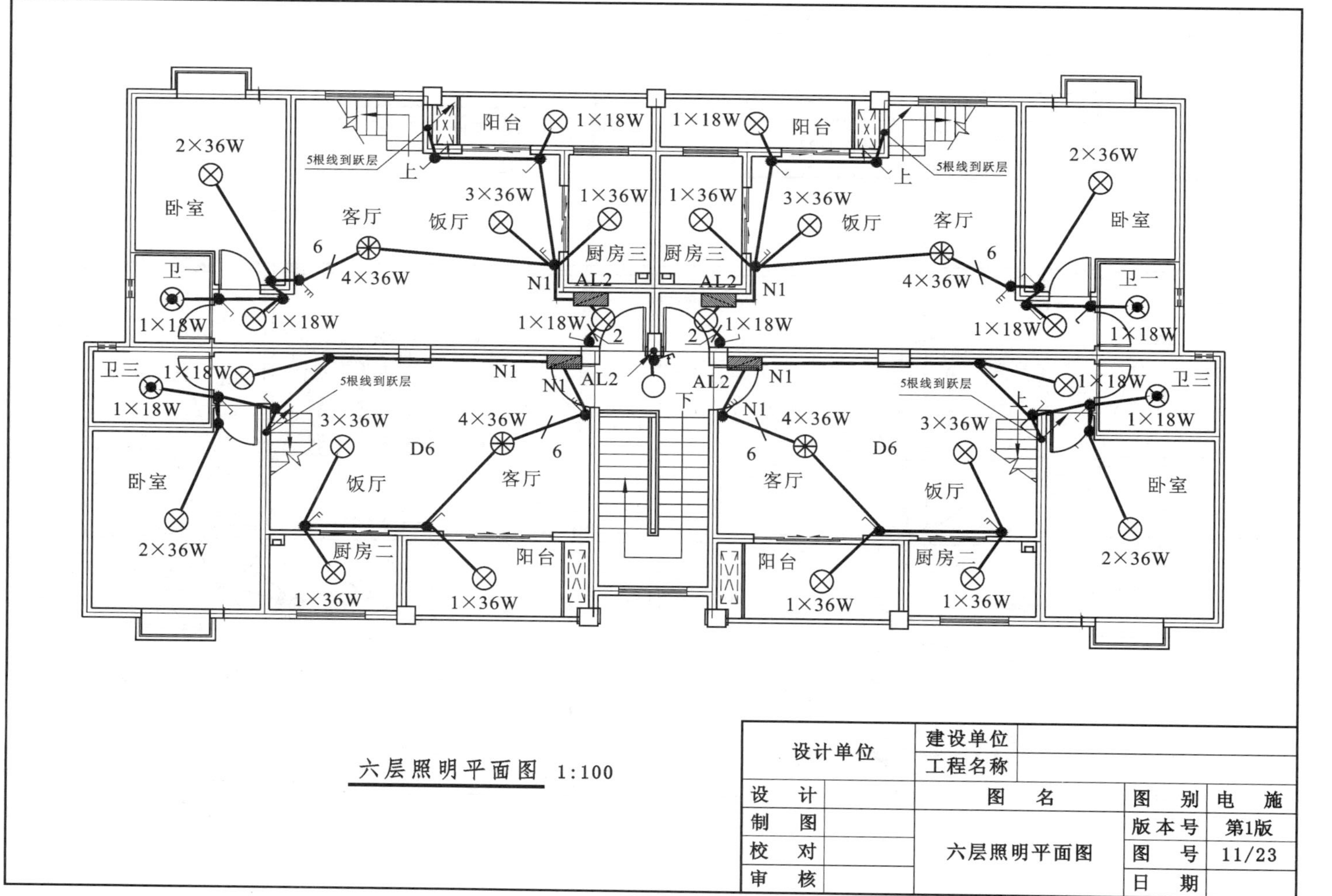

六层照明平面图 1:100

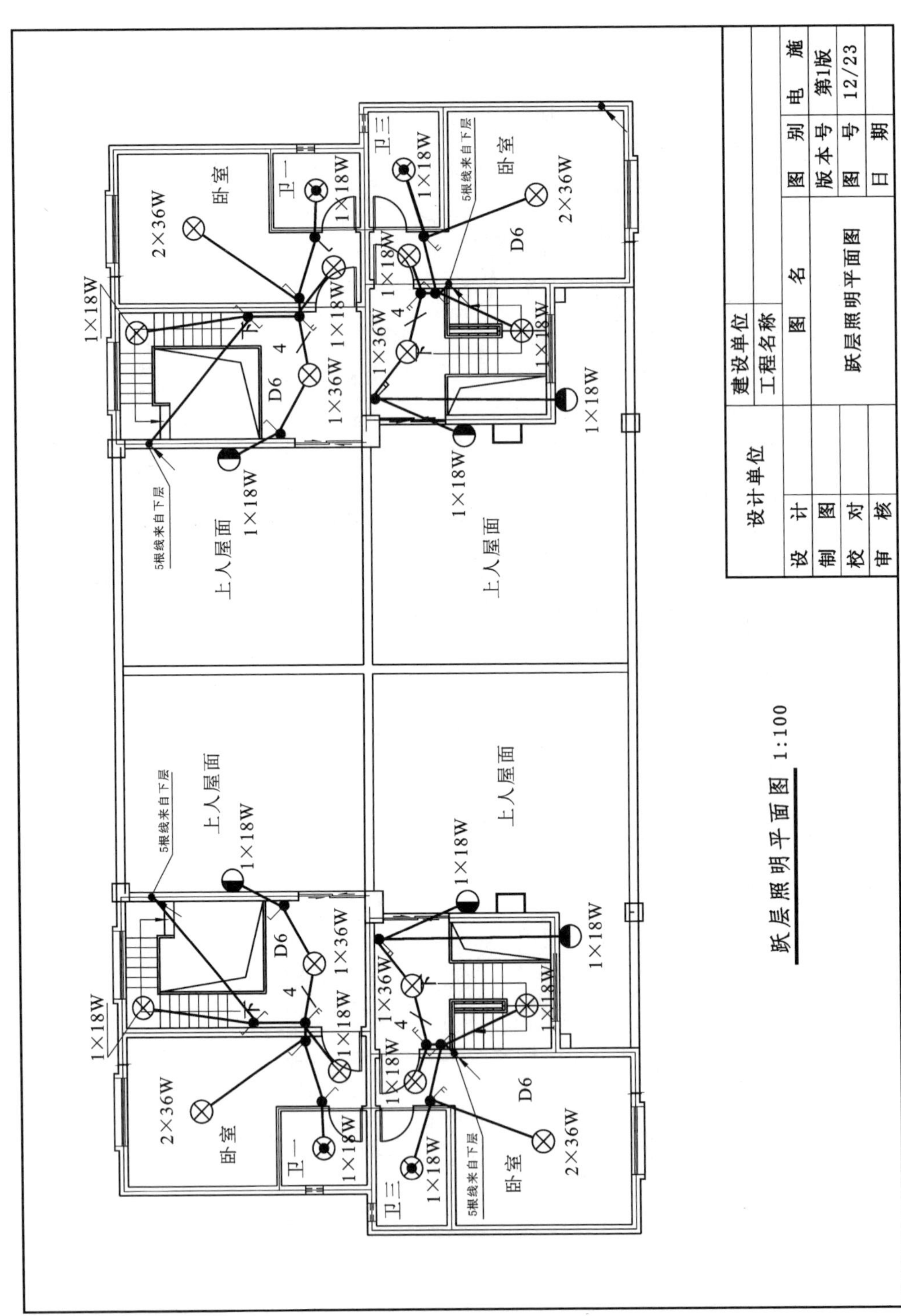

跃层照明平面图 1:100

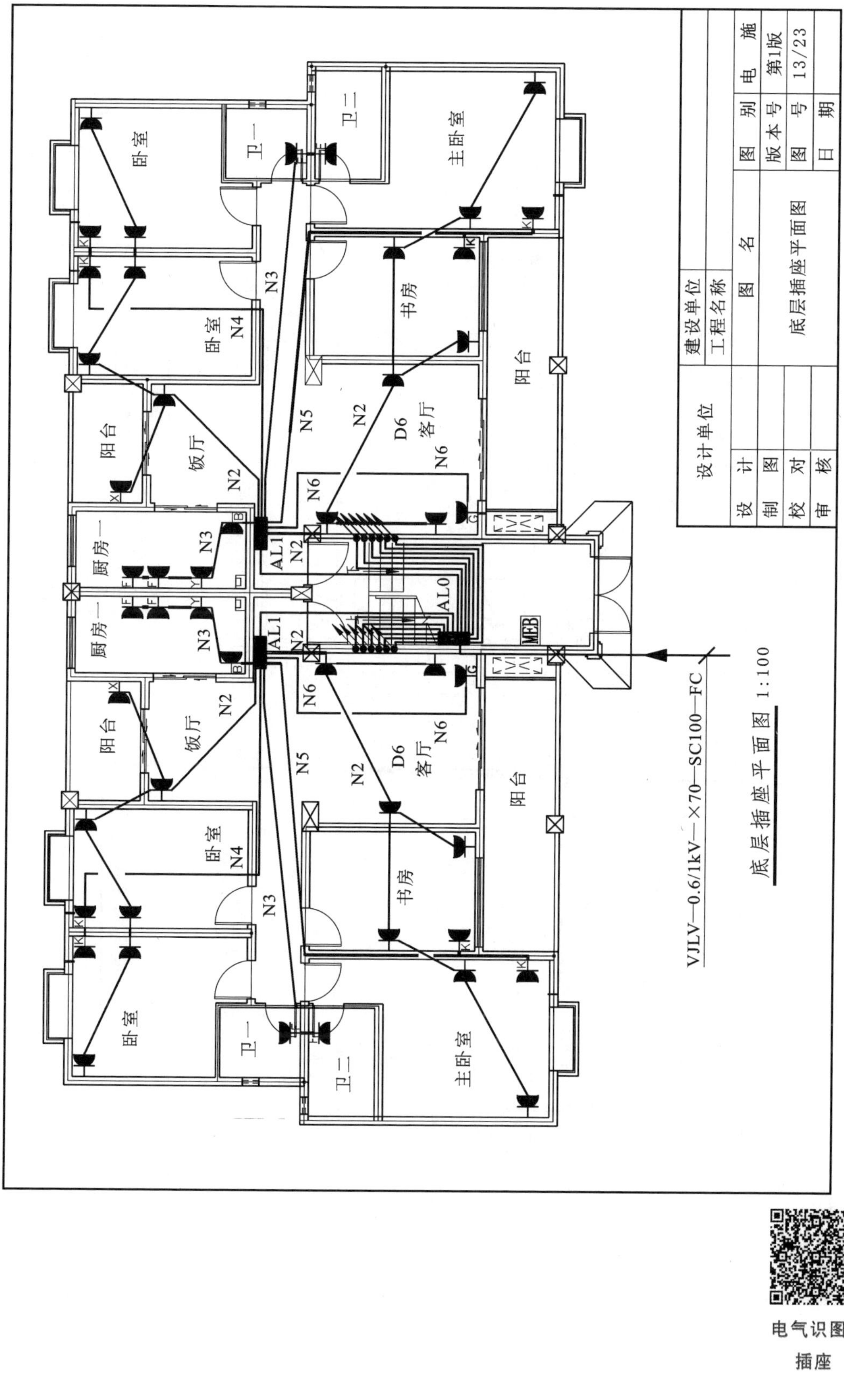

设计单位		建设单位			
		工程名称			
设　计		图　名		图　别	电　施
制　图		底层插座平面图		版本号	第1版
校　对				图　号	13/23
审　核				日　期	

VJLV—0.6/1kV—×70—SC100—FC

底层插座平面图 1:100

电气识图：
插座

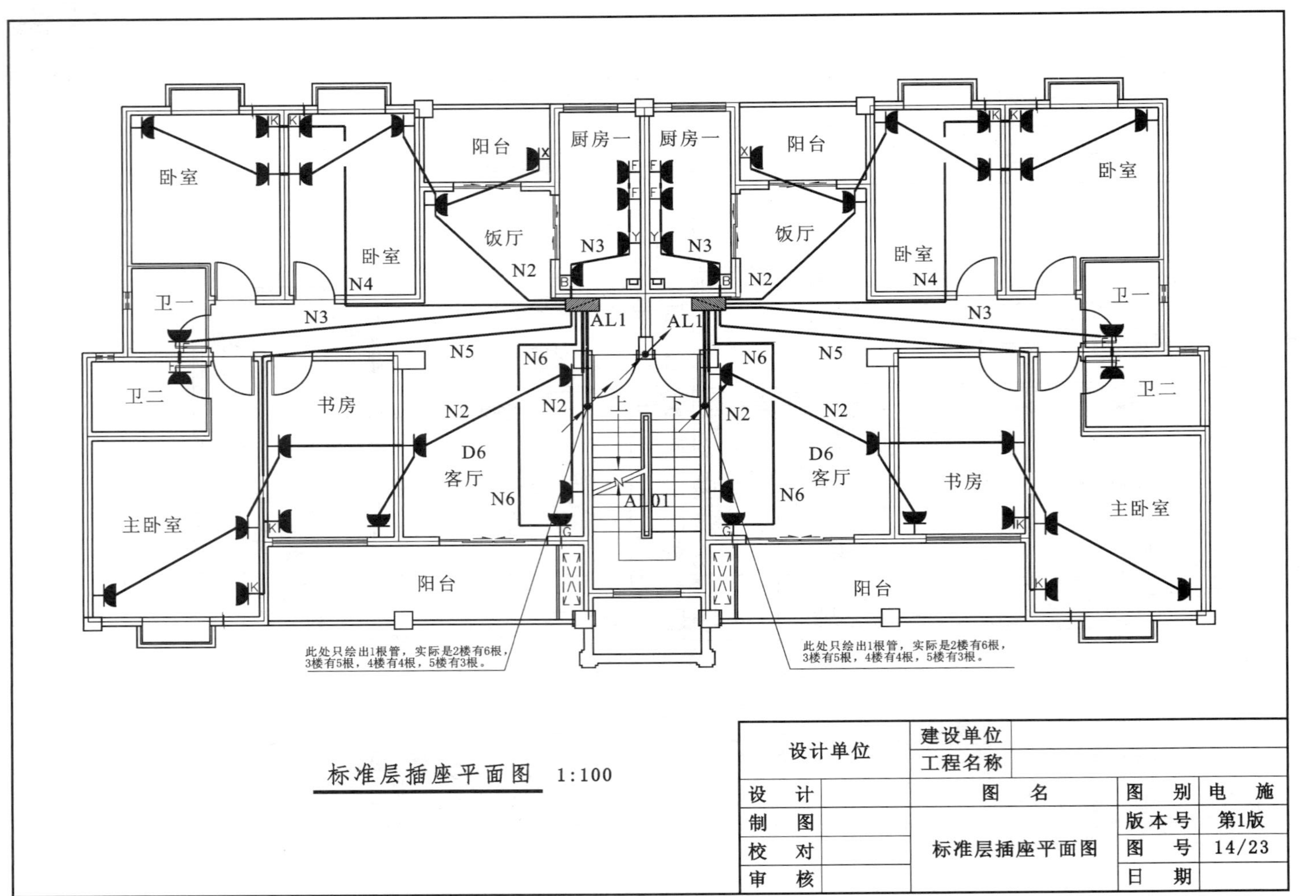

标准层插座平面图　1:100

设计单位		建设单位		
		工程名称		
设　计		图　名	图　别	电　施
制　图		标准层插座平面图	版本号	第1版
校　对			图　号	14/23
审　核			日　期	

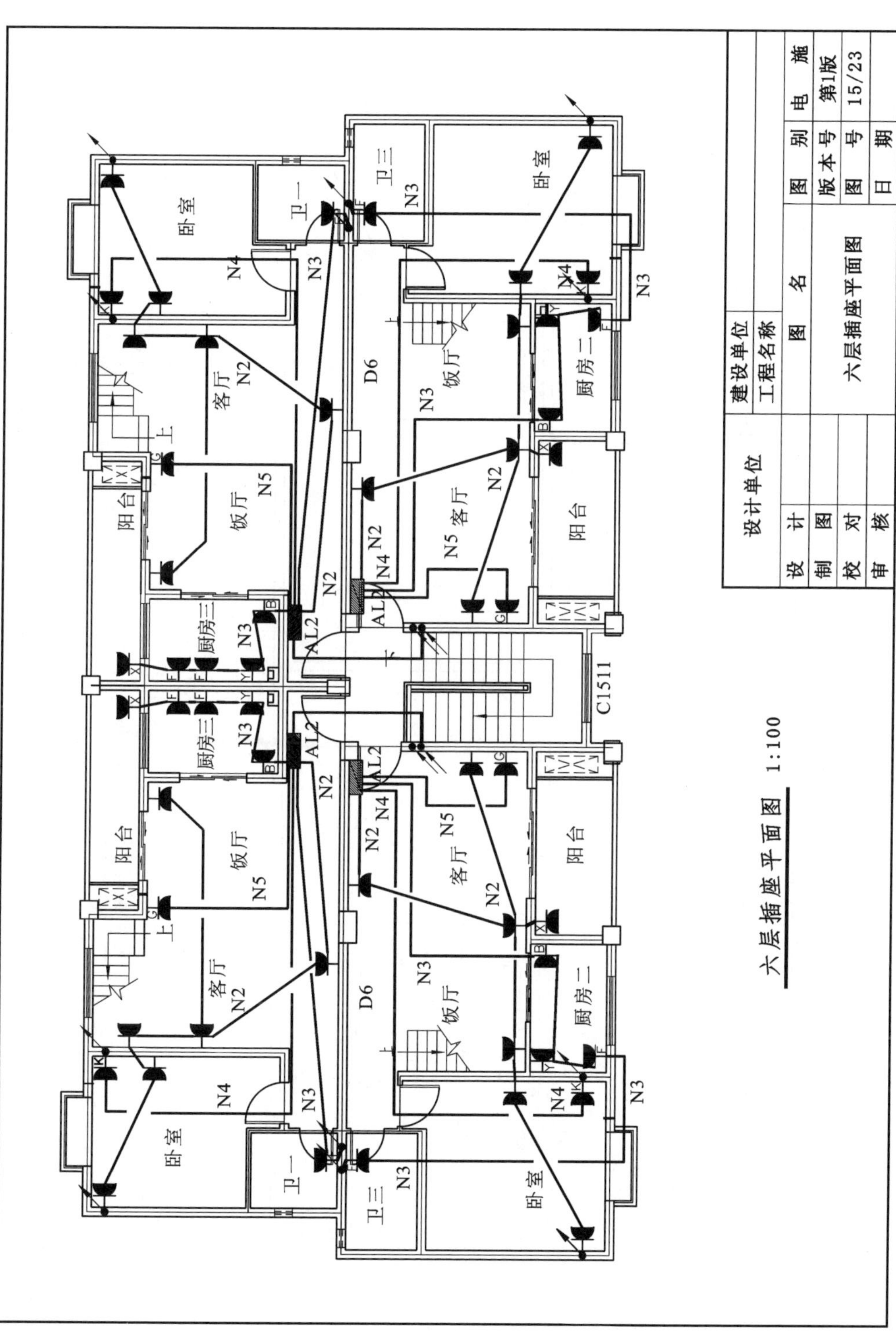

六层插座平面图　1:100

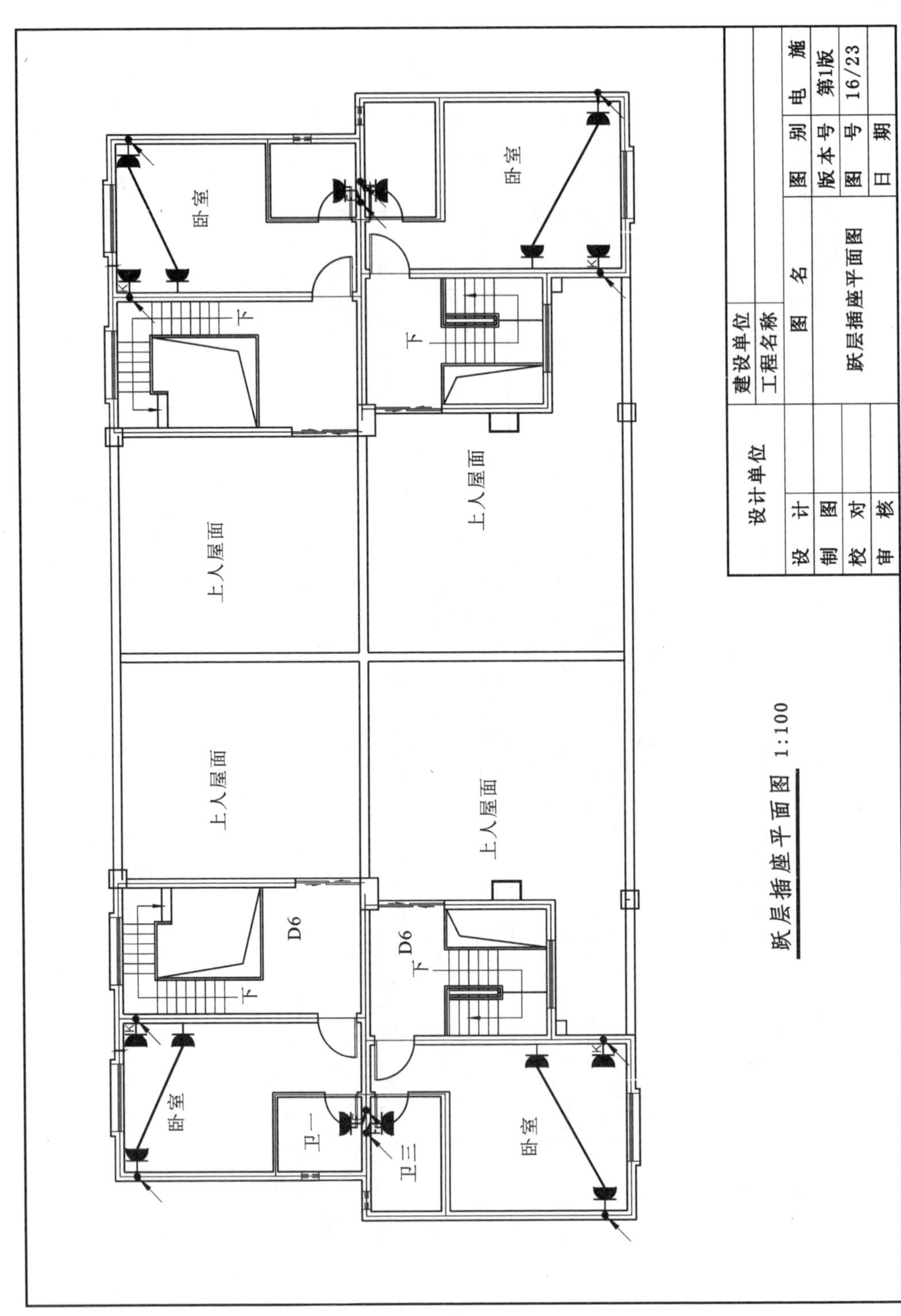
设计单位
建设单位
工程名称
图 名
跃层插座平面图
图 别
电 施
版本号
第1版
图 号
16/23
日 期
设 计
制 图
校 对
审 核
卧室
卧室
卧室
卧室
上人屋面
上人屋面
上人屋面
上人屋面
卫一
卫三
D6
D6
下
跃层插座平面图 1:100

(6)屋面防雷平面图

接地电阻测试盒，共2个。

柱内主筋作防雷引下线，上和接闪器焊接，下和接地装置焊接，共4处

上人屋面 18.000

上人屋面 18.000

柱内主筋作防雷引下线，上和接闪器焊接，下和接地装置焊接，共4处

非上人屋面 21.000

上人屋面 18.000

上人屋面 18.000

接地电阻测试盒，共2个

避雷针，4个角各一支，共4支

屋面防雷平面图　1:100

注：

1. 女儿墙避雷带均采用明敷，并在建筑物外廓易受雷击的四个角上装设避雷短针。避雷短针按国家标准图08D800-8第45页选用，ϕ12热镀锌圆钢，高度为500mm。

2. 不论钢筋大小，均应利用柱内四角四根钢筋做引下线。

3. 在建筑物四角柱内引下线上、离柱0.5m处设接地电阻测试盒，共2个，做法详见03D501-4（P38页）。

4. 防雷接地、重复接地共用同一接地体，其做法为利用地圈梁等基础钢筋等做接地体，要求沿建筑物四周形成闭合的电气通路，同时整个防雷接地系统也必须焊接成闭合的电气通路。基础施工完毕后做接地电阻测试，要求$R \leqslant 1\Omega$，如达不到要求，按03D501-4增加人工接地体。

5. 防雷接地电阻应当由有资质的检测单位进行检测，并应同时盖有“建设工程质量检测资质专用章”和“CMA章”才合法有效，作为工程资料。

设计单位		建设单位			
		工程名称			
设　计		图　名		图　别	电　施
制　图		屋面防雷平面图		版本号	第1版
校　对				图　号	17/23
审　核				日　期	

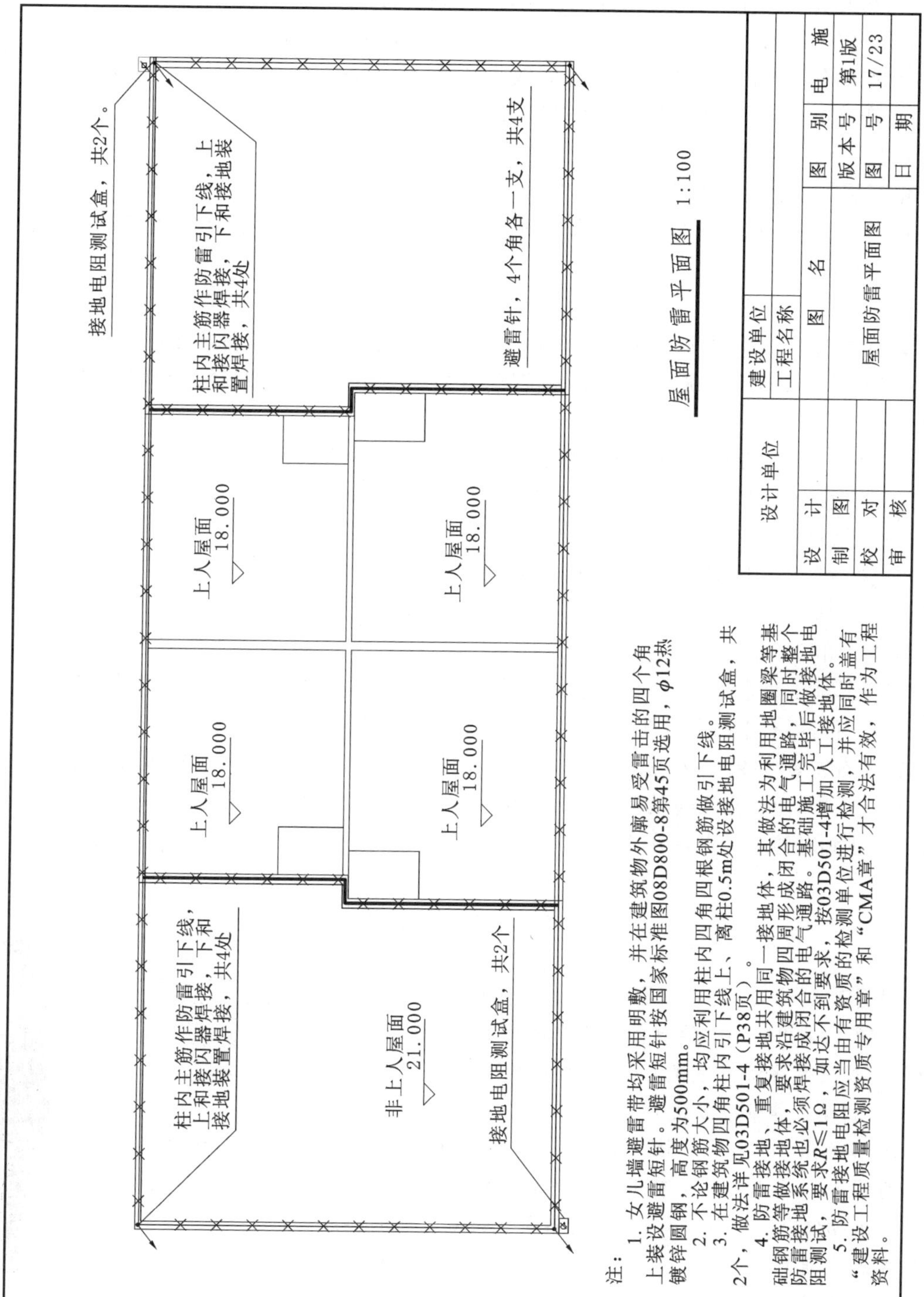

3. 电气施工图识读要点

(1)抓住电气施工图要点

在识图时,应抓住要点进行识读,如:

① 在明确负荷等级的基础上,了解供电电源的来源、引入方式及路数;

② 了解电源的进户方式是由室外低压架空引入还是电缆直埋引入;

③ 明确各配电回路的相序、路径、管线敷设部位、敷设方式以及导线的型号和根数;

④ 明确电气设备、器件的平面安装位置。

(2)结合土建施工图

电气施工与土建施工结合得非常紧密,施工中常常涉及各工种之间的配合问题。电气施工平面图只反映了电气设备的平面布置情况,结合土建施工图的阅读还可以了解电气设备的立体布设情况。

(3)熟悉施工顺序

识读配电系统图、照明与插座平面图时,就应首先了解室内配线的施工顺序。

① 根据电气施工图确定设备安装位置、导线敷设方式、敷设路径及导线穿墙或楼板的位置;

② 结合土建施工进行各种预埋件、线管、接线盒、保护管的预埋;

③ 装设绝缘支持物、线夹等,敷设导线;

④ 安装灯具、开关、插座及电气设备;

⑤ 进行导线绝缘测试、检查及通电试验;

⑥ 工程验收。

(4)协调配合阅读

对于具体工程来说,为说明配电关系时需要有配电系统图;为说明电气设备、器件的具体安装位置时需要有平面布置图;为说明设备工作原理时需要有控制原理图;为表示元件连接关系时需要有安装接线图;为说明设备、材料的特性、参数时需要有设备材料表等。这些图纸各自的用途不同,但相互之间是有联系并协调一致的。在识读时应根据需要,将各图纸结合起来识读,以达到对整个工程或分部项目全面了解的目的。

任务四练习题

请完成本任务的练习题,习题答案与解析请查看本模块末。

习题 1:识读灯具:5—YZ402×40/2.5Ch。

习题 2:采用(　　)绘制的电气系统图,简单明了,能清楚地注明导线型号、规格、配线方法,给工程量计算带来方便。

A. 多线法　　B. 单线法　　C. 中断法　　D. 相对编号法

习题 3:一个电气系统可由二三个甚至更多的电气控制箱和电气设备组成,为了施工方便,可绘制(　　)来说明各电气设备之间的接线关系。

A. 电气原理图　　B. 单元接线图

C. 互连接线图　　D. 电气系统图

习题 4:"电气系统图表示电气元件的连接关系和接线方式。"这种说法是否正确?

习题 5:"电气平面图中,电气设备和线路都是按比例绘制的。"这种说法是否正确?

习题 6:请查阅资料并讨论,以下图片中哪些是强电系统的桥架,你是如何分辨的?

习题 6 图

答案与解析

任务一

1. 答案 A。电力系统是范围最大的概念,包括发电厂、变电站、电力网络、用电设备。建筑的电气系统是部分低压电力网络和所有的低压用电设备。

2. 答案 D。用电负荷的分级不以实际伤亡人数确定,而按风险的大小和对社会、人身安全的影响,根据设计规范进行确定。

3. 答案 C。由两回路供电,特殊情况下应增设应急电源专门供电,是一级负荷的要求。

4. 答案 C。电工和工程项目中,操作和技术人员偶有使用俗称,其中"火线"是相线,"零线"也是零线,"地线"即是保护线。

5. 答案 B。隔离开关和断路器配合使用时,应先合隔离开关后合断路器,先断断路器后断隔离开关。隔离开关是无载情况下通断电路,而断路器可以在有载情况下工作,配合使用时要考虑开关的使用负荷条件。

6. 答案 B。第一个字母表示电源与地的关系,T 表示电源有一点直接接地;第二个字母表示电气装置的外露可导电部分与地的关系,N 表示电气装置的外露可导电部分与电源端有直接电气连接。

7. 根据不同的连接方式,供配电网络主要有放射式、树干式和环式几种形式,其中可靠性最低的是树干式。

任务二

1. 答案 C。除白炽灯外的其他灯,都有积蓄能量的过程。

2. 答案 A。白炽灯的发热原理与自然太阳光类似,无规则频率的闪烁,对人眼保护有利。

3. 答案 A。熟悉图例即可。

4. 答案:10—YZ60R 表示 10 盏 YZ60 型直管形荧光灯,每盏灯具中装设 1 只功率为 60W 的直管形灯管,灯具采用嵌入式安装,安装高度为 3m。

5. 答案:这是一个配电箱内部的系统图,不仅仅是配电箱本身的标注,更多的是配电箱内部的线路、电气开关等的综合图纸。

任务三

1. 答案C。建筑防雷分为三类。其分类依据有两个方面，第一是建筑本身的功能和重要性程度，第二是所在地区、建筑结构特点等引起的雷击频率、数量、程度。

2. 答案：直击雷防雷装置由接闪器、引下线和接地装置组成，其中接地装置因为与大地相连和与基础连接，是人眼看不见的。

3. 答案A。触电伤害的主要形式可分为电击和电伤两大类。触电伤害表现为多种形式。电击时，电流通过人体内部器官，会破坏人的心脏、肺部、神经系统等，使人出现痉挛、呼吸窒息、心室纤维性颤动、心跳骤停甚至死亡。电流通过体表时，会对人体外部造成局部伤害，即电流的热效应、化学效应、机械效应对人体外部组织或器官造成伤害，如电灼伤、金属溅伤、电烙印。

4. 答案D。安全电压是指不致使人直接致死或致残的电压，一般环境条件下允许持续接触的“安全特低电压”是36V。行业规定安全电压为不高于36V，持续接触安全电压为24V，安全电流为10mA。电击对人体的危害程度，主要取决于通过人体电流的大小和通电时间长短。

5. 答案B。1Ω，属于记忆内容。

6. 答案为错误。等电位联结将本层柱内主筋、建筑物的金属构架、金属装置、电气装置、电气设备、接地母线、接地极等连接起来，形成一个等电位连接通道，可将泄漏电迅速导入大地，防止因漏电而伤人。

任务四

1. 答案：5—YZ402×40/2.5Ch表示5盏YZ40直管形荧光灯，每盏灯具中装设2只功率为40W的灯管，灯具的安装高度为2.5m，灯具采用链吊式安装方式。如果灯具为吸顶安装，那么安装高度可用“—”号表示。在同一房间内的多盏相同型号、相同安装方式和相同安装高度的灯具，可以标注一处。

2. 答案B。单线法具备题目所述优点。

3. 答案C。互连接线图。

4. 答案为错误。电气系统图表示的是系统形式，不是电气元件的连接关系和接线方式。

5. 答案为错误。电气平面图中，电气设备和线路都不是按比例绘制的，均是符号表示。

6. 答案：3、5、6、8是强电。电缆桥架本身没有强弱电之分，如果用这个桥架走弱电，就叫弱电桥架，它们的材质、规格、颜色、安装方式都是一样的，在外观上是没有什么区别的。在安装过程中一般设计都是分开的，因为强度供电时强电电流会在电缆导线周围形成较强磁场影响弱电信号。结合以下两点确定：1. 通常弱电桥架规格要比强电桥架规格小；2. 强电金属桥架和弱电的不可以合并，强电与弱电直线距离必须大于30cm。

模块四　建筑弱电

本模块(建议 6 学时)聚焦于建筑弱电系统的认识和识图能力的培养,按照系统的不同分为安防系统认识与识图、消防系统认识与识图、综合布线系统认识与识图和建筑弱电综合识图四个学习任务。

任务一　安防系统认识与识图

【素质】具备建筑安防领域的节能环保降碳和图纸规范意识。

【知识】熟悉安防系统的分类和作用。

【能力】能够进行安防系统施工图的识读。

安防是指在建筑物或建筑群内,或特定的场所、区域,通过采用人力防范、技术防范和物理防范等方式综合实现对人员、设备、建筑或区域的安全防范。

1. 安防系统的分类

(1)楼宇对讲系统

楼宇对讲系统是建筑安全防范系统的一个重要子系统,是保障居住安全的最后一道屏障,被人们喻为居家生活的"守护神"。楼宇对讲系统是由各单元口的防盗门、小区总控中心的管理员总机、楼宇出入口的对讲主机、电控锁、闭门器及用户家中的对讲分机通过专用网络组成,见图 4-1。它将住宅入口、住户及保安人员三方面的通信包含在同一网络中,并与监控系统配合,为住户提供安全、舒适的现代化住宅小区生活,符合当今住宅的安全与通信需求。

图 4-1　楼宇对讲室外机

(2)入侵报警系统

入侵报警系统是指利用传感器技术和电子信息技术探测并指示非法进入或试图非法进入设防区域的行为、处理报警信息、发出报警信息的电子系统或网络,见图 4-2。

入侵报警系统的构成一般由周界防护、建筑物内(外)区域/空间防护和实物目标防护等部分单独或组合构成。系统的前端设备为各种类型的入侵探测器(传感器),传输方式可以采用有线传输或无线传输,有线传输又可采用专线传输、电话线传输等方式;系统的终端显示、控制、设备通信可采用报警控制器,也可设置报警中心控制台。系统设计时,入侵探测器的配置应使其探测范围有足够的覆盖面,应考虑使用各种不同探测原理的探测器。

(3)视频安防监控系统

视频安防监控系统是指利用视频技术探测、监视设防区域并实时显示、记录现场图像的电子系统或网络。

视频安防系统的前端设备是各种类型的摄像机(或视频报警器)及其附属设备(图 4-3),传输方式可采用同轴电缆传输或光纤传输;系统的终端设备是显示、记录、控制、通信设备(包括多媒体技术设备),一般采用独立的视频中心控制台或监控-报警中心控制台。

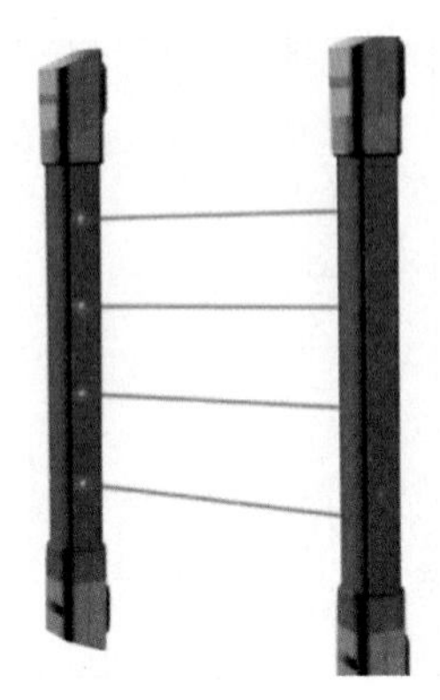

图 4-2　红外对射入侵报警

图 4-3　安防摄像头

(4)出入口控制系统

出入口控制系统是利用自定义符识别或/和模式识别技术对出入口目标进行识别并控制出入口执行机构启闭的电子系统或网络。

出入口控制系统一般由出入口对象(人、物)识别装置,出入口信息处理、控制、通信装置和出入口控制执行机构三部分组成。出入口控制系统应有防止一卡进多人或一卡出多人的防范措施,应有防止同类设备非法复制有效证件卡的密码系统,密码系统应能授权修改。

(5)电子巡查系统

电子巡查系统是指对保安巡查人员的巡查路线、方式及过程进行管理和控制的电子系统,见图 4-4。电子巡查系统至少应具备以下功能:

① 巡查路线的设定、调整以及巡查时间的设定、调整;

② 巡查人员信息的识别;

③ 巡查点信息的识别;

④ 控制中心电脑软件编排巡查班次、时间间隔及路线走向;

⑤ 电脑对采集回来的数据进行整理、存档,自动生成分类记录、报表。

可见,电子巡查系统与传统的巡查系统相比,更能准确、实时地掌握巡查情况,提升巡查人员工作效率和安全系数,同时所有巡查记录可实现无纸化,既便于查询和存档,也更有利于节能降碳。

停车场
管理系统

(6)停车场管理系统

停车库(场)管理系统是指对进、出停车库(场)的车辆进行自动登录、监控和管理的电子系统或网络,见图 4-5。

先进的大型智能停车场管理系统除了基本的出入口管理和计费功能外,还应该具备车位剩余数量显示、车位状态检测与指示、车辆分流等功能。

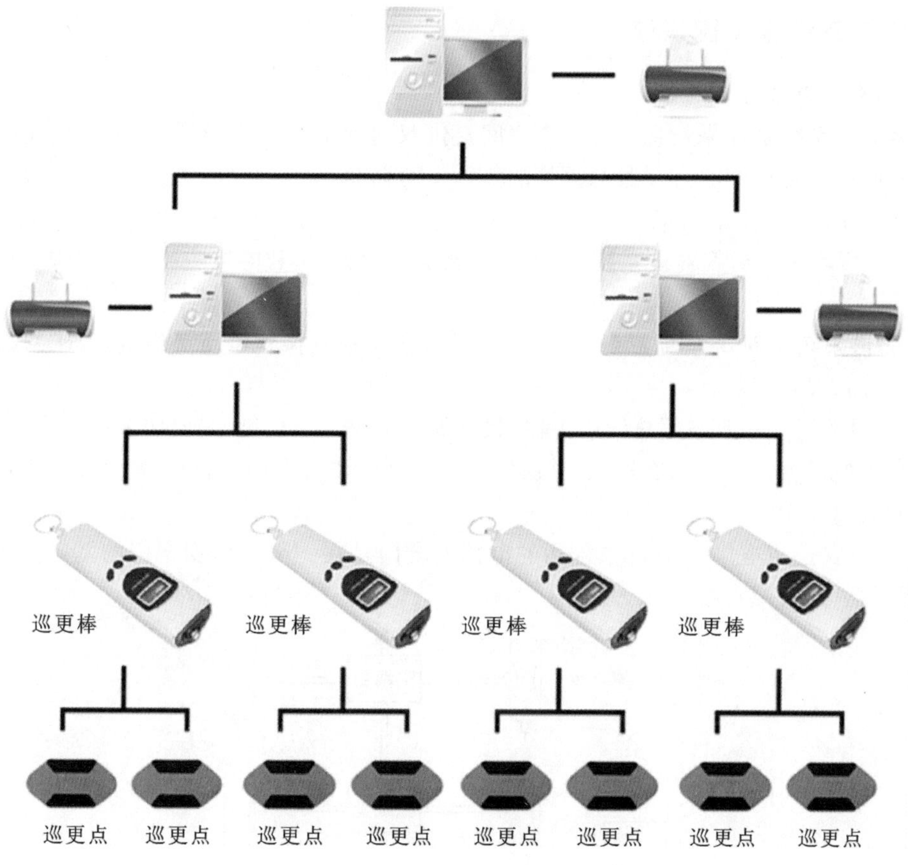

图 4-4 电子巡查(巡更)系统

图 4-5 车辆出入管理及引导

2. 安防系统施工图识读

(1)访客对讲系统

访客对讲系统是指来访客人与住户之间提供双向通话或可视通话，并由住户遥控防盗门的开关及向保安管理中心进行紧急报警的一种安全防范系统。它适用于单元式公寓、高层住宅楼和居住小区等。

图 4-6 所示为一访客对讲系统，它由对讲系统、控制系统和电控防盗安全门等三个主要部分组成。

① 对讲系统　对讲系统主要由传声器、语言放大器及振铃电路等组成，要求对讲语言清晰、信噪比高、失真度低。

② 控制系统　一般采用总线制传输、数字编码解码方式控制，只要访客按下户主的代码，对应的户主摘机就可以与访客通话，并决定是否打开防盗安全门；而户主则可以凭电磁钥匙出入该单元大门。

③ 电控安全防盗门　对讲系统用的电控安全门是在一般防盗安全门的基础之上加上电控锁、闭门器等构件组成。

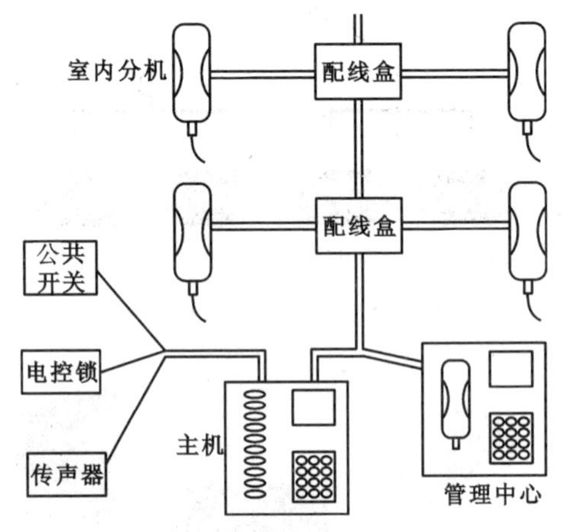

图 4-6　访客对讲系统

(2)可视对讲系统

可视对讲系统除了对讲功能外，还具有视频信号传输功能，使户主在通话时可同时观察到来访者的情况。因此，系统增加了一部微型摄像机，安装在大门入口处附近，用户终端设一部监视器。可视对讲系统如图 4-7 所示。

可视对讲系统主要具有以下功能：

① 通过观察监视器上来访者的图像，可以将不希望进入的来访者拒之门外。

② 按下呼出键，即使没人拿起听筒，屋里的人也可以听到来客的声音。

③ 按下“电子门锁打开按钮”，门锁可以自动打开。

④ 按下“监视按钮”，即使不拿起听筒，也可以监听和监看来访者长达 30s，而来访者却听不到屋里的任何声音；再按一次，解除监视状态。

可视对讲室内分机可配置报警控制器，并同报警控制器一起接到小区管理机上。管理机与计算机连接运行专门的小区安全管理软件可随时在电子地图上直观地看出报警发生的地理

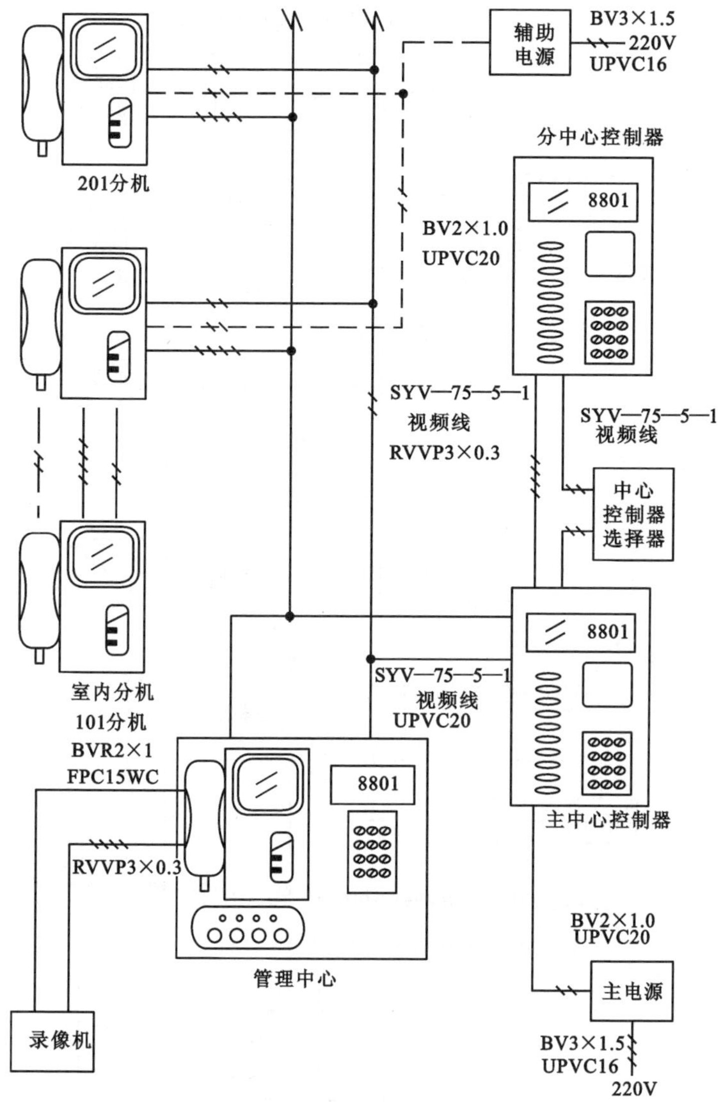

图 4-7　可视对讲系统

位置、报警住户资料等，便于小区物业管理人员或保安人员采取相应措施。

(3)楼宇对讲系统图

楼宇对讲系统是现代化住宅小区智能化施工的重要内容，下面介绍电施工图中的楼宇对讲系统图。

图 4-8 所示为一高层住宅楼楼宇对讲系统图。通过识读系统图可以知道，该楼宇对讲系统为联网型可视对讲系统。每个用户室内设置一台可视电话分机，单元楼梯口设一台带门禁编码式可视梯口机，住户可以通过智能卡和密码开启单元门。可通过门口主机实现在楼梯口与住户的呼叫对讲。楼梯间设备采用就近供电方式，由单元配电箱引一路 220V 电源至梯间箱，实现对每楼层楼宇对讲 2 分配器及室内可视分机供电。从图 4-8 中还可得知，视频信号线型号分别为 SYV75—5＋RVVP6×0.75 和 SYV75—5＋RVVP6×0.5，楼梯间电源线型号分别为 RVV3×1.0 和 RVV2×0.5。

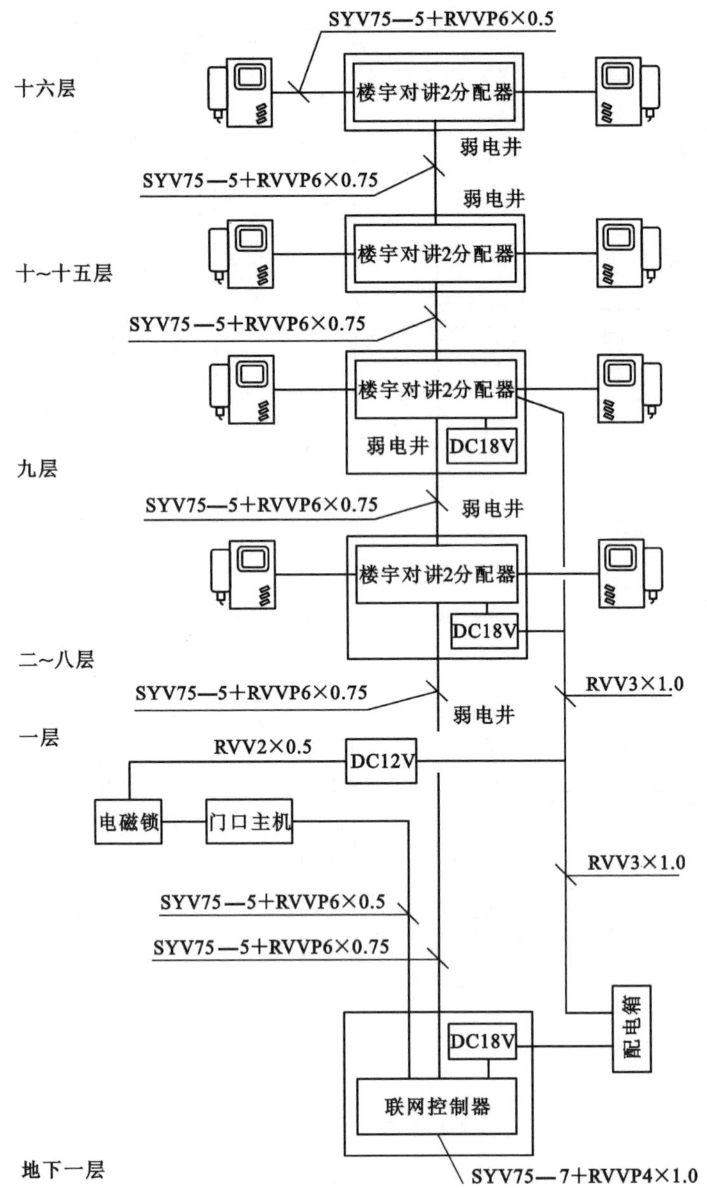

图 4-8　高层住宅楼可视对讲系统图

任务一练习题

请完成本任务的练习题，习题答案与解析请查看本模块末。

习题 1：安防系统包含哪些子系统？

习题 2：楼宇对讲系统主要包含哪些设备？

习题 3：可视对讲系统和访客对讲系统有什么区别？

习题 4：简述楼宇对讲系统图的特点。

习题 5：说明高层住宅可视对讲系统图中 RVVP 6×0.5 的含义。

任务二 消防系统认识与识图

【素质】具备建筑消防领域的节能环保降碳和图纸规范意识。

【知识】熟悉消防系统的组成，了解火灾探测器的作用、火灾自动报警控制系统的组成方式。

【能力】能够进行消防系统工程图的识读。

1. 建筑分类

根据《建筑设计防火规范》(GB 50016—2014)(2018 年版)，民用建筑根据其建筑高度和层数可分为单、多层民用建筑和高层民用建筑。高层民用建筑根据其建筑高度、使用功能和楼层的建筑面积可分为一类和二类。民用建筑的分类应符合表 4-1 的规定。

表 4-1 民用建筑的分类

名称	高层民用建筑		单、多层民用建筑
	一类	二类	
住宅建筑	建筑高度大于 54m 的住宅建筑(包括设置商业服务网点的住宅建筑)	建筑高度大于 27m，但不大于 54m 的住宅建筑(包括设置商业服务网点的住宅建筑)	建筑高度不大于 27m 的住宅建筑(包括设置商业服务网点的住宅建筑)
公共建筑	1. 建筑高度大于 50m 的公共建筑； 2. 建筑高度 24m 以上部分任一楼层建筑面积大于 1000m² 的商店、展览、电信、邮政、财贸金融建筑和其他多种功能组合的建筑； 3. 医疗建筑、重要公共建筑、独立建造的老年人照料设施； 4. 省级及以上的广播电视和防灾指挥调度建筑、网局级和省级电力调度建筑； 5. 藏书超过 100 万册的图书馆、书库	除一类高层公共建筑外的其他高层公共建筑	1. 建筑高度大于 24m 的单层公共建筑； 2. 建筑高度不大于 24m 的其他公共建筑

2. 火灾自动报警控制系统

火灾自动报警控制系统，是人们为了早期发现、通报火灾，并及时采取有效措施，控制和扑灭火灾，而设置在建筑物中或其他场所的一种自动消防设施，是人们同火灾作斗争的有力工具。它的作用，是在火灾初期，将燃烧产生的烟雾、热量、火焰等物理量，通过火灾探测器变成电信号，传输到火灾报警控制器，并同时以声或光的形式通知整个楼层疏散。

在火灾自动报警控制系统的帮助下，可以使人们及时发现火灾，并及时采取有效措施，扑灭初期火灾，最大限度地减少因火灾造成的生命和财产的损失。

火灾自动报警系统仅是建筑消防系统的一部分，在设计火灾自动报警系统时应根据电气、给排水、暖通等相关专业选用的消防设备进行安全、适用、经济的设计，需要不同专业的技术人员共同协作完成。

(1)火灾自动报警控制系统的组成

火灾自动报警系统的组成

火灾自动报警控制系统如图4-9所示，主要由火灾探测器、火灾报警控制器和火灾警报装置组成。火灾探测器将现场火灾信息(烟、温度、光)转换成电气信号传送至自动报警控制器，火灾报警控制器将接收到的火灾信号经过处理、运算和判断后认定火灾，输出指令信号。一方面启动火灾警报装置，如声、光警报等；另一方面启动消防联动装置和连锁减灾系统，用以驱动各种灭火设备和减灾设备。

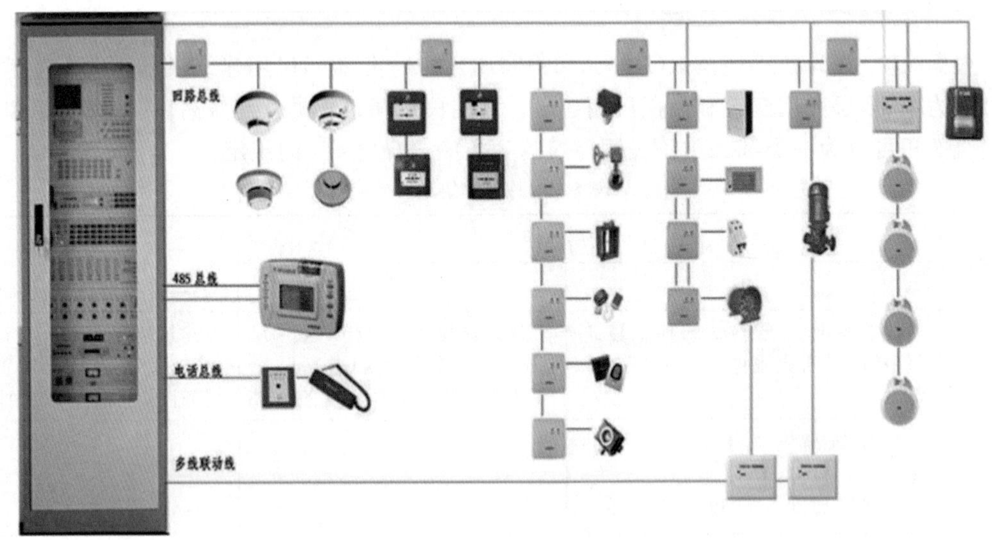

图4-9　火灾自动报警控制系统

在火灾自动报警控制系统中，自动或手动产生火灾报警信号的器件称为触发器件，主要包括火灾探测器和手动火灾报警按钮。火灾探测器是能对火灾参数响应，并自动产生火灾报警信号的器件。不同类型的火灾探测器适用于不同类型的火灾和不同的场所。手动火灾报警按钮是通过手动方式产生火灾报警信号、启动火灾自动报警系统的器件，它也是火灾自动报警系统中不可缺少的组成部分之一。

火灾报警控制器是用以接收、显示和传递火灾报警信号，同时可以发出控制信号和具有其他辅助功能的控制指示设备。它要为前级的火灾探测器提供稳定的工作电源；要监视探测器和系统自身的工作状态；要接收、转换、处理火灾探测器输出的报警信号；同时还要执行相应辅助控制等任务。所以，火灾报警控制器可能说是火灾自动报警系统中的核心。

除此之外，还有一些装置比如中断器、区域显示器、火灾显示盘等，可以作为火灾报警控制器的演变或补充。

火灾警报，是指在火灾现场，以声、光、音响方式向报警区域发出火灾警报信号，以警示人们采取安全疏散、灭火救灾措施。

(2)火灾自动报警控制系统的组成形式

① 区域报警系统,由火灾探测器、手动火灾报警按钮、区域火灾报警控制器、火灾报警装置和电源组成,如图 4-10 所示。区域报警系统的保护对象一般仅仅是建筑物中某一局部范围或某个具体设施。它往往是作为第一级的监控报警装置。

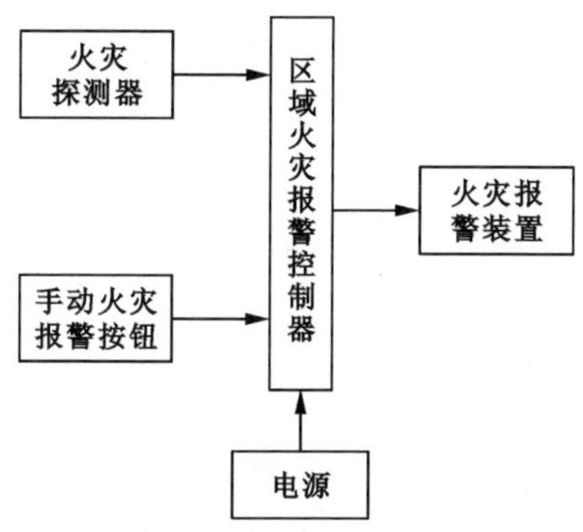

图 4-10　区域报警系统示意图

② 集中报警系统,由火灾探测器、区域火灾报警控制器、集中火灾报警控制器等组成,如图 4-11 所示。从图中可以看出,与区域报警系统相比,它增加了集中火灾报警控制器,我们可以把它看成是建筑消防系统的总监控设备,因此,集中报警系统一般适用于保护对象规模较大的场合,如高层住宅、商住楼和办公楼等。

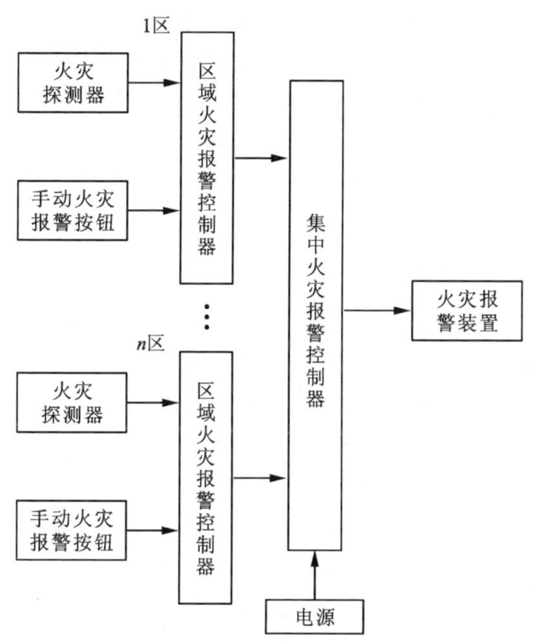

图 4-11　集中报警系统示意图

③ 控制中心报警系统,如图 4-12 所示。从图中可以看出,与集中报警系统相比,它增设了消防联动控制设备、电源及火灾报警装置、火警电话、火灾应急照明、火灾应急广播和联动装置等。由于功能更为强大,因此,控制中心报警系统一般适用于规模大的一级以上的保护对象,因为这一类的建筑物建筑规模大,建筑防火等级高,消防联动控制功能多。

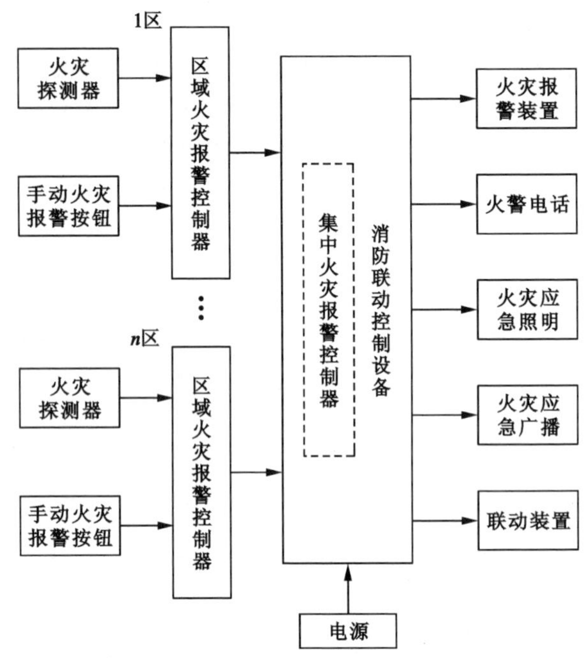

图 4-12　控制中心报警系统示意图

火灾探测器的分类及工作原理

(3)火灾探测器简介

火灾探测器(图 4-13)是火灾自动报警控制系统最为关键的部件之一,它以探测物质燃烧过程中产生的各种物理现象为依据,是整个系统自动检测的触发器件,能不间断地监视和探测被保护区域的火灾初期信号。根据其探测火灾特征参数的不同,可以把火灾探测器分为感烟、感温、感光、气体、复合五种基本类型。

图 4-13　火灾探测器

① 感烟式火灾探测器

感烟式火灾探测器是一种检测燃烧或热解产生的固体或液体微粒的火灾探测器。感烟式火灾探测器作为前期、早期火灾报警是非常有效的。对于要求火灾损失小的重要地点,火灾初期有阴燃阶段,产生大量的烟和少量的热,很少或没有火焰辐射的火灾,都适合选用。

② 感温式火灾探测器

感温式火灾探测器是响应异常温度、温升速率和温差等火灾信号的火灾探测器。常用的有定温式、差温式和差定温式三种。

定温式探测器　环境温度达到或超过预定值时响应。

差温式探测器　环境温升速率超过预定值时响应。

差定温式探测器　兼有定温、差温两种功能。

③ 感光式火灾探测器

感光式火灾探测器又称火焰探测器或光辐射探测器,它对光能够产生敏感反应。按照火灾的规律,发光是在烟生成及高温之后,因而感光式探测器属于火灾晚期报警的探测器,适用于火灾发展迅速,有强烈的火焰和少量的烟、热,基本上无阴燃阶段的火灾。

④ 可燃气体火灾探测器

可燃气体火灾探测器是一种能对空气中可燃气体浓度进行检测并发出报警信号的火灾探测器。它通过测量空气中可燃气体爆炸下限以内的含量，以便当空气中可燃气体浓度达到或超过报警设定值时自动发出报警信号，提醒人们及早采取安全措施，避免事故发生。可燃气体火灾探测器除具有预报火灾、防火、防爆功能外，还可以起到监测环境污染的作用，目前主要用于宾馆厨房或燃料气储备间、汽车库、压气机站、过滤车间、溶剂库、炼油厂、燃油电厂等存在可燃气体的场所。

⑤ 复合式火灾探测器

复合式火灾探测器是可以响应两种或两种以上火灾参数的火灾探测器，主要有感温感烟型、感光感烟型、感光感温型等。

3. 消防系统图识读

(1)认识消防系统的常用图例符号

熟悉消防系统施工图中常用图例符号是识读、绘制施工图和按图施工的基础。消防施工图中的图例符号采用国家标准《消防技术文件用消防设备图形符号》(GB/T 4327—2008)和《火灾报警设备图形符号》(XF/T 229—1999)规定的图形符号。部分图形符号如表 4-2 所示。

表 4-2　消防设备常用图形符号

名称	图形	名称	图形
水	⊗	阀门	⋈
手动启动	Y	泡沫或泡沫液	●
出口	•——→	电铃	
无水	○	入口	←——•
发声器		BC 类干粉	⊠
热			扬声器	
ABC 类干粉	■	烟	ϟ
电话		卤代烷	△
火焰	∧	光信号	8
二氧化碳	▲	易爆气体	

(2)火灾自动报警系统图识读

火灾自动报警系统图主要反映系统组成和功能以及组成系统的各设备之间的连接关系等。系统的组成随保护对象的分级和所选用报警设备的不同，其基本形式也有所不同。

图 4-14 为区域报警系统的最小组成系统图，系统可以根据需要增加消防控制室图形显示装置或指示楼层的区域显示器。区域报警系统不具有消防联动功能。在区域报警系统里，可以根据需要不设消防控制室，若有消防控制室，火灾报警控制器和消防控制室图形显示装置应设置在消防控制室；若没有消防控制室，则应设置在平时有专人值班的房间或场所。区域报警系统应具有将相关运行状态信息传输到城市消防远程监控中心的功能。

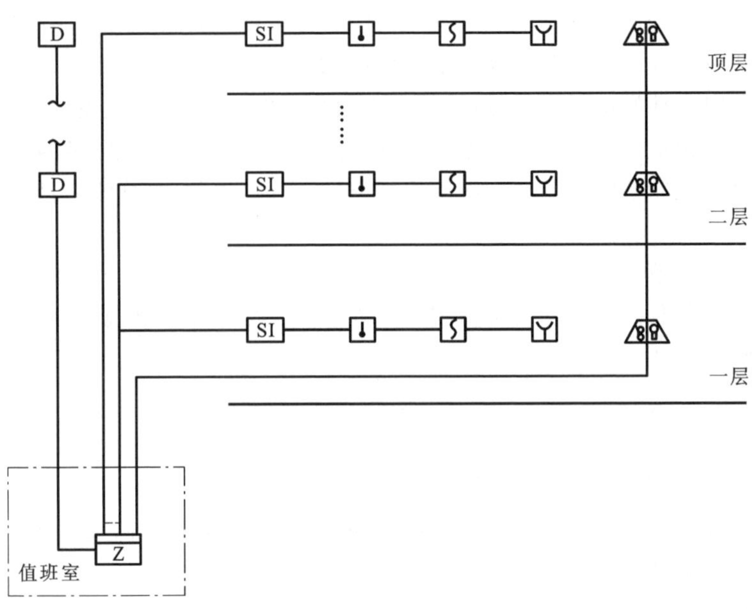

图 4-14　区域报警系统最小组成系统图

从该系统图中可以看到，每层楼均设置有隔离模块、感温探测器、感烟探测器、手动报警装置及声光火灾警报。

任务二练习题

请完成本任务的练习题，习题答案与解析请查看本模块末。

习题 1：《建筑设计防火规范》中，对于高层住宅建筑的分类标准是什么？

习题 2：简述火灾探测器的作用及分类。

习题 3：简述区域报警系统的组成和保护对象。

习题 4：对于风速较大、有大量粉尘或水雾的场所，不应使用下列哪类火灾探测器？（　　）

A. 感烟式火灾探测器　　B. 感温式火灾探测器

C. 感光式火灾探测器　　D. 复合式火灾探测器

习题 5：消防系统工程图中，用于表示隔离模块的符号是（　　）。

A. Z　　B. SI　　C. D　　D. TE

任务三　综合布线系统认识与识图

【素质】具备建筑综合布线领域的节能环保降碳和图纸规范意识。

【知识】熟悉综合布线系统的作用及组成，了解常用的信息传输介质。

【能力】能够进行综合布线系统工程图的识读。

1. 综合布线系统概述

(1)综合布线系统的定义

综合布线系统

随着智能建筑的迅速发展,对于各类通信数据的处理要求越来越高,现在人们每到一个新的场所,可能最迫切的需求是寻找 WIFI 连接和密码。这就需要有一套高效的综合布线系统来实现相应的功能。我们先来看一下综合布线系统的定义:

综合布线系统将所有的语音、数据、图像及多媒体业务设备的布线网络组合在一套标准的布线系统上,它以一套由共用配件所组成的单一配线系统,将各个不同制造厂家的各类设备综合在一起。通过这样的技术手段,可以使设备相互兼容、同时工作,实现综合通信网络、信息网络及控制网络之间的信号互联互通。

综合布线系统是智能化办公室建设数字化信息系统基础设施,是将所有语音、数据等系统进行统一的规划设计的结构化布线系统,为办公提供信息化、智能化的物质介质,支持将语音、数据、图文、多媒体等综合应用。

(2)综合布线系统的特点

为了实现智能建筑环境所需要的楼宇自动化(BA)、通信自动化(CA)和办公自动化(OA)等系统要求,综合布线系统应该具备以下的特点:

兼容性:是指相关的软件和硬件可以用在多种系统中。

开放性:是指系统要符合多种国际流行标准,包括各类硬件设施和几乎所有的通信协议。

灵活性:是指所有的信息通道都是通用的,都可以用来支持不同的终端。

可靠性:是指系统采用了星型拓扑结构,实现点到点连接,某条线路产生故障不会影响其他线路的正常工作。

先进性:是指系统采用最新的通信标准,可以实现非常高的数据传输效率,不只要满足当前的通信要求,也要为后期升级留有余地。

经济性:是指综合布线是一种高性价比的高科技产品。

(**思政 tips:**综合布线系统作为智能建筑中必备的基础设施,分布于智能建筑中,必然会有相互融合的需要,又可能遇到相互矛盾的问题。在综合布线的规划、设计、施工及使用等环节,应与负责建筑工程的有关单位密切联系,加强配合和协调,以满足各方面的要求。)

2. 综合布线系统的组成

(1)综合布线系统基本构成

综合布线概述

综合布线系统应为开放式网络拓扑结构,其基本结构必须包含三个子系统,分别为建筑群子系统、干线子系统和配线子系统,如图 4-15 所示。配线子系统中可以设置集合点(CP),也可不设置集合点。

建筑群子系统是指从建筑群配线设备 CD 到建筑物配线设备 BD 的部分,干线子系统是指从 BD 到楼层配线设备 FD 的部分,配线子系统是指从 FD 到工作区信息插座 TO 的部分。

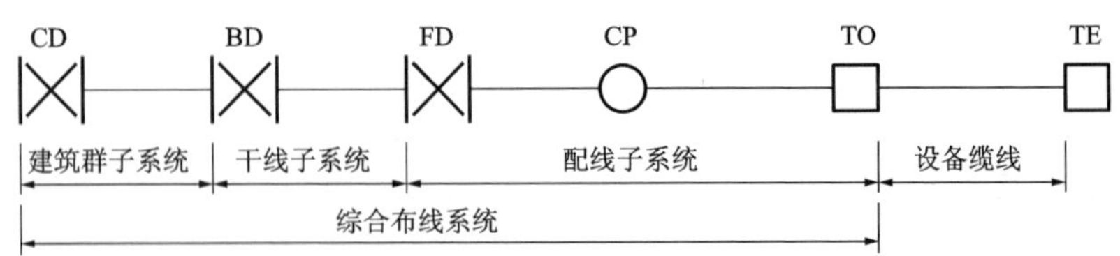

图 4-15 综合布线系统基本构成

根据《综合布线系统工程设计规范》(GB 50311—2016)的规定，在综合布线系统工程设计中，通常将整个系统分为 7 个模块，除了上述三个子系统外，还包括进线间、配线间、工作区和管理区 4 个模块，如图 4-16 所示。

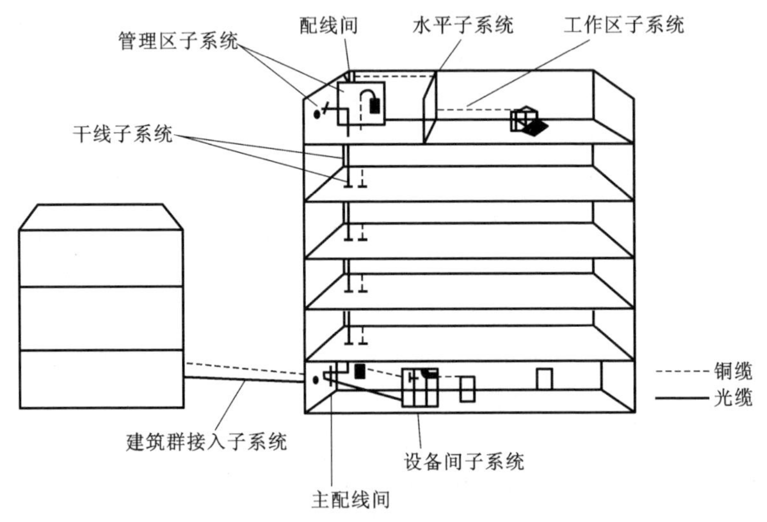

图 4-16 综合布线系统组成模块

(2)系统各个模块的划分

① 工作区 一个独立的需要设置终端设备(TE)的区域宜划分为一个工作区。工作区应包括信息插座模块(TO)、终端设备处的连接缆线及适配器。

② 配线子系统 应由工作区内的信息插座模块、信息插座模块至电信间配线设备(FD)的水平缆线、电信间的配线设备及设备缆线和跳线等组成。

③ 干线子系统 应由设备间至电信间的主干缆线、安装在设备间的建筑物配线设备(BD)及设备缆线和跳线组成。

④ 建筑群子系统 应由连接多个建筑物之间的主干缆线、建筑群配线设备(CD)及设备缆线和跳线组成。

⑤ 设备间 应为在每栋建筑物的适当地点进行配线管理、网络管理和信息交换的场地。综合布线系统设备间宜安装建筑物配线设备、建筑群配线设备、以太网交换机、电话交换机、计算机网络设备。入口设施也可安装在设备间。

⑥ 进线间 应为建筑物外部信息通信网络管线的入口部位，并可作为入口设施的安装场地。

⑦ 管理区 应对工作区、电信间、设备间、进线间、布线路径环境中的配线设备、缆线、信息插座模块等设施按一定的模式进行标识、记录和管理。

3. 有线网络传输介质

要实现快速而可靠的数据传输，需要依托于稳定而高效的信息传输介质。综合布线系统中常用的信息传输介质可以分有线和无线两大类，其中有线传输介质可以分为铜缆和光缆两类，而铜缆又可以分为同轴电缆和双绞线电缆。

(1)双绞线电缆

① 双绞线电缆的结构

双绞线电缆(图 4-17)是由两根 22～26 号的绝缘铜导线相互缠绕而成，每根铜导线的绝缘层上分别涂有不同的颜色，如果把一对或多对双绞线放在一个绝缘套管中，便构成了双绞线电缆。每两根绝缘的铜导线是按一定密度互相绞合在一起的，这样做的好处是，可以降低信号干扰的程度，因为每一根导线在传输中辐射出来的电波会被另一根线上发出的电波抵消。

(a)　　　　(b)

图 4-17　双绞线电缆

(a)TP 双绞线电缆；(b)UTP 双绞线电缆

② 双绞线电缆的分类

常见的双绞线电缆的套管只能起到绝缘和保护内部电缆的作用，没有屏蔽作用，我们称之为非屏蔽双绞线(UTP)，而在某些场合，对于电磁屏蔽的要求较高，这时就需要使用带有金属屏蔽层的屏蔽双绞线(TP)，如图 4-18 所示。有些双绞线线缆中远远超过了常用的 4 个线对，称之为大对数电缆，这类电缆通常用于干线子系统，也就是垂直子系统。

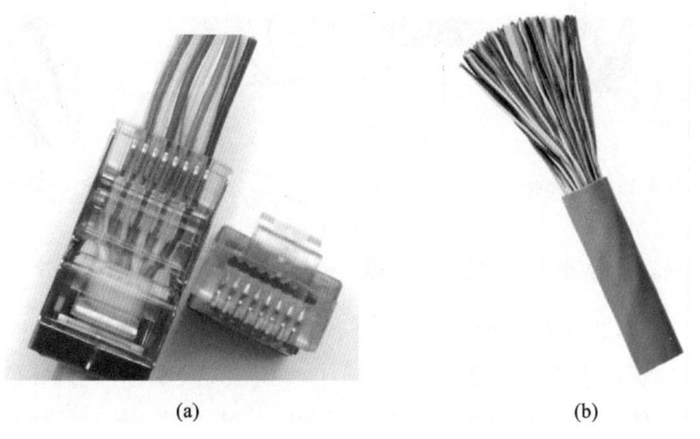

(a)　　　　(b)

图 4-18　RJ45 连接器(水晶头)和大对数电缆

(a)RJ45 连接器；(b)大对数电缆

③ 双绞线电缆的线序

将双绞线和信息插座连接，需要使用 RJ 连接头，也就是我们俗称的"水晶头"，水晶头是八线位结构，与 4 对双绞线一一对应。双绞线不能随意与水晶头连接，而是应该按照相应的连接标准对号入座。图 4-19 中分别为 T568A 线序和 T568B 线序。要注意的是，这两种线序都可以使用，但是在同一套系统中，只能使用其中一种，否则在数据通信过程中就会出现严重错误。

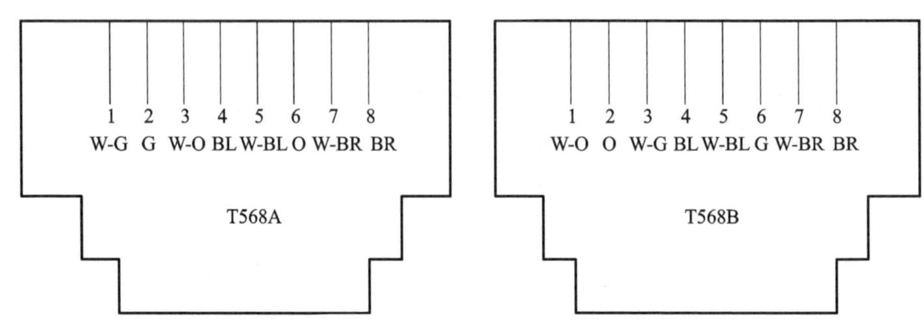

图 4-19　T568A 线序与 T568B 线序

(2)光缆

另一种有线传输介质是光缆。光缆中用于传输信息的介质是光纤，光纤其实是光导纤维的简称，而光导纤维是一种传输光束的细而柔韧的媒质。光导纤维线缆由一捆光导纤维组成，它具有损耗低、抗干扰能力强、通信容量大等特点。

典型的光纤结构如图 4-20 所示，自内向外为纤芯、包层以及涂覆层，其中纤芯才是真正的信息传输通道，它的直径非常小，属于微米级。同一保护套管含有多根纤芯的，就是多芯光纤。光纤的使用同样需要连接器，连接器和信息插座需要具有相同的接口类型。图 4-21 所示为光纤连接器。

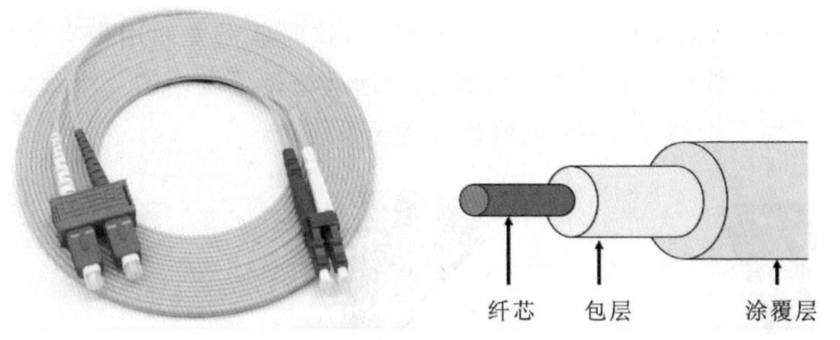

图 4-20　光缆外观与内部结构

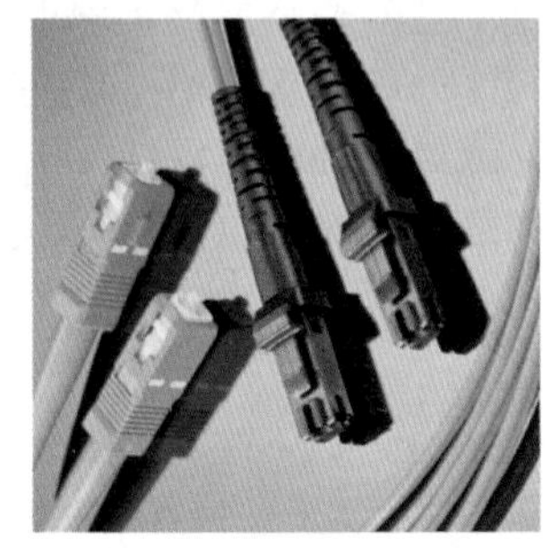

图 4-21　光纤连接器

4. 综合布线工程图识读

综合布线施工图识读

(1)认识综合布线工程图

作为综合布线工程设计和施工组织人员，识图和绘图是必备的基本能力。综合布线工程图在整个综合布线工程中，从设计、施工直到验收，都起到重要作用。综合布线工程图一般包含以下 5 类图纸：网络拓扑结构图、综合布线系统拓扑图、综合布线管线路由图、楼层信息点平面分布图、机柜配线架信息点布局图。

本任务对综合布线系统工程图的识读以系统拓扑图和平面图为主。其中,系统拓扑图中应该能够反映各楼层信息点的类型和数量、水平子系统和干线子系统中所使用线缆的型号和数量等信息;管线路由图以及楼层信息点平面分布图可以画在同一张平面图上,它应该能够反映布线路由、管槽的型号以及规格、各信息点的类型和安装位置等信息。

(2)系统拓扑图识读

阅读系统拓扑图之前,首先应该阅读设计说明,对于初学者来说,还应该在识图之前先熟悉综合布线系统常用缩略语和图例。常用缩略语如表 4-4 所示。

表 4-4 综合布线系统常用缩略语

缩略语	含义	缩略语	含义
CD	建筑群配线设备	CP	集合点
BD	建筑配线设备	TO	信息点
FD	楼层配线设备	TE	终端设备
ID	中间配线设备	SW	交换机
IDF	配线架	PABX	程控交换机
TP	语音信息插座	TD	数据信息插座

某综合布线工程系统图如图 4-22 所示。该系统中的网络数据干线和电话数据干线分别由城市因特网及城市电话网引入,干线子系统分别使用 12 芯多模光缆和 50 对大对数双绞线电缆。根据系统的设计要求,FD 不一定需要每一层单独设置,可以几层楼共用一个 FD。在本系统中,由于信息点数量较多,每层楼均设有楼层配线设备 FD,干线经光纤互联装置 LIU 及交换机 SW 连接至 FD,再由双绞线电缆连接至每一个信息点。以 7 层为例,从图 4-22 中可以看出共有 23 个数据信息点和 23 个语音信息点,由此可知 7 层的各个工作区共需要 23 个网络信息插座和 23 个语音信息插座,水平配线子系统共需要 46 根双绞线电缆与各个信息点一一对应。

(3)平面图识读

综合布线系统图可以反映出信息点的类型和数量,电缆的类型等,要了解各信息点具体的位置分布情况及管槽的走向,就需要识读平面图。在综合布线工程套图中,经常会将信息点分布图和管槽走向图合二为一。因楼层布局的改变,平面图需要根据楼层布局结构或用途变化而出图,所以在涉及高层项目时经常会出现数量较多的楼层平面图。图 4-23 是某建筑综合布线工程其中一张平面图。首先找到进线间,这是通信干线从外部进入建筑内部的通道,线缆经桥架至弱电机房,再从机房经桥架至本层楼的配线设备 FD,再从这里用双绞线电缆与本层楼的每一个信息点相连。图中 TP 表示语音信息插座,TD 表示数据信息插座,以消防控制中心为例,共需要 TP×3、TD×3 共六个信息点,分别由 FD 通过一组 4 根 4 对双绞线电缆和一组 2 根 4 对双绞线电缆进行连接。

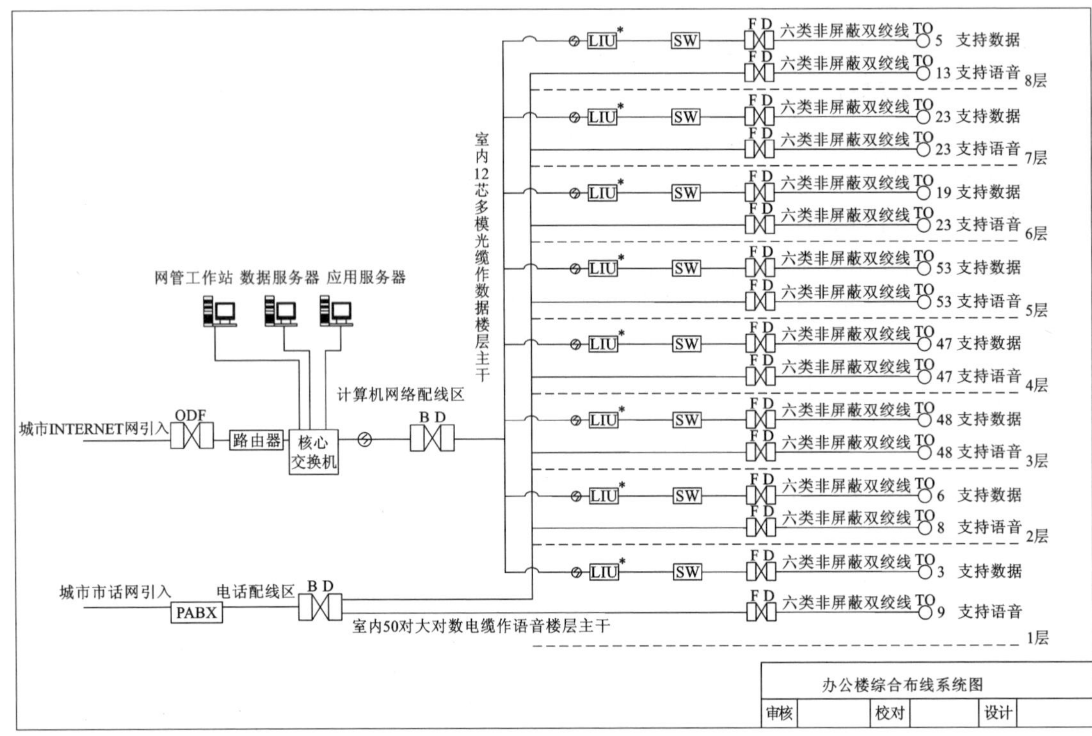

图 4-22　某建筑综合布线工程系统图

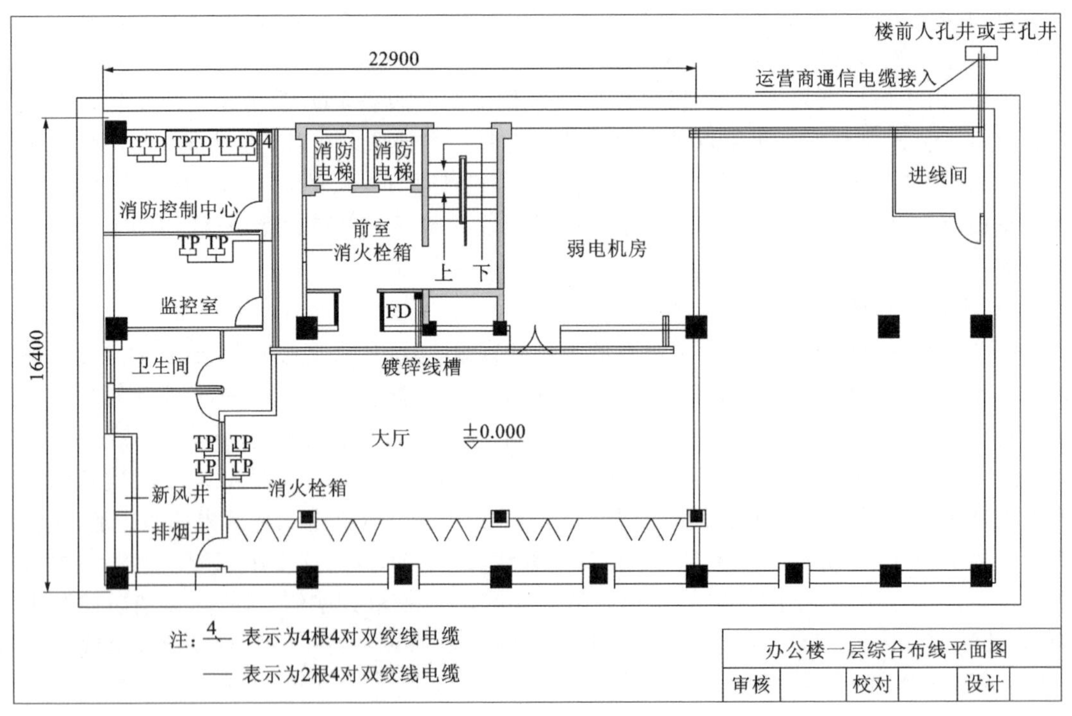

图 4-23　某建筑综合布线工程平面图

任务三练习题

请完成本任务的练习题，习题答案与解析请查看本模块末。

习题 1: 为了实现智能建筑环境的系统要求,综合布线系统应具备哪些特点?

习题 2: 在综合布线系统工程设计中,通常将整个系统分为哪 7 个模块?

习题 3: 综合布线工程图中表示楼层配线设备的是(　　)。

A. CD　　B. BD　　C. FD　　D. ID

习题 4: 综合布线系统工程图中,不能反映设备实际位置的是(　　)。

A. 系统拓扑图　　B. 管线路由图　　C. 楼层平面图　　D. 机柜设备布局图

习题 5: 识读电缆类型及规格:1 * CAT6—UTP4。

任务四　建筑弱电综合识图

学习目标

【素质】具备建筑弱电领域的系统和联动意识、团队合作精神、图纸规范意识、持续学习能力。

【知识】熟悉常见的建筑弱电相关施工图的组成、特点及识读方法。

【能力】能够进行常见的建筑弱电施工图的识读。

建筑弱电系统包括安防系统、消防系统、有线电视系统、综合布线系统等多个子模块,涉及的知识范围非常广泛,掌握各部分弱电系统的基础知识对学习弱电系统识图非常重要。需要了解弱电系统中所涉及的各种设备的基本功能和特点、工作方式、技术参数等。例如,消防系统中火灾探测器的工作原理和结构,各种探测器的特点、适用范围、信号的检测与传递方式、整个消防系统的联动控制执行过程等,有了对这些知识的理解,才能对弱电工程图有更深入的了解。

建筑弱电工程专业性较强,其安装、调试和验收一般由专业施工队伍或厂家的专业技术人员完成,而土建施工队伍只需要按施工图样预埋线管、箱、盒等设施,按指定位置预留洞口和预埋件。能读懂建筑弱电施工图,完成弱电系统的前期施工和准备工作,对实现建筑物的整体功能非常重要。通常一项工程的弱电工程图由以下几部分组成:图纸目录、图例及设计说明、弱电系统图、弱电平面图、设备布置图、电路原理图、安装接线图。

在模块三(建筑供配电与照明)中我们已经学习了电气施工图的识读方法,识读弱电工程图过程中,施工人员的认真态度与良好习惯重于知识和能力。(**思政 tips:** 认真阅读设计说明和系统图,了解工程概况,必须注意弱电设施设备与建筑结构的关系。在学习过程中注重养成良好的识图习惯和按图施工的意识。)

(1)建筑弱电工程图识读:电视系统图。

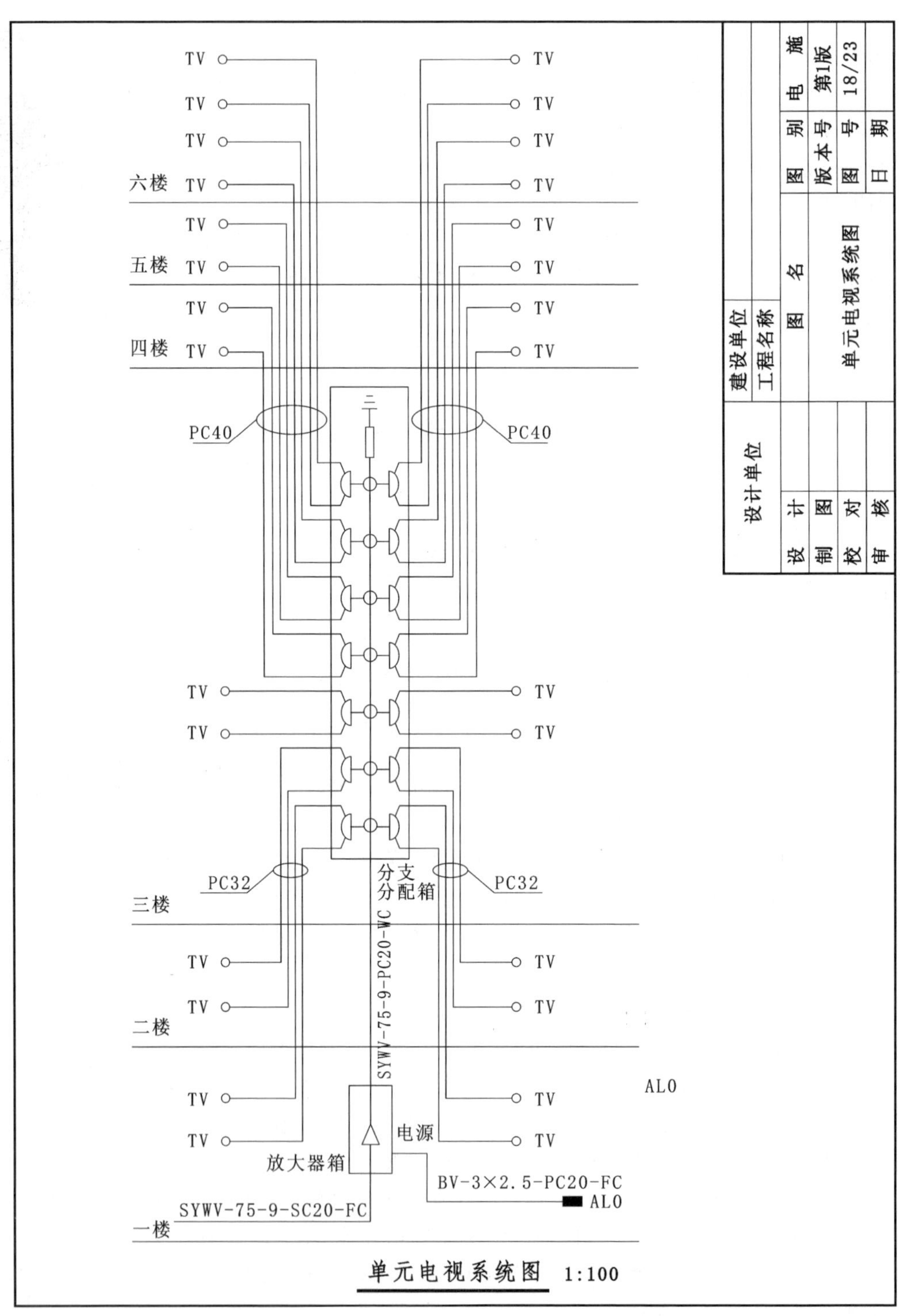

单元电视系统图　1:100

(2)建筑弱电工程图识读:综合布线系统图。

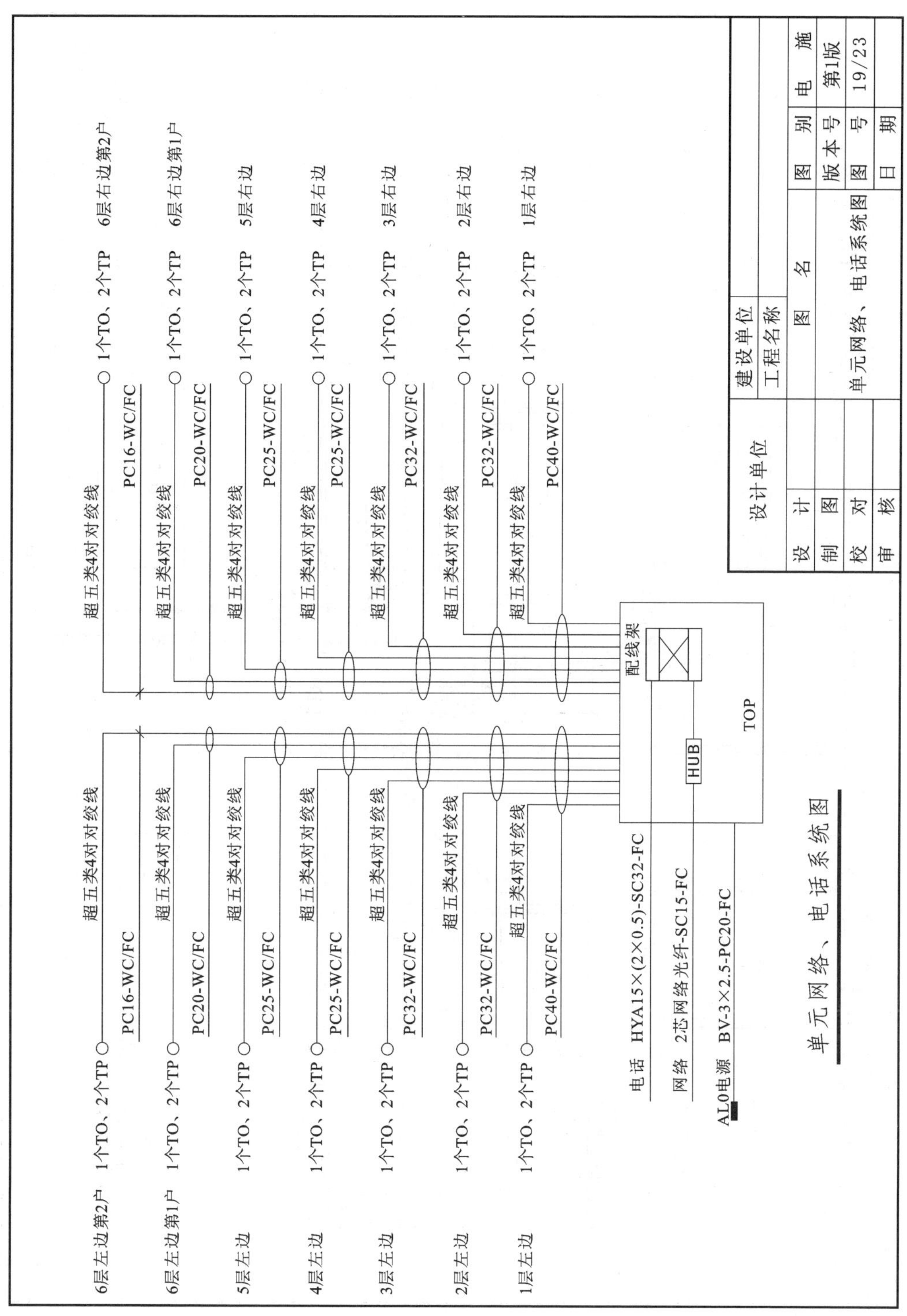

(3)建筑弱电工程图识读:平面图。

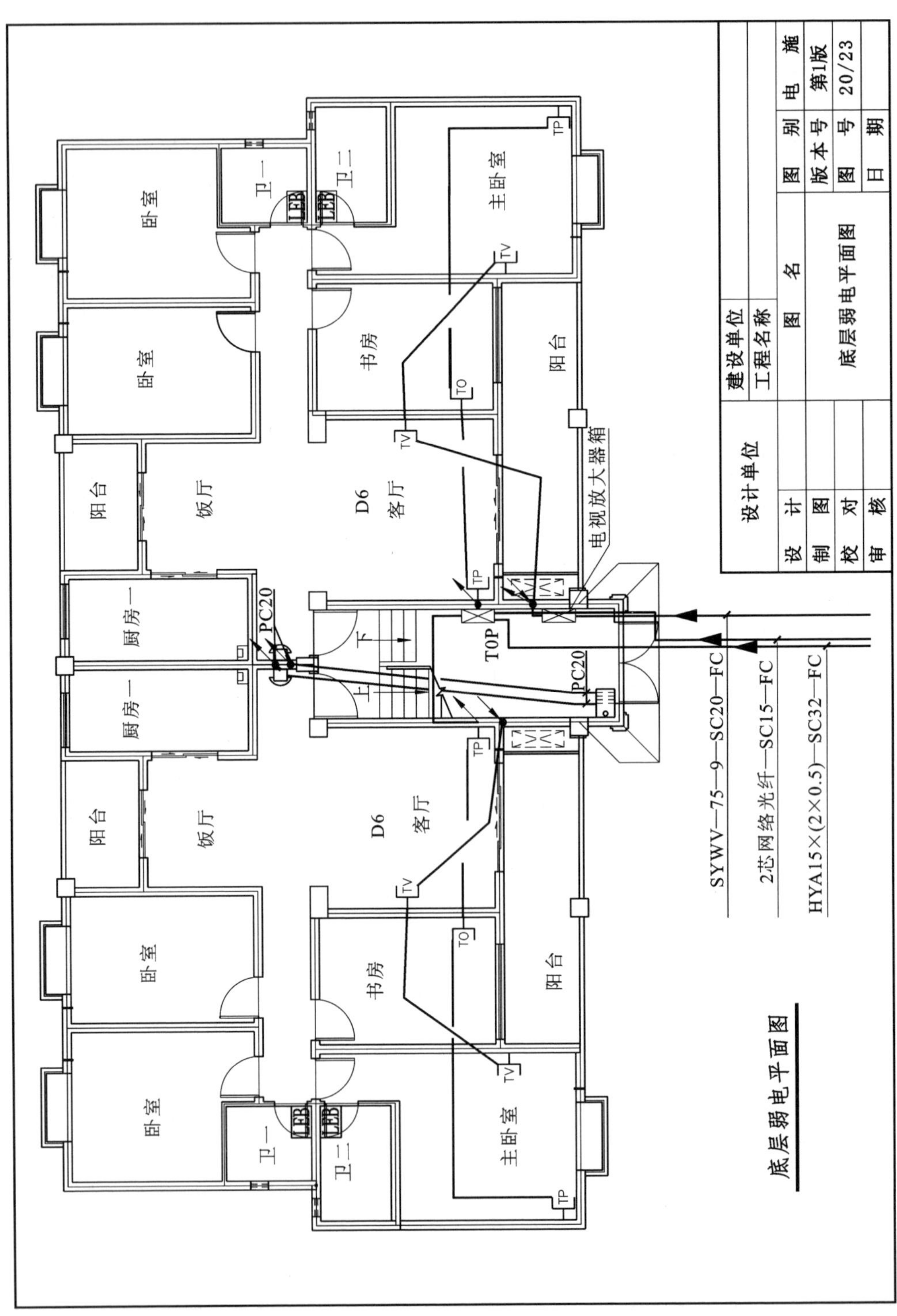

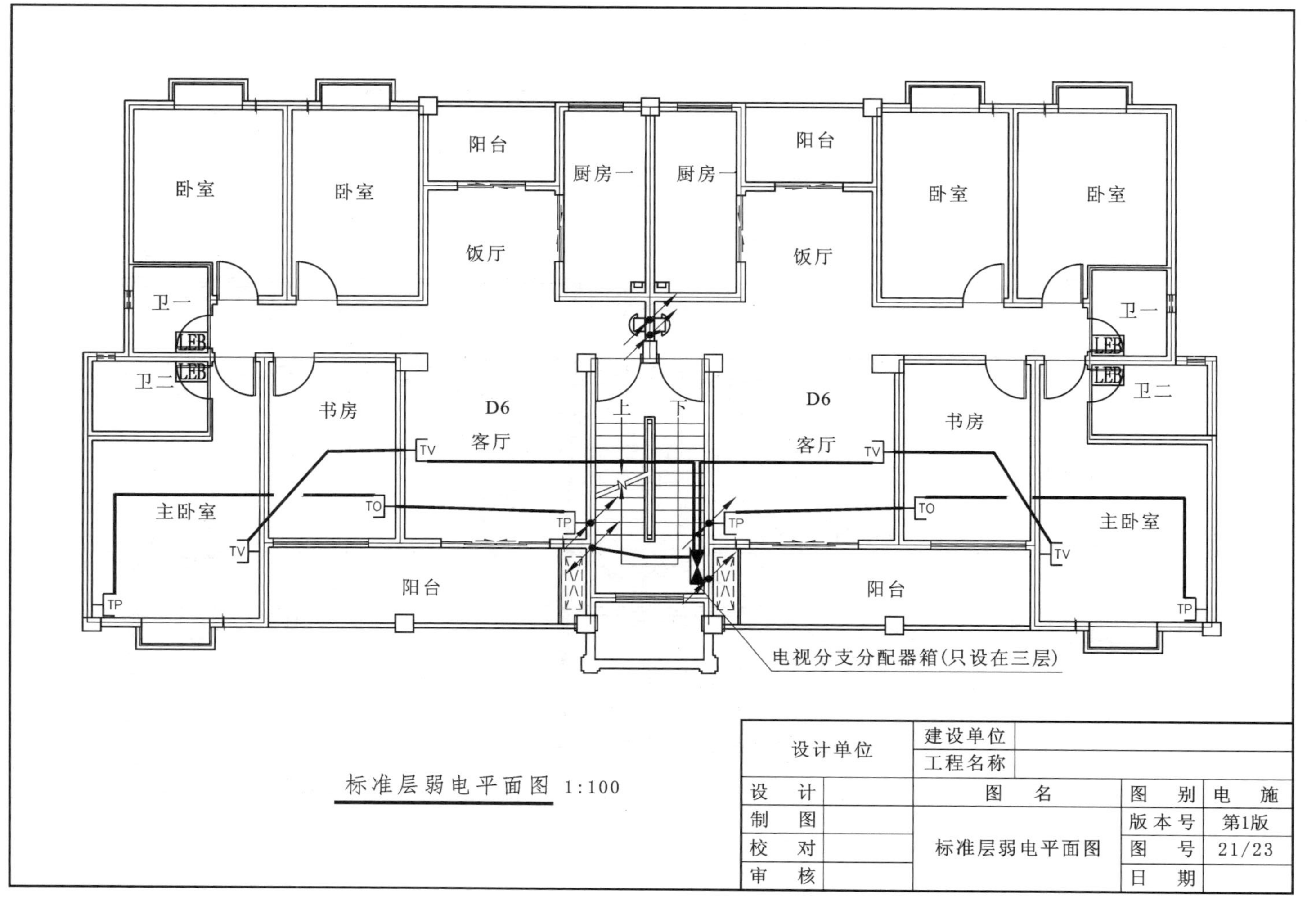

标准层弱电平面图 1:100

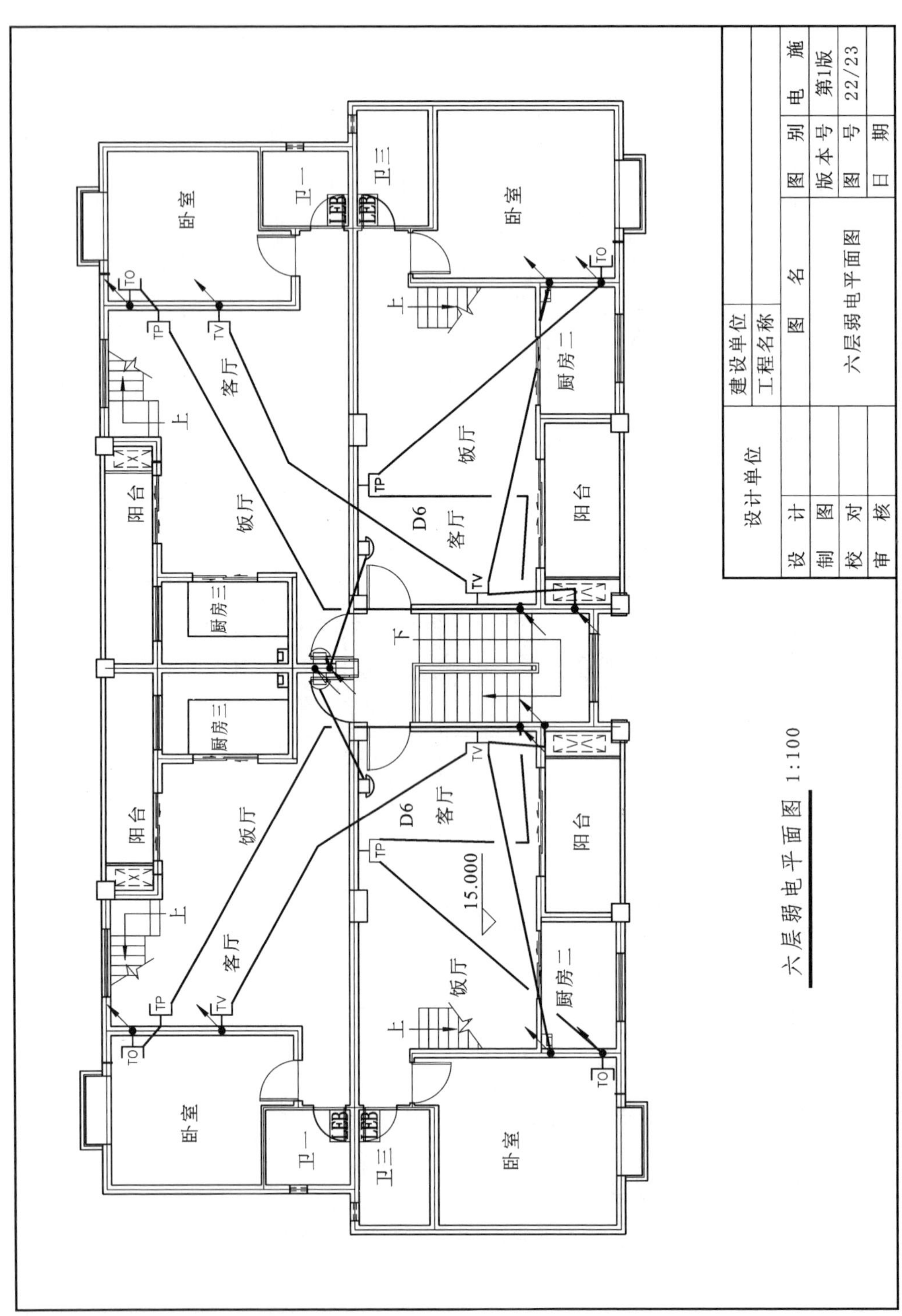

六层弱电平面图 1:100

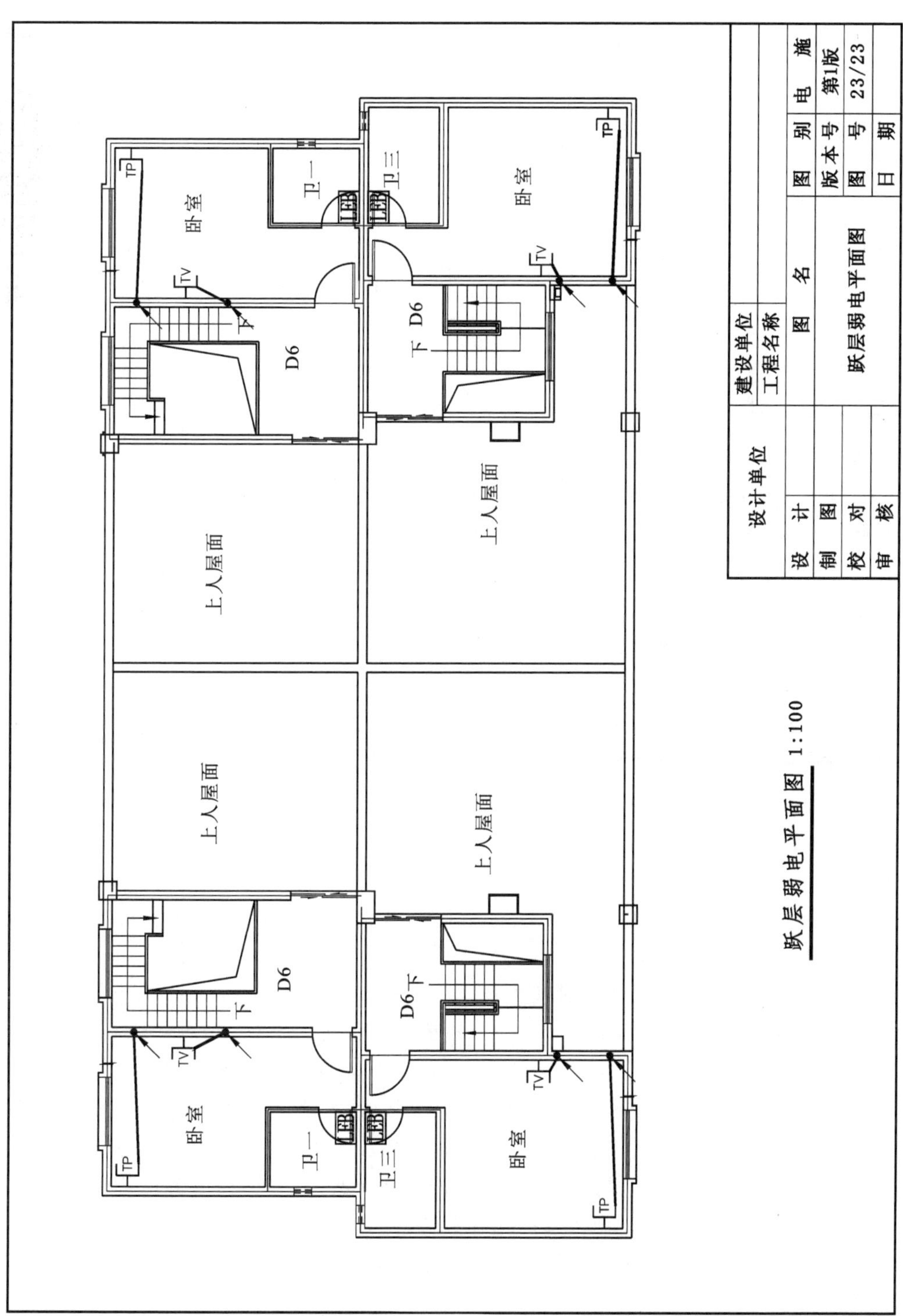

卧室
卫一
卫三
TP
TV
LEB
D6
下
上人屋面
设计单位
建设单位
工程名称
设计
制图
校对
审核
图名
跃层弱电平面图
图别　电施
版本号　第1版
图号　23/23
日期
跃层弱电平面图 1:100

任务四练习题

习题 1:电视系统图中,线缆 SYWV-75-9 的含义是什么?

习题 2:在综合布线系统图中,干线子系统使用的电缆是__________?

习题 3:在综合布线系统图中,配线子系统使用的电缆是__________?

习题 4:在综合布线系统图中,共有__________个语音信息点?

答案与解析

任务一

1. 根据作用的不同,安防系统可大致分为楼宇对讲系统、入侵报警系统、视频监控系统、出入口控制系统、电子巡查系统、停车场管理系统等多个子系统。

2. 楼宇对讲系统的主要设备包括设置在单元楼梯口的可视主机、电控锁,每个用户室内的可视电话分机,联网控制器、对讲分配器等。

3. 可视对讲系统除了对讲功能外,还具有视频信号传输功能,使户主在通话时可同时观察到来访者的情况。

4. 每个用户室内设置一台可视电话分机,单元楼梯口设一台带门禁编码式可视梯口机,住户可以通过智能卡和密码开启单元门。可通过门口主机实现在楼梯口与住户的呼叫对讲。

5. RVVP 表示线缆材质为铜芯聚乙烯绝缘-聚氯乙烯护套屏蔽软电线,6 表示线芯数量,0.5 表示标称截面面积,单位为 mm^2。

任务二

1. 建筑高度大于 54m 的住宅建筑为一类建筑;建筑高度大于 27m 但不大于 54m 的住宅建筑为二类建筑。

2. 火灾探测器以探测物质燃烧过程中产生的各种物理现象为依据,是整个系统自动检测的触发器件,能不间断地监视和探测被保护区域的火灾初期信号。

火灾探测器可分为感烟式、感温式、感光式、可燃气体、复合式等探测器。

3. 区域报警系统,由火灾探测器、手动火灾报警按钮、区域火灾报警控制器、火灾报警装置和电源组成。区域报警系统的保护对象一般仅仅是建筑物中某一局部范围或某个具体设施。

4. 答案为 A。当风速较大或环境中有大量粉尘或水雾时,火灾探测器所处位置的烟雾浓度会降低,使用感烟式探测器不利于及时发现火情。

5. 消防工程图中 SI 表示隔离模块,Z 为报警控制器,D 为电源线。

任务三

1. 综合布线系统应该具备兼容性、开放性、灵活性、可靠性、先进性、经济性等特点。

2. 在综合布线系统工程设计中,通常将整个系统分为 7 个模块,分别为建筑群子系统、干线子系统、配线子系统、进线间、配线间、工作区和管理区。

3. 答案为 C。楼层配线设备以 FD 表示，BD 为建筑配线设备，CD 为建筑群配线设备，ID 为中间配线设备。

4. 答案为 A。系统拓扑图中应该能够反映各楼层信息点的类型和数量，但无法反映设备具体位置。

5. 一根 6 类 4 对非屏蔽双绞线电缆。

任务四

1. SYWV—75—9 是同轴射频电缆，其中 SYWV 表示聚乙烯物理发泡绝缘、75 表示阻抗，9 表示线缆外径。

2. 干线子系统使用的电缆是 2 芯光纤。

3. 配线子系统使用的电缆是超五类(5e)4 对双绞线。

4. 读系统图可知，共有 28 个语音信息点。

参考文献

[1] 常蕾，秦治平，焦盈盈.建筑设备安装与识图.2版.北京：中国电力出版社，2020.

[2] 董羽蕙.建筑设备.4版.重庆：重庆大学出版社，2021.

[3] 蒋志良.供热工程.北京：中国建筑工业出版社，2015.

[4] 岳秀萍.建筑给水排水工程.北京：中国建筑工业出版社，2018.

[5] 马铁椿.建筑设备.北京：高等教育出版社，2003.

[6] 清华大学建筑节能研究中心.中国建筑节能年度发展研究报告2020.北京：中国建筑工业出版社，2020.

[7] 高明远，杜一民.建筑设备工程.2版.北京：中国建筑工业出版社，2003.

[8] 陈元丽.现代建筑电气设计实用指南.北京：中国水利水电出版社，2000.

[9] 郎禄平.建筑电气设备安装调试技术.北京：中国建材工业出版社，2003.

[10] 杨光臣.建筑电气工程图识读与绘制.北京：中国建筑工业出版社，2001.

[11] 张树臣.轻松看懂建筑弱电施工图.北京：中国电力出版社，2016.

[12] 余明辉.综合布线技术与工程.2版.北京：高等教育出版社，2017.

[13] 黎连业.综合布线系统弱电工程设计与施工技术.北京：电子工业出版社，2003.

[14] 中华人民共和国住房和城乡建设部.建筑电气制图标准(GB/T 50786—2012).北京：中国建筑工业出版社，2012.

[15] 中华人民共和国住房和城乡建设部.建筑给水排水制图标准(GB/T 50106—2010).北京：中国建筑工业出版社，2010.

[16] 华东建筑设计研究院有限公司.变风量空调设计与施工图集(13K513).北京：中国计划出版社，2014.

[17] 陕西建工集团有限公司.建筑电气工程施工工艺标准(DBJ/T 61-40—2016).北京：中国计划出版社，2016.

[18] 中华人民共和国住房和城乡建设部.建筑电气工程施工质量验收规范(GB 50303—2015).北京：中国计划出版社，2015.

[19] 北京城建集团.建筑电气工程施工工艺标准.北京：中国计划出版社，2004.

[20] 北京建工集团总公司.建筑设备安装分项工程施工工艺标准.2版.北京：中国建筑工业出版社，2003.

[21] 中华人民共和国住房和城乡建设部.建筑给水排水及采暖工程施工质量验收规范(GB 50242—2002).北京：中国建筑工业出版社，中国计划出版社，2002.

[22] 中华人民共和国国家质量监督检验检疫总局，等.标准电压(GB/T 156—2017).北京：中国标准出版社，2017.

[23] 中国建筑科学研究院.民用建筑供暖通风与空气调节设计规范(GB 50736—2016).北京：中国建筑工业出版社，2016.

[24] 中华人民共和国住房和城乡建设部.综合布线系统工程设计规范(GB 50311—2016).北京：中国计划出版社，2016.

[25] 中华人民共和国公安部.建筑设计防火规范(GB 50016—2014)(2018年版).北京：中国计划出版社，2018.